高职高专土建专业"互联网+"创新规划教材

建筑施工技术

第四版

主　编◎李晓琳　陈雄辉
　　　　鄢维峰　杨　振　等
副主编◎吕秀娟　夏俊杰
　　　　刘　萍　李建华

内 容 简 介

本书根据工作实践和教学需要，结合编者多年的工程实践和讲授本课程的体会，以"实用为主、够用为度"为原则编写。本书选择一栋已经建成的六层框架结构住宅为载体，以它的整个施工过程，包括土方与基坑、地基与桩基础、钢筋混凝土结构、砌筑、防水、装饰装修和措施项目7个专项的岗位技能为教学的重点，还补充了载体项目所没有的预应力混凝土和装配式结构工程、智能建造施工三项专业常识；每个专项工程中都列有若干"教、学、做"一体化的工作任务。

本书可用作高职高专土建类各专业的专业课"建筑（含高层建筑）施工技术"的教材，也可作为相关从业人员的参考书和岗位培训教材。

图书在版编目(CIP)数据

建筑施工技术/李晓琳等主编. —4版. —北京：北京大学出版社，2024.5
高职高专土建专业"互联网+"创新规划教材
ISBN 978-7-301-34869-7

Ⅰ. ①建… Ⅱ. ①李… Ⅲ. ①建筑施工—高等职业教育—教材 Ⅳ. ①TU74

中国国家版本馆 CIP 数据核字（2024）第 045503 号

书　　　名	建筑施工技术（第四版） JIANZHU SHIGONG JISHU（DI-SI BAN）
著作责任者	李晓琳　陈雄辉　鄢维峰　杨振　等　主编
策划编辑	杨星璐
责任编辑	王莉贤　刘健军
数字编辑	蒙俞材
标准书号	ISBN 978-7-301-34869-7
出版发行	北京大学出版社
地　　　址	北京市海淀区成府路 205 号　100871
网　　　址	http://www.pup.cn　新浪微博：@北京大学出版社
电子邮箱	编辑部 pup6@pup.cn　总编室 zpup@pup.cn
电　　　话	邮购部 010-62752015　发行部 010-62750672　编辑部 010-62750667
印　刷　者	北京飞达印刷有限责任公司
经　销　者	新华书店
	787 毫米×1092 毫米　16 开本　24.75 印张　590 千字 2012 年 9 月第 1 版　2015 年 6 月第 2 版　2018 年 1 月第 3 版 2024 年 5 月第 4 版　2024 年 5 月第 1 次印刷
定　　　价	69.00 元

未经许可，不得以任何方式复制或抄袭本书之部分或全部内容。
版权所有，侵权必究
举报电话：010-62752024　电子邮箱：fd@pup.cn
图书如有印装质量问题，请与出版部联系，电话：010-62756370

第四版前言

近年来，我国在建筑工程施工技术领域发生了深刻变革，取得了较多的技术突破和创新，并修订了多项施工规范或规程。同时为响应党的二十大报告中提出的我国新型工业化、信息化、城镇化、农业现代化的发展需求，落实教育部关于"三教"改革、1+X 证书制度等政策要求，使教材和职业教育、行业发展保持紧密的结合，编者在第三版的基础上修订了本教材。

本教材在第三版的基础上，较系统、完整地介绍了建筑施工技术的基本知识、基本理论，有选择地介绍了我国建筑领域新材料、新技术、新工艺、新方法等，根据现行施工规范对内容进行了补充和修订，使教材内容充分体现先进性、通用性、实用性的原则，更贴近建筑工程技术等专业的发展和实际需要。本教材具有以下特点。

（1）体现工程伦理和精益求精的大国工匠精神及使命担当，把党的二十大报告精神融入教材，真正融"知识、能力、价值"于一体。

（2）突出绿色低碳发展理念，增加植筋加固施工、新型混凝土、装配式结构工程施工、承插型盘扣式钢管脚手架施工、智能建造与绿色施工技术等内容。

（3）以满足职业岗位要求为原则确定教材内容，依据现行施工规范或规程，修订相关内容。

（4）立足行业要求，体现高职教学改革。在总结编者多年工程实践经验和现行施工技术的基础上，依据企业的实际需求，对教材内容进行调整，使之更符合工程实际。

（5）数字资源丰富、线上线下互通。在书中部分关键知识点旁辅以微课、动画、三维模型，同时配有精美课件、习题库等教学资料。

本书建议学时为 90 学时，各项目模块学时分配见下表（供参考）。

序号	项目1	项目2	项目3	项目4	项目5	项目6
学时数	8	6	6	10	8	6
序号	项目7	项目8	项目9	项目10	项目11	项目12
学时数	8	6	8	8	10	6

本书由广州城建职业学院李晓琳、陈雄辉、鄢维峰，中国建筑第二工程局有限公司华南分公司杨振任主编，河南建筑职业技术学院吕秀娟，广州城建职业学院夏俊杰、刘萍，珠海建工控股集团有限公司李建华任副主编，广州城建职业学院陈威、周芳、易刚、蒋艳芳、王炜宽，深圳创行数字科技有限公司向其勇参编。编写分工如下：夏俊杰和鄢维峰分别编写项目1和项目2，陈雄辉编写项目3，杨振、王炜宽、向其勇分别编写项目4、项目5和项目6，吕秀娟编写项目7，李晓琳编写项目8和项目9，刘萍编写项目10和项目11，李建华编写项目12，周芳参与项目6的编写，陈威参与项目10的编写，易刚参与项目4、

项目 5 的编写，并为本书提供案例，李晓琳负责全书修订、统稿等工作。教材数字资源由中国建筑第二工程局有限公司华南分公司、河南建筑职业技术学院、深圳创行数字科技有限公司提供，吴承霞为确定本书编写思路、编写体例提供了帮助，在此一并致谢！

尽管我们在编写过程中做出了许多努力，但由于编者水平有限，加之时间仓促，书中仍可能存在一些疏漏和不足之处，恳请广大读者批评指正。

编　者

第三版前言

《建筑施工技术》(第二版)自 2015 年出版发行后,承蒙北京大学出版社推荐,现改版后列入"高职高专土建专业'互联网+'创新规划教材"系列。

为此,我们在前版的基础上,参照近年建筑行业技术规范的修订内容和对本地区工程实践新进展的调研,以及在教学过程中发现的一些差错,对书中相关内容作了全面的修改和补充。

根据"建筑施工技术"课程的特点,为了使学生更加直观地理解种类繁多的施工工艺原理、特点和质量要求,在出版社的大力支持、帮助和指导下,我们开发了本书的二维码与 App 客户端,对相关的多个知识重点、难点引入了详细的扩展阅读资料、工程案例图片及文字说明、施工过程录像和动画演示等。

特别感谢北京大学出版社第六事业部土建编辑室及产品部对本书的二维码与 App 客户端所做的大量卓有成效的工作。感谢为本书提供资料、图片、录像和动画的相关单位与个人。

本书由广州城建职业学院陈雄辉担任主编,广州城建职业学院黄斌三担任副主编,广州城建职业学院蒋艳芳、刘萍参编,中国工程监理大师吴学勇先生担任主审。本书在编写过程中得到了许多相关单位和专家的大力支持和帮助,他们提出了许多宝贵的意见,在此一并表示衷心的感谢!

由于编者水平有限,书中仍会存在诸多不足,恳请读者批评指正。

编 者
2018 年 1 月

第二版前言

本教材第一版自2012年出版发行以来，主要在广州城建职业学院建筑工程技术专业的教学中使用，广东省内外一些高职院校也有自主选择使用。从初步反馈的情况来看，本教材基本上能符合当前高职专业的教学需要，且重点突出、简明扼要、深入浅出、注重实操，具有广东的地方特色。同时，我们也发现教材中某些地方在文字上表达得不够准确，存在疏漏或差错。

自21世纪第二个十年以来，全国建筑行业继续日新月异地发展，新一代设计施工规范陆续推出；每隔几年，广东的建筑界都进行总结交流，推陈出新。本教材在第二版修订时，力图在保留第一版优点和特点的基础上，反映出近几年建筑技术的一些新发展、新进步，同时对所发现的疏漏或差错进行纠正。

本教材第一、二版的两位编者，都是老一代的工程技术人员，在建筑设计、施工生产第一线上工作了几十年，都是原建筑企业的总工程师，晚年受聘到高职院校从事专业教学工作，一直与建筑企业保持着紧密联系。本教材第二版的主编陈雄辉负责修订工作的统筹和项目1～项目6内容的修订，副主编黄斌三负责项目7～项目11内容的修订，然后互相校对复核。为了保证教材的质量，特别邀请中国工程监理大师吴学勇先生担任本教材的主审。

在本教材编写和修订的过程中，广东省土木建筑学会、广东省建筑业协会、广州市建筑业联合会、广州建总建筑工程有限公司、上海建工、中天建设（广东公司）、龙元建设（广东公司）、广东粤能工程管理有限公司、广州建筑工程监理有限公司、广东合迪科技有限公司、广东建星建筑工程有限公司等单位和相关专家，还有编者所在的广州城建职业学院领导，建工学院周晖院长、鄢维峰副院长，以及施工教研室教师都给予了大力支持和帮助，在此一并表示深切感谢！

因编者水平所限，第二版教材难免有不足之处，恳请各位批评指正。

编　者
2015年1月

第一版前言

"建筑施工技术"是建筑工程技术专业的一门主要的专业课,实践性很强,不断发展进步,而且具有地区特点。

广东是目前国内经济发展较快的地区之一,经济发展推动技术进步。改革开放以来,省市建设主管部门重视,行内的科研人员、广大技术管理人员,在建筑技术方面不断引进、学习、探索、总结、创新,使广东有不少做法在国内领先;有部分沿用多年的做法已经改变,基本上淘汰了砖混结构,广泛应用现浇混凝土的多层和高层建筑;积累了大量新的经验,编制了一些地方性的规范、规程。有些内容在全国性教材中还没有反映出来。

高职院校的目标是培养建筑施工生产第一线的技术、管理高级人才,专业教育着重在职业岗位能力训练和培养。高职院校的教学改革首先是教育理念的改革,课程内容要符合岗位职责的要求,教学方法要以能力为本位、以学生为主体,尽可能以项目为载体、以任务为驱动,理论联系实际,实现"教、学、做"一体化。

在我校(广州城建职业学院)就读的学生,生源大部分来自本省,毕业后主要也在广东就业。因此很有必要有一本适合上述特点,且具有广东特色的教材供教学使用。

根据生产实践和教学需要,编者结合个人多年的工程实践和近年来讲授本课程的一些体会,本着"实用为主、够用为度、图文并茂、简明扼要、突出重点、便于学习"的原则,把"建筑施工技术"和"高层建筑施工"两部分内容融合起来,参考全国性的推荐教材,结合广东地区近年建筑技术的发展和应用情况,在编者个人的工程实践和近年讲授本课程积累的备课手稿基础上,作适当修改补充,2011年7月形成初稿,先作为建筑工程技术专业"建筑施工技术"课的内部参考教材,供本课程各位任课教师在教学中试用,然后根据反馈的意见和建议作了修改,形成此正式书稿。

本教材的工程项目载体,选择本院一栋已经建成的六层框架结构住宅,以它的整个施工过程涉及的土方与基坑、地基与基础、现浇混凝土结构、砌筑、防水、装饰和技措7个专项的岗位技能为教学的重点;还补充了载体项目所没有的预应力混凝土结构和结构安装施工两项专业常识;每个专项工程中都列有若干"教、学、做"一体化的工作任务。本课程内容按104学时设计,实施过程中可根据总学时和教学实际条件有所侧重和取舍。教学的目标要求是:对于本地区一般的多层和高层建筑,初步掌握其主要的施工工艺,能编制主要分项工程的施工方案,基本能组织现场施工,会进行必要的施工计算和施工质量、安全控制。

本教材在编写和试用过程中,得到学院领导,建筑工程技术系周晖主任、鄢维峰副主任的大力支持和鼓励，得到施工技术教研室各位老师的热情帮助，他们提出了许多宝贵意见；黄斌三高级工程师对全书进行了审核、校对；广州市建设科技委办公室主任、教授级高级工程师廖建三博士，在百忙中审阅书稿并题写了序言，在此致以深切的感谢！

因个人水平有限，书中不足之处在所难免，恳请各位同行批评指正。

陈雄辉

2012 年 5 月

目录
Catalog

项目1 土方与基坑工程施工 ··········002
- 工作任务1.1 认识土的施工性质 ··········004
- 工作任务1.2 土方工程量计算 ··········009
- 工作任务1.3 土方的挖、运、填施工 ··········014
- 工作任务1.4 场地排水和降低地下水位 ··········020
- 工作任务1.5 深基坑支护施工 ··········027
- 工作任务1.6 土方施工的质量和安全 ··········039
- 复习与思考 ··········041

项目2 地基与桩基础工程施工 ··········042
- 工作任务2.1 地基加固处理施工 ··········044
- 工作任务2.2 桩基础的基本知识 ··········052
- 工作任务2.3 预制桩施工 ··········056
- 工作任务2.4 灌注桩施工 ··········069
- 工作任务2.5 桩基础施工检测和验收 ··········078
- 复习与思考 ··········082

项目3 钢筋混凝土——模板工程施工 ··········083
- 工作任务3.1 模板工程基础知识 ··········085
- 工作任务3.2 常用的模板和支撑体系 ··········091
- 工作任务3.3 大型模板体系 ··········106
- 复习与思考 ··········112

项目4 钢筋混凝土——钢筋工程施工 ··········113
- 工作任务4.1 钢筋工程基础知识 ··········115
- 工作任务4.2 钢筋的连接 ··········118
- 工作任务4.3 钢筋施工翻样与代换 ··········126
- 工作任务4.4 钢筋的绑扎安装与验收 ··········140
- 工作任务4.5 植筋加固施工 ··········147
- 复习与思考 ··········149

项目 5　钢筋混凝土——混凝土工程施工　150

工作任务 5.1　混凝土工程施工工艺　152
工作任务 5.2　混凝土的特殊施工　164
工作任务 5.3　混凝土工程施工质量评定　176
工作任务 5.4　新型混凝土　180
复习与思考　182

项目 6　预应力混凝土工程施工　183

工作任务 6.1　预应力混凝土基础知识　185
工作任务 6.2　先张法预应力混凝土施工　191
工作任务 6.3　后张法预应力混凝土施工　194
工作任务 6.4　后张自锚无黏结预应力混凝土新技术　198
复习与思考　202

项目 7　装配式结构工程施工　204

工作任务 7.1　装配式结构基础知识　206
工作任务 7.2　装配式混凝土结构施工　217
工作任务 7.3　装配式钢结构施工　231
复习与思考　241

项目 8　砌筑工程施工　242

工作任务 8.1　砌筑工程基础知识　244
工作任务 8.2　砖石砌体施工　246
工作任务 8.3　混凝土小砌块砌体施工　251
工作任务 8.4　墙体裂缝及其防治　256
工作任务 8.5　砌筑工程的质量和安全　257
复习与思考　259

项目 9　建筑防水工程施工　260

工作任务 9.1　建筑防水工程基础知识　262
工作任务 9.2　屋面防水施工　266
工作任务 9.3　地下室防水施工　272
工作任务 9.4　外墙面防水施工　276
工作任务 9.5　厨房、卫生间防水施工　279
工作任务 9.6　建筑水池防水施工　282
复习与思考　284

项目 10　建筑装饰装修工程施工 ······ 286

工作任务 10.1　建筑装饰装修工程施工基础知识 ······ 288
工作任务 10.2　抹灰工程施工 ······ 290
工作任务 10.3　墙柱面饰面工程施工 ······ 293
工作任务 10.4　楼地面工程施工 ······ 299
工作任务 10.5　门窗和幕墙安装工程施工 ······ 301
工作任务 10.6　吊顶工程施工 ······ 309
复习与思考 ······ 312

项目 11　措施项目施工 ······ 314

工作任务 11.1　脚手架工程概述 ······ 316
工作任务 11.2　双排扣件式钢管脚手架施工 ······ 317
工作任务 11.3　承插型盘扣式钢管脚手架施工 ······ 324
工作任务 11.4　其他形式的脚手架施工 ······ 331
工作任务 11.5　工地的垂直运输配置 ······ 335
工作任务 11.6　季节性施工措施 ······ 338
工作任务 11.7　建筑施工安全文明基础知识 ······ 341
复习与思考 ······ 344

项目 12　智能建造与绿色施工技术 ······ 346

工作任务 12.1　智能建造 ······ 348
工作任务 12.2　绿色施工技术 ······ 363
复习与思考 ······ 372

附　录　A 学院第 13 号住宅楼主要施工图 ······ 373

参考文献 ······ 377

全书思维导图

项目 1　土方与基坑工程施工

本项目学习提示

土方工程是指对施工场地的岩土进行挖、运、回填和压实的施工。这几乎是所有工程项目施工要做的第一项主要工作。岩土是大自然长期演变的产物，它组成复杂，种类繁多，性质多变，具有地区性特点。土方工程施工工程量大，涉及面广，施工期长，露天作业，受地质、气候和周边环境影响，不可预见的因素多，有时施工条件极为复杂，施工过程还可能对周边环境造成不利的影响。因此，开工前要针对项目的特点，通过深入调查研究，制订合理的施工方案和安全防护预案，做好各项准备工作，按照方案实施，施工才能顺利进行。

土方工程施工需要解决的主要技术问题有：施工准备工作，认识土的施工性质，土方工程量计算，坑槽开挖与土方边坡防护，基坑支护，土方运输、填筑与压实，流砂现象及防治，场地排水和人工降低地下水位，土方机械的配置和运用，等等。

能力目标

- 能计算土方施工的工程量。
- 能组织土方挖、运、填施工。
- 能编制土方施工方案。
- 能选择场地降低地下水位的方法。
- 能进行土方工程的质量监控和安全管理。

知识目标

- 了解土的施工性质和地下水对施工的影响。
- 掌握土方挖、运、填施工的特点。
- 了解土方施工机械的类型和配置原则。
- 了解降低地下水位的作用、原理、方法和要求。
- 了解基坑支护的目的、方法和要求。

思维导图

工作任务 1.1 认识土的施工性质

1.1.1 土的组成和分类

1. 土的组成

大自然的土是岩石经过长期地质作用和自然力作用演变的产物。土由固相（固体颗粒）、液相（水）和气相（孔隙）3 部分组成。土中固体颗粒的大小、成分及三相之间的比例关系，反映出土的干湿、松密、软硬等不同的物理、力学性质，如图 1-1 所示。

m ——土的总质量（$m=m_s+m_w$），kg；
m_s ——土中固体颗粒的质量，kg；
m_w ——土中水的质量，kg；
V ——土的总体积（$V=V_a+V_w+V_s$），m³；
V_a ——土中空气的体积，m³；
V_w ——土中水所占的体积，m³；
V_s ——土中固体颗粒的体积，m³；
V_v ——土中孔隙体积（$V_v=V_a+V_w$），m³。

图 1-1 土的三相组成示意

2. 土的物理性质

（1）自然密度 ρ：单位体积土的自然质量，可用土工试验常用的环刀法取样测定，单位为 kg/m³。

表达式为

$$\rho = \frac{m}{V} \tag{1-1}$$

（2）干密度 ρ_d：单位体积土干燥时的质量，可用环刀法取样干燥后测定，单位为 kg/m³。

表达式为

$$\rho_d = \frac{m_s}{V} \tag{1-2}$$

（3）含水率 ω：土中水的质量与固体颗粒质量的比值，取样烘干前后对比，以百分数表示。

表达式为

$$\omega = \frac{m_w}{m_s} \times 100\% \tag{1-3}$$

（4）孔隙率 n：土中孔隙体积与总体积的比值，以百分数表示。

表达式为

$$n = \frac{V_v}{V} \times 100\% \tag{1-4}$$

3. 土的施工分类

从施工的角度看,按开挖的难易程度,共把岩石和土分为 8 类,其中岩石分为特坚石、坚石、次坚石和软石 4 类;土分为特坚土、坚土、普通土和松软土 4 类。类别不同,开挖的方法、手段、运用的机具、用工和费用都不同,土质越硬,消耗的机械作业量和劳动量越多,工程费用越高。

(1)岩土的类别以勘察报告鉴定为准,《建筑施工手册》上的相关表格可供参考。

(2)在施工现场,岩土根据积累的工程经验大致来分类,工程上常见岩土的现场鉴别方法见表 1-1。

(3)除了表 1-1 中所列的工程上常见的岩土,自然界中还有湿陷性黄土、膨胀土、红黏土、盐渍土、软弱土、有机质土和泥炭土等特殊性土,工程中若有遇到,需按勘察报告的提示,详细了解它们的特性,有针对性地采取相应措施来处理。

表 1-1 土的施工分类和现场鉴别方法

土的施工分类	土的名称	现场鉴别方法
一类土（松软土）	砂土,粉土,冲积砂土层,疏松的种植土,淤泥（泥炭）	容易用锹或锄头挖掘
二类土（普通土）	粉质黏土,夹有碎石、卵石的砂,粉土混卵（碎）石,种植土,填土	可用锹或锄头挖掘,少许用镐翻松
三类土（坚土）	软及中等密实的黏土,粉质黏土,砾石土,压实的填土	主要用镐,部分用撬棍开挖
四类土（特坚土）	坚硬密实的黏土,天然级配砂石,含碎石、卵石中等密实的黏土,软泥灰岩	整体要用镐、撬棍,部分要用楔子和大锤开挖
五类土（软石）	硬质黏土,中密的页岩、泥灰岩,软石灰岩,胶结不紧的砾岩	用镐、撬棍、大锤开挖,部分要用爆破方法开挖
六类土（次坚石）	泥岩、砂岩、砾岩,坚实页岩、泥灰岩,密实石灰岩,风化花岗岩、片麻岩	用爆破方法开挖,部分要用风镐挖掘
七类土（坚石）	大理岩,辉绿岩,粗中粒花岗岩,坚实白云岩,风化玄武岩	用爆破方法开挖
八类土（特坚石）	安山岩,玄武岩,坚实细粒花岗岩,石英岩,闪长岩	用爆破方法开挖

1.1.2 土的施工性质

土的施工性质主要是指两个方面：土在施工过程中经过开挖、运输、回填、压实,其体积有怎样的变化；地下水在各种土层中的渗透能力如何。了解土的施工性质,对选择施工方案有重要意义。

1. 土的可松性

自然状态的土是经过漫长时间（以千年、万年计算）自然堆积、沉实而成的,人为开挖变成松散状态后,经过搬运回填和人为压实,短期（几个月或几年）内不可能恢复到原来的密实度，这是实践和实验都证明了的事实。

（1）土体积有 3 种状态。

原状（自然状态）土的体积 V_1，挖方工程量按此状态计算；开挖成松土后的体积 V_2，计算汽车的运载量按此状态计算；经过搬运回填再压实后的体积 V_3。

（2）土的最初可松性系数 K_s。

$$K_s = \frac{V_2}{V_1} \quad (1-5)$$

如二类土 $K_s \approx 1.14 \sim 1.28$，反映土挖松前后体积的变化，计算汽车的运载能力时用 K_s。

（3）土的最后可松性系数 K_s'。

$$K_s' = \frac{V_3}{V_1} \quad (1-6)$$

如二类土 $K_s' \approx 1.02 \sim 1.05$，反映松土回填压实后与原状土比较的体积变化，计算预留回填土需用量时用 K_s'。

（4）K_s 和 K_s' 的数值可以在现场取样后在实验室测定，显然 $K_s > K_s' > 1$。土的密度和可松性系数参考值见表 1-2。

表 1-2　土的密度和可松性系数参考值

土的类别	土的密度 ρ /（kg/m³）	土的可松性系数	
		K_s	K_s'
一类土（种植土、泥炭除外）	6～15	1.08～1.17	1.01～1.03
一类土（种植土、泥炭）	11～16	1.20～1.30	1.03～1.04
二类土	17.5～19	1.14～1.28	1.02～1.05
三类土	19～21	1.24～1.30	1.04～1.07
四类土（泥灰岩、蛋白石除外）	21～27	1.26～1.32	1.06～1.09
四类土（泥灰岩、蛋白石）	22～29	1.33～1.37	1.11～1.15
五至七类土	25～31	1.30～1.45	1.10～1.20
八类土	27～33	1.45～1.50	1.20～1.30

案例 1-1

某工程基坑回填土的体积为 120 m³，附近取土场地的土为四类土，试求取土量（精确至立方米）。

解：查表 1-2 可知，四类土的最后可松性系数为 1.06～1.09。需取原状土量为 120÷（1.06～1.09）≈ 110～113（m³）。也就是说，只需挖 110～113 m³ 的四类原状土，就可回填 120 m³ 的基坑。

2. 土的透水性

土的透水性反映不同土层透过地下水的性能，用渗透系数 k 表示，单位为 m/d。

$$渗透系数\ k = 水流速度\ v \div 水力坡度\ I \quad (1-7)$$

渗透系数 k 可在现场由抽水试验求出，降低地下水位计算时要用到它。土的渗透系数

k 参考值见表 1-3。

表 1-3　土的渗透系数 k 参考值

土的名称	渗透系数/（m/d）	土的名称	渗透系数/（m/d）
黏土	<0.005	中砂	5～20
粉质黏土	0.005～0.1	均值中砂	25～50
粉土	0.1～0.5	粗砂	20～50
黄土	0.25～0.5	圆砾	50～100
粉砂	0.5～1.0	卵石	100～500
细砂	1.0～5.0	无填充物卵石	500～1000

3．土方的边坡

1）土方边坡的重要性

土方开挖过程中，会形成土壁的高低差，这个边缘称为边坡，施工中要求边坡在一定时间内能保持稳定，不坍塌。土方回填、筑堤也会形成边坡，也要求边坡稳定。当挖方超过一定深度，或填方超过一定高度时，应做成一定形式的边坡，如图 1-2 所示，以防止土壁塌方，保证施工安全。

2）边坡大小用坡度系数来表达

设坡高为 H，坡宽为 B，则坡度系数为

$$m = \frac{B}{H} \tag{1-8}$$

（a）直线形　　　　（b）折线形

图 1-2　基坑边坡

3）影响土方边坡大小的因素

影响土方边坡大小的因素很多，施工前要注意先摸清情况，结合过去的工程经验，进行分析判断，选择一个合适的坡度系数 m（坡度系数与坡度互成倒数），应同时满足安全和经济两个方面的要求，也就是说既要保证边坡的稳定，又要使挖方工程量较少。坡度系数通常在设计文件中规定。影响土方边坡大小的因素，归纳起来主要有 6 个方面。

（1）填挖方的相对高差，相对高差越大，坡度系数应越大，坡越平缓。

（2）土的物理力学性质，土颗粒的黏性越好，坡度系数可以越小。

（3）工程的重要性，边坡越重要，坡度系数应越大。

(4)地下水埋藏情况和场地的排水情况,地下水位越高对土壁的渗透压力越大,坡越要平缓。

(5)边坡留置时间的长短,要求边坡留置的时间越长,边坡的安全度要求越高,坡越要平缓。

(6)边坡附近地面的堆载情况,有堆载对土壁的侧压力加大,边坡的安全度要求越高,坡越要平缓。

4)临时性挖方放坡不加支撑的坡度参考值(表1-4)

表1-4 临时性挖方放坡不加支撑的坡度参考值

土的类别		边坡坡度值(高:宽)
砂土(不包括细砂、粉砂)		1:1.25~1:1.50
一般性黏土	硬	1:0.75~1:1.00
	较硬、塑	1:1.00~1:1.25
	软	1:1.50
碎石类土	充填坚硬、硬塑性黏土	1:0.50~1:1.00
	充填砂土	1:1.00~1:1.50

注:(1)当设计有要求时,应按设计要求做。
(2)若采用人工降低地下水位或其他加固措施,可不受本表限制,应经计算复核后确定。
(3)开挖深度,对软土不应超过4 m,硬土不应超过8 m。

4. 了解土的施工性质的目的

了解土的施工性质是为了选择土方边坡的坡度,确定降低地下水位的措施,拟定土方挖、运、填和基坑支护的施工方案等。

土的物理指标可以从场地勘察报告中获得,若没有这些指标或者指标的项目不全,则需现场取样做专门的试验。

【任务实施】

实训任务:通过现场实际操作和试验,认识某种土的施工特性。

【技能训练】

1. 操作步骤

(1)用环刀法在现场截取土样,测定土样自然状态下的质量和体积,放入烘箱120℃恒温加热4 h,再测定土样干燥状态下的质量,计算其自然密度、干密度和含水率。

(2)现场画定600 mm×600 mm的正方形白灰线,人工挖出600 mm深的正方形基坑,将松土放入木板钉成的600 mm×600 mm的正方形箱内,测量松土体积,计算其最初可松性系数。

(3)将挖出的松土分层回填入原来挖出的土坑内,用木夯人工夯实,直至将坑完全填满,测定剩余松土体积,计算其最后可松性系数。

(4)根据现场挖土所用的工具和开挖的难易程度,用经验法初步鉴定现场这层土的施工类别。

2. 方法与注意事项

（1）根据现场条件和实际情况来进行这次训练，如果条件不具备，也可改为由教师提供相关数据，让学生进行分析计算。

（2）全过程由学生动手，分组进行；最后成果由学生写成课外作业。

工作任务 1.2　土方工程量计算

1.2.1　基坑的土方量——用立体几何中的拟柱体体积公式计算

基坑就是为了建造墩式基础开挖出来的土坑，其土方量可按立体几何中的拟柱体体积公式计算。

$$V = \frac{H}{6}(A_1 + 4A_0 + A_2) \tag{1-9}$$

基坑和基槽的土方量计算如图 1-3 所示。

（a）基坑　　　　　　　　　　　　　（b）基槽

图 1-3　基坑和基槽的土方量计算

这个公式的含义是：由两平行平面截取的任意形状的拟柱体，若 A_1 为上底面面积，A_2 为下底面面积，A_0 为中截面面积，H 为拟柱体的高，体积按式（1-9）计算。

这是一个准确公式，适用于各种形状的拟柱体，包括棱锥、棱台等，使用时要注意公式中各符号的含义，准确地将相应数据代入即可。

【附注】要证明这个公式非常容易，只要在中截面上找任意一点，与两个端截面的每个角点连线，组成上下两个锥体，这两个锥体的体积就是 $V_1=H(A_1+A_2)/6$，而余下部分的体积就是 $V_2=(4A_0)H/6$，所以总体积就是 $V=V_1+V_2=H(A_1+4A_0+A_2)/6$。

1.2.2　基槽的土方量——用基坑计算的方法分段计算再累加

基槽就是为了建造条形基础，或者为埋设管道而开挖出来的条状坑，可以沿长度方向分成若干段后（截面相同的部分无须分段），再用与基坑土方量同样的方法计算，然后累加。

$$V = V_1 + V_2 + V_3 + \cdots + V_i \tag{1-10}$$

1.2.3 场地平整的土方量——用方格网法计算再累加

（1）在有等高线的地形图上，在计算范围内划分方格。对地形较平坦的部分可每20～40 m设一个方格；地形起伏变化较大的部分要将方格加密，使每个方格内的地形只有单一斜向，才能保证计算结果的准确。

（2）根据地形图和竖向设计图，在每一方格角点的左上角标出角点的编号，右上角标出施工高度，左下角标出自然地面标高，右下角标出设计地面标高。

各方格角点的施工高度为

$$h_n = H_n - H \tag{1-11}$$

式中：h_n——角点施工高度，即填挖高度（m），填方为"＋"，挖方为"－"；

H_n——角点的设计地面标高（若无调整，即为场地的设计标高）；

H——角点的自然地面标高。

（3）对于4个角点都是填方或都是挖方的方格，4个角点的施工高度平均数乘以此方格的面积，就是该方格的工程量。

（4）对于有1～2个角点填挖方式不相同的方格，要先计算出相应边线的零点位置，找出这个方格的零线，然后根据4个角点的施工高度，套用相应体积公式分别计算出填方或挖方的体积。

（5）将所有方格的填方、挖方的数量分别累加，列表汇总。

（6）方格网各种不同填挖方式的土方计算公式详见表1-5。

表1-5　方格网土方计算公式

项目	图式	计算公式
一点填方或挖方（三角形）		$V = \dfrac{1}{2}bc\dfrac{\sum h}{3} = \dfrac{bch_3}{6}$ 当 $b = c = a$ 时，$V = \dfrac{a^2 h_3}{6}$
二点填方或挖方（梯形）		$V^+ = \dfrac{(b+c)}{2}a\dfrac{\sum h}{4} = \dfrac{a}{8}(b+c)(h_1+h_3)$ $V^- = \dfrac{(d+e)}{2}a\dfrac{\sum h}{4} = \dfrac{a}{8}(d+e)(h_2+h_4)$
三点填方或挖方（五角形）		$V = (a^2 - \dfrac{bc}{2})\dfrac{\sum h}{5}$ $= (a^2 - \dfrac{bc}{2})\dfrac{(h_1+h_2+h_4)}{5}$

项目	图式	计算公式
四点填方或挖方（正方形）		$V = \dfrac{a^2}{4}\sum h = \dfrac{a^2}{4}(h_1 + h_2 + h_3 + h_4)$

案例 1-2

某矩形施工场地如图 1-4 所示，长 80 m，宽 40 m，分成 8 个 20 m×20 m 的方格，角点上已经标出编号、自然地面标高、设计地面标高和施工高度，试求其填挖方工程量。

图 1-4　某施工场地方格网和标高

解：（1）确定零点位置。

根据方格 1—2 的 2—3 段中的填挖尺寸，可画出图 1-5 所示的简图并列出比例关系式。

图 1-5　比例关系图

$$\frac{X_{2-3}}{0.02} = \frac{20}{0.02 + 0.19}$$

得：$X_{2-3} = 0.02 \times 20 \div (0.02 + 0.19) \approx 1.9$（m），则 $X_{3-2} = 20 - 1.9 = 18.1$（m）；

同理：$X_{7-8} = 0.30 × 20 ÷ (0.30 + 0.05) ≈ 17.1 (m)$，则 $X_{8-7} = 20 - 17.1 = 2.9 (m)$；

$X_{13-8} = 0.44 × 20 ÷ (0.44 + 0.05) ≈ 18.0 (m)$，则 $X_{8-13} = 20 - 18.0 = 2.0 (m)$；

$X_{14-9} = 0.06 × 20 ÷ (0.06 + 0.40) ≈ 2.6 (m)$，则 $X_{9-14} = 20 - 2.6 = 17.4 (m)$；

$X_{14-15} = 0.06 × 20 ÷ (0.06 + 0.38) ≈ 2.7 (m)$，则 $X_{15-14} = 20 - 2.7 = 17.3 (m)$。

根据计算结果，确定相关方格上的零点位置，如图 1-6 所示。

图 1-6　某施工场地的零点位置

（2）4 个方格 1—1、2—1、1—3、1—4 为全填或全挖，按正方形公式计算。

$V^+_{1-1} = a^2(h_1 + h_2 + h_3 + h_4)/4 = 20 × 20 × (0.39 + 0.02 + 0.65 + 0.30) ÷ 4 = (+) 136.0 (m^3)$；

$V^+_{2-1} = 20 × 20 × (0.65 + 0.30 + 0.97 + 0.71) ÷ 4 = (+) 263.0 (m^3)$；

$V^-_{1-3} = 20 × 20 × (0.19 + 0.53 + 0.05 + 0.40) ÷ 4 = (-) 117.0 (m^3)$；

$V^-_{1-4} = 20 × 20 × (0.53 + 0.93 + 0.40 + 0.84) ÷ 4 = (-) 270.0 (m^3)$。

（3）两个方格 1—2、2—3 为半填半挖，按梯形公式计算。

$V^+_{1-2} = a(b+c)(h_1+h_3) ÷ 8 = 20 × (1.9 + 17.1) × (0.02 + 0.30) ÷ 8 = (+) 15.2 (m^3)$；

$V^-_{1-2} = a(d+e)(h_2+h_4) ÷ 8 = 20 × (18.1 + 2.9) × (0.05 + 0.19) ÷ 8 = (-) 12.6 (m^3)$；

$V^+_{2-3} = 20 × (0.44 + 0.06) × (18.0 + 2.6) ÷ 8 ≈ (+) 25.8 (m^3)$；

$V^-_{3-2} = 20 × (0.05 + 0.40) × (2.0 + 17.4) ÷ 8 ≈ (-) 21.8 (m^3)$。

（4）两个方格 2—2、2—4 为一个角点填（或挖）、3 个角点挖（或填），分别按三角形和五角形公式计算。

$V^+_{2-2} = (a^2 - 0.5bc)(h_1 + h_2 + h_4) ÷ 5$

　　　　$= (20 × 20 - 0.5 × 2.9 × 2.0) × (0.30 + 0.71 + 0.44) ÷ 5 ≈ (+) 115.2 (m^3)$；

$V^-_{2-2} = bch_3 ÷ 6 = 2.9 × 2.0 × 0.05 ÷ 6 ≈ (-) 0.05 (m^3)$；

$V^-_{2-4} = (20 × 20 - 0.5 × 2.6 × 2.7) × (0.40 + 0.84 + 0.38) ÷ 5 ≈ (-) 128.5 (m^3)$；

$V^+_{2-4} = 2.6 × 2.7 × 0.06 ÷ 6 ≈ (+) 0.07 (m^3)$。

（5）综合计算结果并精确到立方米。

挖方：$V^- = 117.0 + 270.0 + 12.6 + 21.8 + 0.05 + 128.5 ≈ (-) 550 (m^3)$；

填方：$V^+ = 136.0 + 263.0 + 15.2 + 25.8 + 115.2 + 0.07 ≈ (+) 555 (m^3)$。

【附注】关于计算精度，这道题总的土方量为五百多立方米，计算精确至立方米就可以了，因此计算过程取小数后一位，最后结果取整数。

1.2.4 边坡的土方量——用断面法套用拟柱体体积公式计算再累加

当场地地形比较复杂或填挖深度较大、断面不规则时，采用断面法套用拟柱体体积公式计算；通常在"总平面竖向设计图"上会表达关于场地地形设计的要求，要学会看懂"场地边坡平面示意图"。先把边坡划分为若干个几何形体，再分别按立体几何的相关体积公式计算。如图1-7所示的边坡，可以分成11个部分：其中挖方边坡7个，①、②、③、⑤、⑥、⑦为三棱锥，④为三棱柱；填方边坡4个，⑧、⑨、⑩、⑪均为三棱锥。

图1-7 某基坑平面图

1.2.5 填挖方的表示方法

行业约定，填方体积数目前面加"＋"号表示，挖方体积数目前面加"－"号表示。**填方和挖方工程量一般按原状土的体积计算**，只有**当边挖边填时**，计算**填方体积**（即填满坑槽需要用多少原状土）才**用填方体积除以土的最后可松性系数**。

【任务实施】

实训任务：某工程地面以下基础和地下室占有的体积为21000 m³，拟开挖基坑的底边长85 m，宽60 m，深8 m，四面放坡的坡度为1∶0.5。已知土的最初可松性系数K_s = 1.14，最后可松性系数K_s' = 1.05。用单斗挖土机挖土、自卸汽车运土，汽车的斗容量为12 m³。试计算此基坑开挖的土方工程量（按原状土体积计算）。分析施工过程中，应预留多少回填的土方？多余土方外运多少立方米？若用自卸汽车运输，需要运多少车次？

【技能训练】

（1）根据此基坑的数据，计算此基坑开挖的土方工程量（按原状土体积计）。

（2）根据提供的土的可松性系数、基础和地下室占有的体积，计算预留土方量（按原状土体积计）。

（3）根据提供的土的可松性系数、汽车的斗容量，计算外运多余土方量和运输车次数。

（4）分析计算结果，分组讨论此工程施工方案的要点。

（5）最后成果由学生写成课外作业。

工作任务 1.3　土方的挖、运、填施工

1.3.1　土方工程施工的准备工作

1. 准备工作的重要性

施工准备工作是各项施工工作顺利、有序展开的前提，是施工现场管理工作中一项极为重要的环节，做好这项工作，对保证施工质量、生产安全，提高功效，缩短工期有重要意义。

2. 准备工作的内容

（1）资源准备：组建项目经理部，配备各种技术管理人员，明确各自的岗位责任，组织土方施工的机械设备、材料进场，组织相关班组工人进场。

（2）技术准备：学习、熟悉和会审施工图纸，踏勘施工现场，调查周边环境、水文地质条件，落实施工方案、施工方法，组织技术安全交底。

（3）现场准备：清理、平整场地；安装施工临时水电，搭设临时建筑；修筑场内道路和排水沟系统；工地出入口设置洗车槽，配置高压水枪，所有装土车辆先冲洗干净，遮盖严密才能驶出；场地污水必须先流入集水井，经过沉淀后才能再利用或排入场外污水管网。

（4）引测测量控制网和定位标志点，办理确认手续。

1.3.2　坑槽开挖施工

接力式挖土

盆式挖土

（1）测量定线。在坑槽外架好龙门板，标上轴线，测量龙门板上的标高。龙门板的设置如图 1-8 所示。在地面上放出基坑外缘边线，即可进行坑槽的开挖。

（2）坑槽的土方开挖。一般用机械开挖，人工修整。当挖到离基底 300～500 mm 深时，用水平仪抄平，打上水平桩，作为开挖深度的依据。若采用机械挖土，挖至距设计标高 50～100 mm 时停止，再用人工挖至设计标高，并修整好整个坑槽的周边。

（3）随时注意复核坑槽的尺寸。按设计图纸校核坑槽的位置、标高、周边尺寸，以及土质是否符合要求。

（4）**严禁搅动基底土层**。坑槽开挖要先拟订施工方案，深基坑要分层开挖。深基坑分层开挖的顺序如图1-9所示。开挖时要随时测量深度，注意不准超挖，严禁搅动基底土层。若发生超挖，要用挖出的土回填夯实。超挖严重的应报告监理和设计单位研究处理方法。

1—龙门板；2—龙门桩；3—轴线钉；4—角桩；5—灰线钉；6—轴线控制桩。

图1-8 龙门板的设置

图1-9 深基坑分层开挖的顺序

（5）**常检查，发现问题随时处理**。挖土过程中和雨后复工，应随时检查土壁稳定和支撑的牢固情况，发现问题及时加固处理。

（6）**坑槽挖完后要尽快验槽，及时做基础垫层，不要让坑槽暴晒或泡水**。坑槽检验常用触探法。若发现不符合设计文件要求，或出现其他异常情况，应报告监理和设计单位研究处理方法。

1.3.3 土方的填筑与压实

1. 回填土压实的标准

实践证明，完全干的土压不实，太湿的土也压不实，稍湿的土才可能压实。能将土压至最密实时土的含水率，就是回填土压实的最佳含水率，通过土的压实试验求得。由于土的可松性影响，不管怎样压，回填土总是达不到原状土的密度。

工程上要求回填土必须具有一定的密度，用压实系数λ来表示。若设计图纸上有规定，按图纸要求做。若图纸上没有规定，可按施工规范要求：场地土回填要求$\lambda \geq 92\%$，回填后作为浅基础的持力层时要求$\lambda \geq 97\%$。

$$\lambda = \rho_d \div \rho_{d\max} \times 100\% \tag{1-12}$$

式中：ρ_d——在工地上取样（用环刀法取样）测定的干密度；

$\rho_{d\max}$——实验室测定的最大干密度。

回填土的最佳含水率和最大干密度参考值见表1-6。

表 1-6　回填土的最佳含水率和最大干密度参考值

项次	土的种类	变动范围	
		最佳含水率/%	最大干密度/（kg/m³）
1	砂土	8～12	18.0～18.8
2	黏土	19～23	15.8～17.0
3	粉质黏土	12～15	18.5～19.5
4	粉土	16～22	16.1～18.0

2．影响填土压实质量的因素

试验和实践都证明，影响回填土压实质量有下列几项因素。

（1）土的压实程度与压实机械所做的<u>功</u>有关，压实机械来回滚压的次数越多，压实机械所做的功就越大，土就越压得实；图 1-10 所示为土的密度与压实功的关系，注意它是一条渐近线，表示前几次压实效果明显，随着次数增加，压实效果越来越不明显。

图 1-10　土的密度与压实功的关系

（2）压实施工时土的<u>含水率</u>要适当，才有可能压到最实，含水率不能过大也不能过小，即达到土的<u>最佳含水率</u>。最佳含水率由试验确定。土的干密度与含水率的关系如图 1-11 所示。

（3）试验证明，压实机械对土层的压实作用，与土层的深度有关。表面的压实作用最大，离开土层表面越深压实作用越小，超过一定深度则没有任何影响。土的压实作用沿深度的变化如图 1-12 所示。因此，施工时每层填土虚铺厚度要适当，不能太厚，分层填土虚铺厚度与压实机械和每层的压实遍数有关。不同压实机械、分层填土虚铺厚度及应压实遍数见表 1-7。

图 1-11　土的干密度与含水率的关系

图 1-12　土的压实作用沿深度的变化

表 1-7 不同压实机械、分层填土虚铺厚度及应压实遍数

压实机械	分层填土虚铺厚度/mm	压实遍数
平碾	250~300	6~8
振动压实机	250~350	3~4
蛙式打夯机	200~250	3~4
人工打夯	<200	3~4

3. 不能用来回填的土

实践证明，不是所有的土都可以作为地基土回填。无法压实和不适宜作地基的土不能用来回填，主要指下列 3 类土。

（1）含水率太大的黏性土（不能压实，应通过翻晒减少含水率后再用）。

（2）有机物含量大于 8% 的腐殖土（无法提高承载力，这种土不能作为地基土）。

（3）含水溶性硫酸盐大于 5% 的酸性土（因遇水会软化发生溶蚀，这种土不能作为地基土）。

4. 填土压实的方法

（1）按照场地的宽窄情况、工程量大小，填土压实的方法有 3 类：碾压法（利用钢或混凝土碾滚的自重来回碾压）、夯实法（利用重锤从一定高度上自由落下夯实）、振动压实法（利用一定重量的锤，振动产生冲击力振实）。填土压实方法如图 1-13 所示。

（a）碾压法　　　（b）夯实法　　　（c）振动压实法

图 1-13 填土压实方法

（2）大面积的填土，可利用运土工具（如自卸汽车等）自身的重量来进行压实，也可用专门的压路机碾压。

（3）小面积的填土，可用电动或振动打夯机夯实。

5. 填筑的要求

（1）尽量采用相同的土来填筑，至少同一层的土要相同，不同的土不要混填。

（2）分层铺摊，分层压实。

（3）把透水性大的土放在下层，透水性小的土放在上层，使下层土的含水率变化较小。

1.3.4　土方工程机械化施工

1. 选择土方施工机械的原则

由于土方施工工程量大，劳动繁重，应尽量采用机械化的施工方法；选择土方施工机械的原则，是根据场地的实际情况和施工企业自身的能力，

土方开挖机械介绍

一机多能，合理配套，充分发挥各种机械的作用，保证工程质量，加快施工进度，降低工程成本，争取最大的经济效益。

2．常用土方施工机械

（1）推土机：在拖拉机上安装推土板而成，一般为履带式，液压操纵；能单独完成挖土、运土和卸土工作；具有操纵灵活、运转方便、所需工作面较小、行驶速度快、易于转移、能爬缓坡的特点；适用于推挖一至三类土，场地清理、平整，开挖或填平深度不大的坑沟；运距 60 m 内效率较高，下坡推土不宜超过 15°。

（2）铲运机：是一种能独立完成铲土、运土、卸土、填筑、场地平整的土方施工机械；适用于大面积的场地平整，运距在 600 m 左右的挖运填土，或路基填筑施工；不宜用于淤泥或坚土开挖。

（3）挖掘机：一般为履带式，液压操纵，操纵灵活，运转方便；适用于开挖一至三类土的坑槽和管沟；常用单斗反铲挖掘机与自卸汽车组合进行土方挖、运、填。反铲挖掘机的外形和开挖方式如图 1-14 所示，正铲挖掘机的开挖方式如图 1-15 所示。

（a）反铲挖掘机的外形　　（b）沟端开挖　　（c）沟侧开挖

1—反铲挖掘机；2—自卸汽车；3—弃土场。

图 1-14 反铲挖掘机的外形和开挖方式

（a）正向挖土、后方装车　　（b）正向挖土、侧向装车

图 1-15 正铲挖掘机的开挖方式

推土机、铲运机、挖掘机、装载机、自卸汽车等都有一定的适用性,使用时要先按照需要和可能,再通过技术经济分析,最后确定配备方案。表 1-8 所示为常用土方施工机械的适用范围。

表 1-8　常用土方施工机械的适用范围

机械名称	作业特点和条件	适用范围	配套机械
推土机	推平,100 m 内的推土,助铲,牵引,地面坡度不应大于 15°	场地平整,短距离挖运,拖羊足碾	—
反铲挖掘机	开挖停机面上下的土方,可装土和甩土两用,后退向下,强制切土	基坑、管沟开挖,独立基坑	工作面要有推土机配合,外运要配自卸汽车
拉铲挖掘机	开挖停机面以下的土方,可装土和甩土两用,后退向下,自重切土	基坑、管沟开挖,排水不良也可开挖	工作面要有推土机配合,外运要配自卸汽车
抓铲挖掘机	可直接开挖直井,可装车和甩土,下上直下,自重切土	基坑、管沟开挖,排水不良也可开挖	外运要配自卸汽车

3. 目前建筑工地常用的配备

小范围的挖、运、填用反铲挖掘机、自卸汽车、电动打夯机组合;大范围的回填土用自卸汽车、推土机、压路机组合;需要用爆破的方法开挖石方的要准备空压机、凿岩机、炸药等。

1.3.5　土方施工的安全技术要点

(1)要严防土方边坡坍塌。
(2)土壁支护结构要经常检查,如有松动、变形、裂缝等现象,要及时加固或更换。
(3)坑、槽土方开挖应连续进行,减少坑、槽暴露时间。坑、槽挖好后应及时办理验收,尽快做基础垫层和基础,基础施工完成后应及时做好回填夯实。
(4)坑、槽土方开挖的顺序、方法和要求必须与设计的工况相一致,并遵循"开槽支撑,先支后挖,分层开挖,严禁超挖"的原则。
(5)相邻基坑开挖,要先深后浅,两坑边缘的距离应大于其坑底高差的 2 倍,避免互相影响。
(6)坑、槽施工过程中,工作人员应从专门搭设的临时楼梯上下,不能踩踏土壁或直接从支护结构处上下。
(7)挖掘机工作范围内,不得同时进行其他工作。机械挖土至少保留 0.05~0.10 m 土深不挖,最后由人工开挖。

案例 1-3

某深基坑土方开挖方案

某高层建筑建造地下室需要挖一个深为 11.40 m 的基坑,其剖面标高如图 1-16 所示。

为了保证土方开挖和地下室施工的安全,按设计要求和施工方案规定,土方开挖前在坑周边先做好支护桩,然后按下述顺序组织施工。

1—第一道支撑;2—第二道支撑;3—第三道支撑;4—支护桩;5—主柱;6—锁口圈梁;7—坑底。

图 1-16 某基坑开挖方案示意图

在基坑正式开挖前,先将第①层地表土挖运出去,浇筑锁口圈梁,进行场地平整和基坑降水等准备工作,安装第一道支撑;开挖第②层土到 -4.50 m,安装第二道支撑;待第二道双向支撑全面形成后,挖掘机和自卸汽车下坑,在第二道支撑上部开始挖第③层土,并采用台阶式多机接力方式挖土,一直挖到坑底,挖掘机沿着斜坡后退,逐渐撤离基坑;第三道支撑应随挖随撑,逐步形成;最后用抓铲挖掘机在坑外挖两侧的第④层土。

【任务实施】

实训任务:编制 A 学院第 13 号住宅楼土方施工方案。

【技能训练】

(1)阅读 A 学院第 13 号住宅楼的基础施工图纸和地质勘察资料。
(2)讨论研究土方工程的施工方案要点。
(3)进行必要的计算和分析。
(4)编写本土方工程施工方案的技术性部分。

工作任务 1.4　场地排水和降低地下水位

1.4.1　做好施工排水工作的重要性

土方开挖、基础和地下室的施工,要求在干燥场地下进行。如果施工场地积水,施工条件恶化,不仅会影响工程质量和施工效率,还会因水浸泡土体导致地基土的承载能力下降,造成土方边坡坍塌,施工将无法进行。为了确保工程质量和施工安全,如果场地地下水位较高,则需要用人工的方法先降低地下水位;在雨季施工时,还要先做好场地地面水的收集和排水措施，然后才能进行土方施工。因此，做好施工排水工作，对于土方施工来说十分重要。

1.4.2 流砂现象及其危害

1. 流砂现象

场地的地下水在未受到人为施工扰动前通常呈静止状态，当坑槽需要挖到地下水位以下时，先要采用人工方法使坑槽范围局部的地下水位降低到开挖深度以下，于是该处水位与局部范围以外的地下水位形成落差，从而产生动水压力；对于土颗粒较小的某些土层（如粉土、粉细砂和亚砂土），在地下水动水压力作用下，土颗粒会随动水压力方向涌进坑槽内，使土壁崩塌，土方施工无法进行，还可能危害到坑外的建筑物或管道的安全，这种现象称为流砂现象。

2. 发生流砂现象的原因

通过对水在土中渗流时的力学现象进行分析，可知流砂的产生与动水压力的大小和方向有关。动水压力指流动中的水对土产生的作用力，这个力的大小与水位差成正比，与水流路径的长短成反比，与水流的方向相同。动水压力原理图如图1-17所示。

（a）水在土中渗流时的力学现象　　（b）动水压力对地基土的影响

1—土颗粒。

图 1-17　动水压力原理图

3. 流砂现象的防治

在基坑开挖和坑内工程施工的全过程中，不能出现流砂现象，否则施工无法进行。

防治流砂主要从消除、减少或平衡动水压力入手，一般有 3 种途径：一是减小或平衡动水压力；二是设法使动水压力方向向下；三是截断地下水流。具体做法有：选择在枯水期施工，减小动水压力；打钢板桩截断地下水流，由钢板桩平衡动水压力；人工降低地下水位，把动水压力方向改变成向下；或采用水下挖土的方法施工，不造成动水压力；等等。

1.4.3 人工降低地下水位

1. 人工降低地下水位的作用

用人工的方法（如用井点降水），使施工坑槽及其周边一定范围内的地下水位降低，人工降低地下水位有如下几个作用，如图1-18所示。

（1）使地下水位降低到坑底设计标高以下，防止地下水涌入坑内。

（2）防止土方边坡受地下水流的冲刷发生塌方。

（3）防止坑内的土体在动水压力作用下发生上冒（管涌）。

（4）减小坑槽护壁的横向土、水压力（横向荷载）。

（5）由于没有了地下水的渗流，也就消除了流砂现象。

图 1-18　人工降低地下水位的作用

2．集水井法降低地下水位

如图 1-19 所示，在基坑范围的内边缘设简易集水井，周边设临时排水明沟，地下水经排水明沟引至集水井内，然后用水泵抽走。逐层开挖，形成集水井和排水明沟，不断往下挖土至基坑挖成。此法适用于降水深度不大，土层稳定，能逐层开挖、逐层实施明排水时的情况，可排除地面积水和渗入坑内的地下水，不适用于软土、淤泥和粉细砂土。

1—排水明沟；2—集水井；3—水泵；4—原地下水位；5—降水后的地下水位。

图 1-19　集水井法降低地下水位

3．轻型井点法降低地下水位

（1）试验证明，在土层内插入一根井点管，从井点管的末端抽水，如图 1-20 所示，会造成以管为圆心的一个空间倒伞形范围的水位下降；用多根井点管和总管把要降水的范围围起来，用水泵通过井点管末端的滤管（图 1-21）把地下水抽走，从而使一定范围内的地下水位降低到坑底以下，从根本上解决了地下水影响坑内施工的问题。轻型井点系统的组成如图 1-22 所示。

项目 1　土方与基坑工程施工

图 1-20　井点管抽水降低地下水位的原理

1—钢管；2—管壁上的小孔；3—缠绕的铁丝；
4—钢丝网；5—粗滤网；6—粗铁丝保护网；
7—铸铁头；8—井点管。

图 1-21　井点管末端的滤管

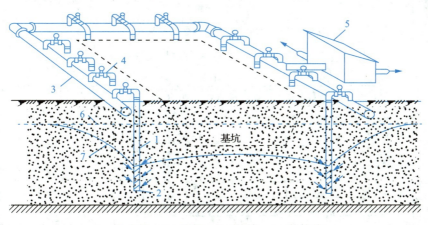

1—井点管；2—滤管；3—总管；4—软接头；
5—水泵房；6—原地下水位；7—降低后的地下水位。

图 1-22　轻型井点系统的组成

（2）较窄沟槽开挖可用单排线状井点管抽水降低地下水位，单排线状井点管如图 1-23 所示；较宽沟槽开挖要用双排线状井点管抽水降低地下水位，双排线状井点管如图 1-24 所示；长宽都较大的基坑开挖要用环状井点管抽水降低地下水位，环状井点管如图 1-25 所示。

图 1-23 单排线状井点管

图 1-24 双排线状井点管

图 1-25 环状井点管

（3）地下水位要降低到坑底以下 500 mm 处，使施工操作面处于干燥状态。轻型井点法用离心水泵抽地下水，由于离心水泵的抽吸能力只有 6～7 m 深，此法适用于渗透系数为 $k=0.1～50$（m/d）的土，其中一级轻型井点的降水深度仅限于 3～6 m，二级轻型井点（图 1-26）的降水深度可达 6～12 m。

（4）轻型井点的设计包括涌水量计算、确定井点管数量和间距、选择抽水设备等。

① 地下水的埋藏情况和水井的分类，如图 1-27 所示。

1—承压完整井；2—承压非完整井；
3—无压完整井；4—无压非完整井。

图 1-26　二级轻型井点示意图　　　　图 1-27　地下水的埋藏情况和水井的分类

② 涌水量计算。涌水量应根据井点管位置、土层分布和透水性、地下水的埋藏情况，查《建筑施工手册》中的相关公式计算。无压完整井涌水量计算简图如图 1-28 所示。

图 1-28　无压完整井涌水量计算简图

无压完整井涌水量计算公式为

$$Q = 1.366k\frac{(2H-s)s}{\lg R - \lg X_0} \tag{1-13}$$

无压非完整井涌水量计算公式为

$$Q = 1.366k\frac{(2H_0-s)s}{\lg R - \lg X_0} \tag{1-14}$$

式中：Q——井点系统的涌水量，m^3/d；

　　　k——土层的渗透系数，m/d；

　　　H——无压完整井含水层的厚度，m；

　　　H_0——无压非完整井含水层的厚度，m；

　　　s——水位降低值，m；

　　　R——抽水影响半径，m，$R = 1.95s\sqrt{Hk}$；

　　　X_0——环状井点系统的假想半径，m，$X_0 = \sqrt{\dfrac{F}{\pi}}$；

　　　F——环状井点系统所包围的面积，m^2。

$H_0 = 1.85(S' + L)$，其中 S' 为地下水位线至滤管顶部（井点管底部）的长度，L 为滤管长度（一般为 1.0 m）。

③ 单根井点管的最大出水量，计算公式为

$$q = 65\pi dL\sqrt[3]{k} \tag{1-15}$$

式中：q——单根井点管的最大出水量，m^3/d；

d——滤管的直径，m；
L——滤管的长度，$L=1.0$ m；
k——土层的渗透系数，m/d。

④ 确定井点管数量和间距。
井点管的最少根数为

$$n = 1.1Q \div q \tag{1-16}$$

式中：n——井点管的最少根数；
Q——井点系统的涌水量，m^3/d；
1.1——考虑管道堵塞影响的增大系数。

井点管的最大间距为

$$D = L_1 \div n \tag{1-17}$$

式中：L_1——总管的计算总长度，m。

4. 各种井点法降低地下水位及其适用范围（表1-9）

表1-9　各种井点法降低地下水位及其适用范围

井点类型	土层的渗透系数/（m/d）	可降低水位的深度/m
一级轻型井点	0.5～50	3～6
喷射井点	0.1～2	8～20
电渗井点	<0.1	宜配合其他措施使用
管井井点	20～200	3～5
深井井点	5～250	>10

5. 降低地下水位方法的选择

（1）当基坑不深，涌水量不大，坑壁土体比较稳定，不易产生流砂、管涌和坍塌时，可采用集水明排的方法疏干地下水。

（2）若降低地下水位将引起周边建筑物产生过大的差异沉降、倾斜，影响地下管道的正常使用，应在基坑周边做止水帷幕。止水帷幕可采用高压喷射注浆法、深层搅拌法及压力注浆法施工。

（3）无论采用哪一种降水方法，降低地下水位的工作，都应从土方开挖开始，持续到土方开挖完成，基础或地下室的施工做完，回填土也做完后才能停止。当地下水位高于坑底设计标高时，应将水位降低到坑底以下 500 mm，以利于挖。若中途停止抽水，地下水位就会恢复到原来的位置，进而影响施工，因此要准备多套抽水设备，轮流不间断地工作，还要经常检查、维护系统的正常运转。

【任务实施】

实训任务：实地参观考察某基坑降低地下水位施工。

【技能训练】

（1）听取某基坑降低地下水位施工的情况介绍。

（2）了解降低地下水位的方法、特点。

（3）了解某基坑降低地下水位的施工过程和效果。
（4）由学生写出某基坑降低地下水位施工的参观考察报告。

工作任务 1.5　深基坑支护施工

1.5.1　基坑支护的概念

当基础设计埋得较深，或多层、高层建筑需要做地下室时，地下室的施工需要开挖深坑，相应地要用人工的方法对新形成的土壁进行支撑、防护，还要采用适当的方法降低深坑内的地下水位，以方便施工。

1.5.2　基坑支护的目的

（1）利用支护结构来挡土和阻水，承受周边土、水产生的侧向压力。
（2）保持支护结构和基坑周边土体的稳定，限制坑周土体变形（滑移或破坏），保护基坑内施工的安全，保护基坑外土体的稳定，也就是保护基坑外侧的管线和邻近建筑物的安全。
（3）阻止地下水渗入坑内，使坑内保持干燥，让坑内土方的开挖、基础和地下室的施工能够顺利进行。

1.5.3　基坑支护的特点

（1）基坑开挖与支护的施工对象是岩土，岩土是大自然的产物，组成多样、性质复杂。基坑开挖与支护具有地区性特点，影响因素多，不确定的因素也多，而现阶段人们对它的认识和了解还很有限。
（2）基坑工程的设计和施工，需要仔细分析、充分考虑在各个施工阶段、各种工况（工况是指某一瞬间基坑支护体的工作状况）下，支护体和岩土的受力和变形；需要顾及基坑本身在整个施工和使用期间的安全、基坑周边环境的安全、后续工程施工活动的安全；这些都需要勘察、设计、施工、监理、监测等单位自始至终相互协作、密切配合、共同努力才能实现。
（3）基坑工程的研究对象是岩土，主要研究岩土力学、地下水与支护结构的相互作用，属于结构设计的一部分，由设计单位负责施工图设计，施工单位按图施工。目前基坑工程的计算理论还很不完善，不可能事先考虑整个体系的所有复杂因素。基坑工程的研究，既需要相关力学的基本理论，又需要工程实践，既强调概念设计，又强调各方的密切配合。只有凭经验把握住基坑施工的大方向，才能确保基坑的安全。
（4）从基坑开挖与支护结构的施工起，到基坑形成后各项后续工程的施工，到回填土方施工、支护结构的拆除，在这整个施工和使用期间，需要按照设计和规范规定，对基坑和支护结构、基坑周边一定范围内的场地和建筑物进行变形监测，随时注意变形的发展和变化，采取相应的防护措施，确保基坑的安全。

1.5.4 基坑支护结构的要求

（1）基坑边坡和支护结构在整个施工和使用期间应达到稳定，不发生倾覆、滑移和局部失稳；坑底不发生隆起、管涌；锚杆不失效；支撑体系不失稳。
（2）支护结构构件受荷后不发生强度破坏。
（3）降低地下水位引起的地基沉降不得影响邻近建筑物或重要管线的正常使用。
（4）止水措施应能控制渗漏，不致引起水土流失，造成地面下陷。
（5）支护结构的变形不致影响周边环境和设施的正常使用。

1.5.5 常用几种支护结构的形式及适用和不适用的条件（表 1-10）

表 1-10　常用几种支护结构的形式及适用和不适用的条件

支护结构形式		适用条件	不宜使用的条件
人工放坡		（1）基坑周边开阔，能满足放坡的条件； （2）允许坑边土体有较大的水平位移； （3）开挖面以上一定范围内，无地下水或已经降水处理； （4）可独立或与其他结构组合使用	（1）淤泥和流塑土层； （2）地下水位高于开挖面且未经降水处理
土钉墙		（1）允许土体有较大的位移； （2）岩土条件较好； （3）地下水位以上为黏土、粉质黏土、粉土、砂土； （4）已经降水或经止水处理的岩土； （5）开挖深度在 12 m 以内	（1）土体为富含地下水的岩土层、含水的砂土层，且未经降水、止水处理； （2）膨胀土等特殊性土层； （3）基坑周边有需要严格控制土体位移的建（构）筑物和地下管线
水泥土挡墙		（1）开挖深度在 7 m 以内，允许坑边土体有较大的位移； （2）填土、可塑到流塑的黏性土、粉土、粉细砂及松散的中粗砂； （3）墙顶超载不大于 20 kPa	（1）周边无足够的施工场地； （2）周边建筑物、地下管线要求严格控制基坑位移变形； （3）墙深范围内存在富含有机质的淤泥
排桩	悬臂	开挖深度在 8 m 以内	周边环境不允许基坑土体有较大的水平位移
	内撑	（1）场地狭小且需深开挖； （2）周边环境对基坑土体的水平位移控制要求更严格； （3）基坑周边不允许锚杆支护施工	—
	锚杆支护	（1）场地狭小且需深开挖； （2）周边环境对基坑土体的水平位移控制要求严格	（1）基坑周边不允许锚杆支护施工； （2）锚杆支护锚固段只能设在淤泥或土质较差的软土层
地下连续墙		适用于所有止水要求严格以及各类复杂土层的支护工程；适用于任何复杂周边环境的基坑支护工程	与悬臂或与锚杆支护联合使用的地下连续墙，不宜使用的条件与排桩相同

1.5.6 常用的几种支护结构的施工

1. 人工放坡施工

(1) 当基坑周边足够开阔，土质较好，开挖面以上一定范围内无地下水或能够进行降水处理时，应优先使用人工放坡。填方或挖方人工放坡的坡度，应根据场地土层的物理力学性质、填方或挖方的深度、开挖方法和要求保持的时间，预先进行设计计算来确定。图 1-29 所示为基坑采用人工放坡示意图。

图 1-29　基坑采用人工放坡示意图

(2) 人工放坡在开挖时，应采用相应的坡面、坡顶和坡脚排水、降水措施。当基坑开挖至地下水位以下且土层中可能发生流砂、流土现象时，应采取降水措施；如土质较好，也可采用明沟或集水井排水。

(3) 基坑顶部周边不宜堆积土方或其他材料、设备等，若必须堆放，需考虑地面超载对边坡的不利影响。

(4) 人工放坡宜对坡面采取保护措施，如水泥砂浆抹面、浆砌片石压顶、堆砌土袋护面、挂网喷浆等，如图 1-30 所示。

1—水泥砂浆抹面；2—浆砌片石压顶；3—挂网喷浆；4—排水沟。

图 1-30　坡面的保护措施

2. 土钉墙施工

1) 土钉墙支护的原理

土体的抗剪强度较低，几乎不能承受拉力，但土体有一定的结构整体性。如果在土体内人为地放置一定长度和密集分布的钢筋或钢管（称为土钉），与土体共同作用形成土与钉的复合体，在基坑形成过程中，土体会发生微小变形，土钉受拉而土体受压，使土体保持稳定，土钉对坡面起了防护的作用。土钉墙支护，是保障土体边坡稳定的一项新技术。

2）土钉墙的结构和构造

土钉墙施工时，先挖一段（约1 m深）基坑的土方，做一层土钉（钻孔，内置螺纹钢筋，往孔内压注水泥浆）；再挖一段基坑的土方，做一层土钉；如此分段分层挖土、做土钉；在完成一层或若干层后，挂钢筋网、喷射混凝土面层，混凝土养护，修筑坡脚排水沟。

土钉的水平和竖向距离（一般为1~2 m），土钉的材料、规格、入土深度和灌浆要求，如何分段分层施工都应按设计规定。土钉墙适用于<u>允许有一定放坡，深度在12 m以内稳定</u>土层的边坡支护。图1-31所示为土钉墙结构的剖面图，图1-32所示为土钉墙构造。

图1-31 土钉墙结构的剖面图

（a）喷锚剖面

图1-32 土钉墙构造

(b)喷锚大样

(c)钢筋网片布置图

图 1-32 土钉墙构造（续）

3）准备工作

(1) 确定基坑开挖线、轴线定位点、水准基点、变形观测点。

(2) 土钉钢筋除锈。

(3) 水泥、砂、速凝剂准备。

(4) 施工机具（成孔机、注浆泵、混凝土喷射机、空压机）准备。

4）施工顺序

(1) 按设计要求开挖工作面，修整边坡，埋设喷射混凝土的控制标志。

(2) 喷射第一层混凝土。

(3) 安装土钉（钻孔、插筋、注浆）。

(4) 绑扎、固定钢筋网，设置加强筋。

(5) 喷射第二层混凝土至设计厚度。

(6) 坡顶、坡面和坡脚的排水处理。

5）注意事项

(1) 基坑开挖应按设计要求自上而下分段分层进行，及时支护，严禁超挖；上层土钉砂浆和喷射混凝土需达到设计强度的70%以上,才能进行下层土方开挖和下层土钉的施工。

（2）钢筋网的铺设应位置正确、安装绑扎牢固；钢筋网与土钉和加强筋应连接牢固,喷混凝土时钢筋网不得晃动。

（3）分段分片依次进行喷射混凝土作业,同一段内自下而上进行；喷射时应控制好水灰比,保持混凝土表面平整、湿润光泽、无干斑及滑移流淌的现象。

3．水泥土挡墙施工

1）水泥土挡墙的组成与作用

当搅拌机械插入软弱的土中时,在搅拌土颗粒的同时将水泥粉喷入,使水泥、土中的水与土颗粒充分混合,经养护后形成有一定强度和抗渗能力的圆形水泥土柱,称为旋喷（搅拌）桩；如果还不停地让搅拌机械向前移动,使圆形的水泥土柱相互搭接,便形成水泥土挡墙。图1-33所示为水泥土挡墙的布置方式。让水泥土桩体相互搭接形成块状或格栅状连续实体的重力结构,在基坑侧边形成一个具有相当厚度和质量的刚性实体结构,用其质量来抵抗基坑侧壁的土、水压力,就可以满足结构的抗滑移、抗倾覆的要求,如图1-34所示。

图1-33 水泥土挡墙的布置方式

图1-34 水泥土挡墙的受力情况

2）水泥土挡墙的施工工序

平整场地→桩位放线→施工机械就位→水泥浆或干粉的制备→喷浆（粉）预拌下沉至设计深度→喷浆（粉）提升→重复喷浆（粉）搅拌下沉至设计深度→再喷浆（粉）提升至孔口。

3）使用机械设备

水泥土搅拌桩机及其配套的机具,详见项目2地基加固部分。

4）注意事项

（1）施工前应做工艺性试桩，以确定各项施工技术参数；施工中应做好每根桩的施工记录，其中深度记录的误差应小于 10 mm，时间记录的误差应小于 5 s。

（2）当设计要求有桩体插筋时，应在成桩后 2 h 内安插完毕。

（3）对于地下水丰富的地区，按设计要求可采用多回路注浆搅拌工艺，并选用适合的速凝剂。

（4）水泥土挡墙必须在达到允许开挖的设计强度后才可进行基坑开挖。

4．排桩施工

1）排桩的作用和类型

基坑开挖之前，先在准备形成坑壁的周边施工成排的桩，上端沿着桩顶浇筑钢筋混凝土冠梁以增强排桩的整体工作性能，下端嵌入坚硬土层中一定深度，组成悬臂的排桩体系，来承受坑壁周边土体和地下水对排桩的水平作用力，从而保护坑内土方的开挖和基础的施工。排桩的类型多种多样，根据材料的不同，有用型钢组成的排桩、用钢管组成的排桩、由混凝土灌注桩组成的排桩等；按照排桩的受力性状，有全悬臂式排桩、排桩加锚杆或锚索、排桩加内撑等。图 1-35 所示为排桩的类型。

图 1-35 排桩的类型

2）排桩的施工要求

为了形成排桩的支护体，对于冲孔灌注桩、钻孔灌注桩、旋挖孔灌注桩、人工挖孔灌注桩，都应采用隔桩施工的方法，将排桩分成相间隔的两批桩跳挖，第一批桩施工完成，桩芯混凝土达到设计强度的 70% 以上后，再开挖第二批桩。当桩身需穿过透水性大的富含水层时，应先做好止水结构，并在基坑内降水，再进行施工。每一根桩的施工与普通工程桩的要求相同，两者所不同的是工程桩通常为沿截面均匀配筋，而排桩的支护桩通常为沿截面非均匀配筋。钢筋笼吊放时应特别注意，配筋方向应与设计方向一致。

3）排桩的止水

为了保证排桩的成桩质量，冲孔灌注桩、钻孔灌注桩或旋挖孔灌注桩的相互间距一般都要比桩的直径大一些，这样就保证了桩与桩之间留有一定的间隙。为了使排桩能够阻挡地下水渗透入坑内，设计要求要在排桩形成的基坑外侧，如图 1-35（c）和图 1-35（f）所示，加做旋喷止水桩或水泥土挡墙。其工艺过程和要求详见项目 2 地基加固部分。

5．排桩的内撑结构施工

1）内撑的作用和结构

内撑就是在排桩或地下连续墙对基坑进行支护的基础上，在坑内增加对支护体的支撑，以增强基坑壁支护体的强度和稳定性。

由钢板桩加工具式内撑组成的简单内撑结构如图1-36所示,多用于深度不大的坑槽支护;由混凝土排桩或地下连续墙加若干道水平钢构内撑组成的复杂内撑结构如图1-37所示,多用于深基坑的支护。

图1-36 简单内撑结构

图1-37 复杂内撑结构

一个基坑采用什么内撑结构,应根据基坑的大小、深度、土质情况、施工条件综合考虑,再由设计确定。

简单内撑结构常用于埋深不大的室外各种管线坑槽的开挖施工。使用一般的单斗反铲挖掘机,就可完成打钢板桩、支钢管内撑、土方开挖和回填、桩撑拆除等工作。

复杂内撑结构常用于高层建筑深基坑的支护和土方开挖施工,施工中常在外围设立地下连续墙,内部加设多层多道钢构支撑。图1-38所示为某大厦基坑复杂内撑结构平面。

2)内撑结构的施工要求

(1)内撑结构的施工必须严格按照设计规定的顺序和要求进行,内撑结构的拆除也必须按照设计要求进行。

(2)内撑结构的施工工序:支撑立柱→开挖设计规定可以挖除的土体→腰梁、竖向斜撑、坑底柱脚支座的施工→主支撑与立柱、腰梁的连接及预应力的施工→连系杆件、八字撑等附属结构的施工。

(3)严禁在负荷状态下对钢支撑、钢立柱、钢腰梁等主要受力构件进行焊接。

(4)当设计采用逆作法施工时,除严格按照设计要求分步进行外,地下室的施工还应做好送风、排风、安全用电和安全防护等工作。

图 1-38 某大厦基坑复杂内撑结构平面

6. 排桩的锚杆支护施工

1)锚杆支护的作用与组成

锚杆是一种受拉杆,它的一端嵌固在护坡桩上,另一端锚固在地基土的深层或岩石中,使原来是悬臂的护坡桩变成类似多支点多跨的连续梁,与护坡桩一起承担土、水的侧压力。

锚杆支护由锚杆、锚杆头、锚固体等组成,如图 1-39 所示;打锚杆用的钻机如图 1-40 所示。

图 1-39 锚杆支护的组成

1—钻头;2—套管;3—钻架;4—轨道。

图 1-40 打锚杆用的钻机

2)锚杆支护的施工要求

(1)锚杆支护的施工应按专项的施工方案进行,锚杆支护的专项施工方案的内容包括:工程的平面、剖面图;场地的地基土性状、地下水性状,场区边线的地质剖面图;周边环境状况；施工废弃物排放及处理；限制作业条件，环境安全规划、措施；地下埋设物、障碍物；其他。

（2）施工前应对原材料进行技术性能检验，出具有效的检验报告；应进行试验性作业，以检验设计的合理性、施工工艺及设备的适用性。只有在这两项都符合要求后才能开始施工。

（3）锚杆支护的施工工序：定孔位→钻机就位→钻孔→清孔→安放锚杆，检查就位情况→注浆→养护→锚杆张拉→检测，锁定，如图1-41所示。

图1-41 锚杆支护的施工工序示意图

7. 地下连续墙施工

地下连续墙施工工艺

1）地下连续墙的作用

地下连续墙是指在基坑土方开挖之前，预先在地面以下开挖出沟槽、放入钢筋笼、浇筑成连续的钢筋混凝土墙体。作为深基坑支护结构，它既可挡土又可阻水，同时还可以作为地下结构的组成部分。

2）工艺原理

用特制的成槽机械直接干作业分段成槽，或在泥浆护壁的情况下分段开挖沟槽，插入预先制作好的钢筋笼，用导管向沟槽内（水下）浇筑混凝土，形成第一段墙体；再接着做第二段墙体；各段墙体之间用特制的接头连接，最后形成连续的地下钢筋混凝土墙。

3）施工工序

修筑导墙→制备泥浆→开挖槽段和注入泥浆→清底→吊放接头管→吊放钢筋笼→水下浇筑混凝土→拔出接头管→连续制作下一槽段。

该工序与冲钻孔灌注桩施工工序相似，如图1-42所示。

4）使用机械设备

地下连续墙的成槽工艺及使用的机械见表1-11，多使用专用的成槽机械（图1-43、

图1-44),也可用一般的冲钻孔成桩机。

配套使用泥浆循环设备、水下浇筑混凝土设备等。

图1-42 地下连续墙施工工序示意图

表1-11 地下连续墙的成槽工艺及使用的机械

成槽工艺	使用的机械	适用土（岩）层
抓斗成槽	液压抓斗、机械开启式抓斗、导杆式抓斗	黏性土、粉土、淤泥质土、砂土、冲填土、强风化岩和其他不含较大卵石、碎石、漂石、块石的土层
多头钻反循环成槽	多头钻孔成槽机	黏性土、粉土、淤泥质土、砂土、冲填土、砂层、基岩
刀盘旋铣成槽	液压双刀盘成槽机	坚硬黏土、胶结砂土、人工填海层、硬基岩
冲孔成槽	反循环或正循环工程钻机	各种地层、基岩

1—导杆；2—液压管线回收轮；3—平台；
4—调整角度的千斤顶；5—抓斗。

图1-43 导杆式液压抓斗

1—导板；2—电缆；3—底座；4—支架；
5—起重绞盘；6—收线盘；7—电机。

图1-44 多头钻孔成槽机

5）水下浇筑混凝土的工艺

水下浇筑混凝土的工艺如图1-45所示。

图1-45　水下浇筑混凝土的工艺

6）地下连续墙的优缺点

（1）优点：适用于各种土质条件和地下水埋藏情况的基坑支护，可以在复杂条件下施工，对邻近结构物没有什么影响，安全可靠、综合效益较好。

（2）缺点：当土质较差或地下水位较高时，需要用泥浆护壁施工，容易造成施工场地泥泞湿滑；分段施工其接头处理较复杂，容易出现渗漏，要在外侧用旋喷止水堵漏；所形成的墙面不够光滑，若作为永久式结构还需进行处理；若只作为临时挡土结构造价较高。

【任务实施】

实训任务：实地参观考察某基坑支护结构的施工。

【技能训练】

（1）听取基坑支护结构的情况介绍。

（2）了解基坑支护结构的类型、特点。

（3）了解基坑支护结构的施工过程。

（4）由学生写出某基坑支护结构施工的参观考察报告。

工作任务 1.6　土方施工的质量和安全

1.6.1　土方施工的质量要求

土方工程的施工验收一般要分阶段进行，先检查施工方案的执行情况，然后分别检查坑槽的开挖质量、边坡的施工质量、地下水的处理方法和效果、基坑支护的质量和变化情况、回填土的施工质量等。土方开挖的质量标准及土方回填的质量标准分别见表 1-12 和表 1-13。

表 1-12　土方开挖的质量标准　　　　　　　　　　　　单位：mm

分项	次序	项目	允许偏差或允许值					检验方法
			桩基基坑、基槽	挖方场地平整		管沟	地面路面基层	
				人工	机械			
主控项目	1	标高	−50	±30	±50	−50	−50	水准仪
	2	长度，宽度（自设计中心线向两边量）	+200，−50	+300，−100	+500，−150	+100　—	—	用经纬仪、钢尺测量
	3	边坡	按设计要求					用坡度尺检验
一般项目	1	表面平整度	20	20	50	20	20	用 2 m 靠尺和塞尺检验
	2	基底的土质	按设计要求					观察或取样分析

表 1-13　土方回填的质量标准　　　　　　　　　　　　单位：mm

分项	次序	项目	允许偏差或允许值					检验方法
			桩基基坑、基槽	场地平整		管沟	地面路面基层	
				人工	机械			
主控项目	1	标高	−50	±30	±50	−50	−50	水准仪
	2	分层压实系数	按设计要求					按规定方法
一般项目	1	回填土料	按设计要求					观察或取样分析
	2	分层厚度及含水率	按设计要求					水准仪及抽样检查
	3	表面平整度	20	20	30	20	20	用靠尺或水准仪

1.6.2 土方施工的安全技术要点

（1）基坑、基槽土方开挖应连续进行，减少基坑、基槽暴露时间。基坑、基槽挖好后应及时办理验收，尽快做基础垫层和基础，基础施工完成后应及时做好回填夯实。

（2）基坑、基槽土方开挖的顺序、方法和要求必须与设计的工况相一致，并遵循"开槽支撑，先支后挖，分层开挖，严禁超挖"的原则。

（3）相邻基坑开挖，要先深后浅，两坑边缘的距离应大于其坑底高差的2倍，避免互相影响。

（4）基坑、基槽施工过程中，工作人员应从专门搭设的临时楼梯上下，不能踩踏土壁或直接从支护结构处上下。

（5）挖土机工作范围内，不得同时进行其他工作。机械挖土时应保留 0.05～0.10 m 厚度不挖，最后由人工开挖。

【任务实施】

实训任务：编制 A 学院第 13 号住宅楼土方施工方案（续）。

【技能训练】

编写土方工程的施工方案的质量安全部分。

【本项目总结】

项目1	工作任务	能力目标	基本要求	主要支撑知识	任务成果
土方与基坑工程施工	认识土的施工性质	看懂地质勘察报告	初步掌握，能对土进行分类	土的组成、性质、分类	（1）分析现场土质情况；（2）计算土方工程量；（3）编制土方施工方案；（4）草拟降排水措施；（5）草拟其他相关措施；（6）最后形成完整的方案
	土方工程量计算	会计算各种土方的工程量	熟练掌握	拟柱体体积公式、土的施工特性	
	土方的挖、运、填施工	能组织土方的挖、运、填施工	能编制土方的施工方案	土的可松性、压缩性、最佳含水率	
	场地排水和降低地下水位	能妥善处理地面、地下水的影响	初步了解地下水的影响和降水方法	水对土方施工的影响，降低地下水位原理	
	深基坑支护施工	了解深基坑支护施工的主要方法	初步了解	深基坑支护的目的、要求、原理	
	土方施工的质量和安全	能进行土方施工质量安全管理	初步掌握质量标准和安全技术	土方施工的质量标准和安全技术	

复习与思考

1. 土方施工有什么特点?
2. 土方施工为什么要按开挖的难易程度来分类?分为几类?
3. 什么是土的可松性?土的可松性对土方施工有什么影响?
4. 土方开挖为什么要放坡?土方边坡大小怎样表示?什么是边坡系数?
5. 土方边坡系数的大小与哪些因素有关?
6. 基坑、基槽、场地平整的土方工程量应怎样计算?
7. 土方施工要做哪些准备工作?为什么要做这些工作?
8. 基坑、基槽开挖要注意哪些问题?
9. 衡量回填土压实质量有什么标准?
10. 影响回填土压实质量有哪些因素?
11. 哪些土不能用来回填?为什么?填土施工有哪些要求?
12. 什么是流砂现象?对土方施工会造成什么危害?有哪些防治措施?
13. 为什么要人工降低地下水位?降低地下水位在施工中有什么作用?
14. 有哪些方法可以实现降低地下水位?实施过程中要注意什么问题?
15. 什么叫作基坑支护?基坑支护要达到什么目的?
16. 常用的基坑支护方法有哪些?
17. 基坑支护结构的施工方案包括哪些内容?
18. 基坑支护结构施工有哪些基本要求?
19. 基坑开挖放坡施工要注意什么问题?
20. 试述土钉墙的施工过程和施工中要注意的问题。
21. 试述排桩支护的施工过程和施工中要注意的问题。
22. 试述地下连续墙的施工过程和施工中要注意的问题。
23. 试述水泥土挡墙的施工过程和施工中要注意的问题。
24. 试述锚杆支护的施工过程和施工中要注意的问题。
25. 试述内撑结构的施工过程和施工中要注意的问题。
26. 在基坑支护和土方开挖施工全过程中,要进行哪些监测?
27. 土方施工要达到怎样的质量标准?施工中要注意哪些安全问题?

项目1在线答题

项目 2　地基与桩基础工程施工

本项目学习提示

　　基础是建筑结构最下面的承力构件,把上部结构和基础本身的荷载传递到地基土层中。地基土的承载能力通常比基础和上部结构小得多,因此基础要设计有足够的面积和足够的强度。基础是建筑中最重要的构件,工作环境最差的构件,为了整栋建筑物的安全,必须严格限制基础变形的总量和相邻基础变形的差异量。地基与基础相接,是直接承受基础传来荷载的土层,与建筑的安危有直接关系。因此,地基要有足够的强度,以便限制地基土层的变形;地基持力层还要有足够的厚度,以便把所受荷载分散到下部更深的土层中。

　　如果地基上部的土层较好,足以满足强度和变形的要求,可以采用天然地基上的浅基础。浅基础的主要形式有墩式、条式、十字交叉式、筏板式、箱式等;使用的材料有灰土夯实、石砌体、砖砌体、素混凝土和钢筋混凝土等。浅基础的施工方法可分别参考砌体工程或混凝土工程的施工方法。如果地基表层土质较差,承载力弱或受荷后变形过大,要承受上部较大的荷载,就要采用人工加固的方法使一定范围内的地基土达到要求;若加固也达不到要求,或加固成本太高,需要用深基础——桩基础来解决。

　　改革开放以来,广东经济高速发展,在工程建设上积累了许多经验,在软土地基处理和桩基础工程方面有很大进展,逐步形成了适应本地区情况,具有地方特色的一系列高新技术。本项目主要讲述目前广东在地基处理和桩基础工程方面广泛使用的新技术,包括其工艺特点、机械设备、施工过程、质量标准和适用范围等。

能力目标

- 能编制常用地基处理的施工方案并组织施工。
- 能编制常用桩基础的施工方案并组织施工。
- 能进行地基处理的施工质量控制和安全管理。
- 能进行桩基础的施工质量控制和安全管理。

知识目标

- 了解地基处理的目的、要求和施工特点。
- 了解常用地基处理的原理、方法和质量要求。
- 了解常用桩基础的成桩原理、施工特点和分类。
- 掌握常用桩基础的施工工艺和质量要求。

项目 **2** 地基与桩基础工程施工

思维导图

工作任务 2.1　地基加固处理施工

2.1.1　地基加固处理概述

1. 建筑结构对地基的要求

受建筑物荷载影响的那一部分地层称为地基。地基包括持力层和下卧层，直接支承基础的土层称为持力层，其下的各土层称为下卧层。地基土与建筑的安危有直接关系，因此既要使地基有足够的强度，还要限制它的变形。

2. 地基加固处理的目的

地基加固处理是为了提高地基的承载能力、改善变形性质而采取的人工处理地基的方法。如果地基上部的土层较好，足以满足强度和变形的要求，可以采用天然地基；如果地基表层土质较差，承载力弱，受荷载后变形过大，就要用加固的方法，使地基达到强度和变形的要求。

3. 地基加固处理的特点

由于岩土具有多样性和地区性的特点，加固处理的方法很多，大体上分两类：第一类为压密法，用各种办法使一定面积和深度范围内松软土层的密实度提高；第二类为加固法，通过掺入固化剂使软土变硬。

地基加固处理技术发展很快，各地都有许多成功的经验，但要注意各种方法都有一定的适用范围和局限性，不能盲目地照搬照套。

一个工程用什么方法来进行地基加固处理，应根据建设场地的地形、地貌、工程地质、水文地质条件，地基处理的目的、要求，上部结构和荷载，周围的环境条件，当地的物质、技术条件、施工机械设备和施工经验等因素，初步确定 2~3 个处理方案，进行必要的试验测试，然后经过技术经济分析比较，最后确定采用的加固处理方案。

加固处理方案要经过详细的设计，提出明确的施工要求。完工后需进行取样检测，达到设计要求才能进行基础施工。加固处理方案要方法合理、精心设计、因地制宜和就地取材，最终达到加固的目的。

2.1.2　地基加固的方法

1. 砂石换土加固法

1）砂石换土处理原理

如图 2-1 所示，挖除浅基础下部一定面积、一定深度内的软弱土层，用级配的粗、中砂（或石屑）或砂石混合体分层回填，逐层夯实，提高与基础接触那部分地基持力层（z）的承载力，并通过这部分土层的压力扩散作用，降低基础对地基下卧层的压应力，从而减少地基土受荷后的变形量；砂和石都是透水材料，经回填和压实的砂石垫层下部软弱地基土中的孔隙水通过砂石垫层渗透、排出，加速土层的沉降固结，这两种作用共同实现对地基土的加固。

图 2-1 砂石换土（这里为换砂垫层）加固

2）工艺流程

按设计尺寸挖除需换填的软弱土层→软弱地基验槽→检验回填砂石质量→分层铺筑砂石垫层→分层洒水夯实或碾实→检查垫层的密实度（环刀取样法或贯入度法测定）→铺筑砂石垫层→检查垫层的密实度至设计标高→现场静载试验检查垫层的承载力和变形量。

3）使用的材料

应用颗粒级配良好、质地坚硬的中、粗砂（或石屑），可掺入 25%～30% 的碎石或卵石，砂石材料不得含有有机物质，含泥量应小于 5%。当有充分依据或成功经验时，还可采用其他质地坚硬、性能稳定、透水性强、无腐蚀性的材料，但必须经过现场试验才能应用。

4）基本要求

砂石垫层应有足够的厚度和宽度，其具体尺寸须经过设计计算。换土厚度宜为 0.5～3 m；顶面每边应超出基础底面每边不小于 0.3 m；换填压实的工艺与建筑地基土方回填压实要求相同，压实后应达到要求的密实度、承载力和总的变形限制量。

需要换填的土层一般较软弱，开挖时要特别注意不要搅动坑底土层；必须做好基坑的排水，不得在浸水条件下施工；应保持基坑边坡的稳定。

基础完成后其上部覆盖的回填土，应取用便于压实的不透水或透水性较差的黏性土。

5）特点和适用性

砂石换土加固法是一种处理软弱地基的传统方法，历史悠久；本法不用水泥，材料来源广泛，可因地制宜，工艺简单，施工速度快，成本低，效果好，换土的面积可大可小。砂石换土加固法适用于处理透水性较好的软弱黏性土地基，不宜用于处理湿陷性黄土和不透水的黏性土地基；一般多用于深 1～3 m 范围的浅层地基土的处理。

2. 重锤夯实加固法

1）加固原理

用起重机械将几吨或十几吨的重锤吊起到距离地面 10～30 m 高处，通过自动脱钩装置让其自由落下，以其强大的冲击和振动力，迫使一定深度的土体空隙瞬间被压缩，排出气体和水分，土颗粒重新排列，迅速固结，从而提高地基土的承载力，如图2-2所示。

图2-2 重锤夯实土体应力变化示意图

2）作业条件

现场已完成"三通一平"，清理不适合重锤夯实的大块物体，做好排水沟，碾压松软地面以满足机械行走要求，妥善处理周边管线和建筑物，设置好场外高程观测点，试夯确定各种施工参数。履带式起重机夯实加推土机锚碇如图2-3所示。

1—夯锤；2—自动脱钩装置；3—起重臂；4—拉绳；5—锚绳。

图2-3 履带式起重机夯实加推土机锚碇

3）工艺流程

平整场地→测量高程→标出夯点位置→机械设备就位→测量夯前地面施工点的高程→吊起夯锤到规定高度自由落下→测量夯后地面施工点的高程→重复操作到下一个夯点→完成第一遍夯击→至规定夯实遍数→用推土机推平场地→测量推平后地面施工点的标高→低锤满夯（吊起夯锤至1m左右的高度自由落下，对整个施工场地满夯一遍）→测量满夯后场地地面施工点的标高→取样检测夯实后各规定深度处土层的密实度→现场静载试验测定规定深度处土层的承载力。

4）施工技术参数

（1）锤重与落距的乘积称为<u>夯击能量</u>，常取 500～600 kN·m；每平方米的夯击次数乘以每次的夯击能量就是<u>夯击总能量</u>，对砂土为 500～1000 kN·m/m^2，对黏性土为 1500～3000 kN·m/m^2。

（2）每个夯点夯击 3～5 遍，第一遍夯点间距 5～9 m，以后逐渐减少，最后低锤满夯 1～2 遍。夯打的顺序需预先设计，夯打顺序如图 2-4 所示。

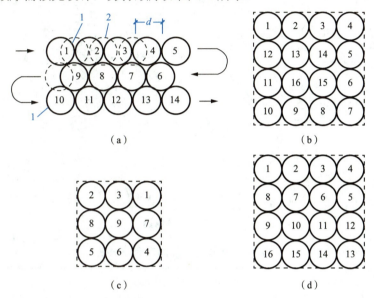

1—第一遍夯点；2—重叠夯；d—重锤直径。

图 2-4 夯打顺序

（3）钢夯锤或钢筋混凝土夯锤，夯锤质量常用 8～15 t，目前最大为 40 t；锤底面积为 3～6 m^2；落距为 6～30 m。夯锤构造如图 2-5 所示。

（4）对透水性好的地基，夯击完第一遍后即可继续夯击；对透水性差的地基，如黏性土，就要间隔 3～4 周后再夯击下一次。

5）重锤夯实加固的有效深度

重锤夯实过程中土体的应力变化如图 2-2 所示，土体受到重锤瞬时冲击后，其表层与重锤相接处受到猛烈挤压，而周边的土体膨胀凸起，重锤下一定深度内的土体受到压缩而变密实，往下随着深度的增大，压实效果越来越差，直到完全没有影响。重锤下一定深度范围内的土体压密效果最好，这个深度称为<u>夯实加固的有效深度</u>，与夯击能量有关。重锤夯实加固的有效深度见表 2-1。

(a) 装配式钢夯锤

(b) 钢筋混凝土夯锤

1—钢底板；2—钢外壳；3—钢顶板；
4—内板；5—吊环；6—泄压孔；7—螺栓。

1—钢底板；2—钢外壳；3—泄压孔；
4—水平配筋；5—配筋；6—吊环；7—混凝土。

图 2-5 夯锤构造

表 2-1 重锤夯实加固的有效深度 单位：m

单击夯击能量/(kN·m)	碎石土、砂土等	粉土、黏性土等	单击夯击能量/(kN·m)	碎石土、砂土等	粉土、黏性土等
1000	5.0~6.0	4.0~5.0	4000	8.0~9.0	7.0~8.0
2000	6.0~7.0	5.0~6.0	5000	9.0~9.5	8.0~8.5
3000	7.0~8.0	6.0~7.0	6000	9.5~10.0	8.5~9.0

6）特点和适用性

本法压实效果好、速度快、节省材料、施工简便；但噪声大、振动大。当强夯所产生的振动对邻近建（构）筑物或设备产生有害影响时，应设置观测点观测，并采取挖隔振沟等隔振防振措施。

重锤夯实加固法适用于处理经重锤夯击后能增加其密实度的碎石土、砂土、饱和度低的黏性土、湿陷性黄土和杂填土，不宜于处理饱和度高的黏性土、淤泥、淤泥质土。

3. 排水堆载预压法

1）加固原理

先在需加固范围内布置一定深度和间距的砂井（图 2-6），或插入塑料排水板（图 2-7），然后堆填一定高度的土石方或其他附加荷载，使该范围内的软弱土层承受一定的压应力，在一段比较长的时间（通常是几个月至一两年）内，使荷载影响深度以内的土层逐渐发生排水、压缩、固结的物理过程，达到设计要求的密实度，然后把堆填的土石方或附加荷载搬走，再进行工程建设。这种方法需要预先对场地的土质情况进行详细勘察设计,并通过实地试验获得可靠数据后才能实施。

1—砂井；2—砂垫层；
3—永久性填土；4—超载填土。

图 2-6 砂井堆载预压示意图

1—塑料排水板；2—土工布；3—附加荷载。

图 2-7 塑料排水板堆载预压示意图

2）作业条件

现场已完成"三通一平",做好周边的排水沟,碾压松软地面以满足机械行走要求,妥善处理周边管线和建筑物,设置好场外高程观测点,经试验确定各种施工参数。

3）工艺流程

（1）当采用砂井时,其工艺流程如下。

平整场地→测量高程→标出砂井位置→机械设备就位→打井孔、灌入干砂→完成砂井的设置→设置纵横向排水盲沟和集水井→铺设地表砂垫层→测量预压前高程→分级预压加载→测量分级预压后高程→测定土层不同深度处预压后的各项指标→卸荷。

（2）当采用塑料排水板时,其工艺流程如下。

平整场地→测量高程→标出塑料排水板位置→机械设备就位→插入塑料排水板→完成塑料排水板的设置→设置纵横向排水盲沟和集水井→铺设地表砂垫层→测量预压前高程→分级预压加载→测量分级预压后高程→测定土层不同深度处预压后的各项指标→卸荷。

4）施工技术参数

（1）采用普通砂井作竖向排水体时,砂井直径为 $\phi 300 \sim \phi 500$,间距按设计规定；填入的砂料应选用干燥的中粗砂,其黏粒含量不应大于 3%；可使用锤击沉管灌注桩的设备施工,也可用冲振法成桩（图 2-8）的设备施工。

（2）采用袋装砂井作竖向排水体时,砂井直径为 $\phi 70 \sim \phi 120$,间距按设计规定；砂料应选用干燥的中粗砂,其黏粒含量不应大于 3%,装入透水性良好的塑料编织袋中,并振捣密实；使用一般的钻孔设备施工。

（3）采用塑料排水板作竖向排水体时,应选用设计规定的品种、规格,施工前应按有关标准对塑料排水板进行质量检验；使用专用的插板机施工。

5）特点和适用性

排水堆载预压法是软弱地基处理中造价较低、易于实施的一种方法,在时间许可的条件下是首选的方法之一。该法适用于处理面积和深度都较大的淤泥、淤泥质土和冲填土等饱和软黏土地基。

(a) 定位　(b) 冲振成孔　(c) 加入填料　(d) 振实　(e) 成桩

图 2-8　冲振法成桩

4. 水泥土搅拌桩加固法

1）水泥土搅拌桩加固原理

用水泥浆或粉体作为固化剂，通过专门的深层搅拌机械，在地基土的一定深度范围内，就地将软土和固化剂一起强制搅拌，使软土和固化剂产生物理、化学反应，硬结成具有整体性、水稳定性和一定强度的桩体，从而达到加固软土的目的。这是我国 20 世纪 80 年代发展起来的地基处理技术。

2）施工准备

平整场地，清理地上、地下的施工障碍物；加固表层土，使搅拌桩机能平稳开进和转移；搅拌桩机进场，检查，就位；选定后台供浆位置；测量高程，放好桩位；抽检水泥；试桩不少于 5 根，确定最佳搅拌次数，确定水泥浆的水灰比，确定搅拌参数；成桩 7 天后直接开挖检验成桩质量（均匀程度和强度），符合设计要求后才能全面开始施工。

3）工艺流程

搅拌桩机就位→检查、调整机位→正转钻进至设计深度→打开高压注浆泵→反转提钻并喷水泥浆至工作基准面以下 0.3 m 处→重复正转钻进、反转提钻并喷水泥浆至地面→成桩结束→移动搅拌桩机到下一桩位，如图 2-9 所示。

4）质量要求

施工中应控制桩身水泥掺量、水泥品种和强度等级、浆液的水灰比、提升和下沉的速度、桩位、桩的顶底标高、垂直度、搅拌的均匀性等因素；第 28 天和第 3 个月分别进行钻孔取芯试验，桩体应达到要求的承载能力。

5）特点和适用性

（1）特点：施工速度快，处理后可以较快投入使用；施工中基本无噪声、无振动，对环境无污染；造价较低。

（2）适用性：适用于淤泥、淤泥质土、饱和性粉质黏土等，多用于墙下条形基础、大面积堆料场、运动场等地基的加固；深基坑开挖时用于防止坑壁及边坡滑塌，防止基坑坑底隆起；还可作为地下防渗墙；等等。

(a) 定位下沉　(b) 沉入到设计深度　(c) 喷浆搅拌提升　(d) 原位重复搅拌下沉　(e) 重复喷浆搅拌提升　(f) 搅拌完毕形成桩体

图 2-9　水泥土搅拌桩工艺流程

【地基处理案例】

广州亚运村位于广州市番禺区的中东部，京珠高速公路和地铁四号线以东，莲花山水道以西，清河路以南的区域，规划面积 2.737 km²。地势较为平坦，原地面高程 4.10～5.50 m，为三角洲相软土层，具有高含水率（$W = 41.1\% \sim 128.0\%$）、高孔隙比（$e = 1.048 \sim 3.508$）、高液限（$W_L = 28.1\% \sim 90.5\%$）、低密度、低强度、高压缩性（$a_{1-2} = 0.47 \sim 3.65 \text{MPa}^{-1}$）等特点。在上覆荷载作用下将产生不同程度的压缩与变形，容易导致不均匀沉陷或地基失效，需要进行地基处理。

考虑到场区的防洪排涝要求，广州亚运村工程采用大面积填土 2.4 m 堆载预压，将地面标高填高至 7.4 m 左右，加竖向塑料排水板排水；对于道路、管线等基础，用喷粉桩复合地基；建筑物基础采用管桩。

2.1.3　局部地基处理

（1）对局部范围软弱的地基，如果面积不大、深度较浅，可全部挖去，换填砂或碎石，分层夯实，达到与周围非软弱土层一样的承载能力即可，如图 2-10 所示。如果深度较深，全部挖去不容易，可以在设计的持力层深度内，压力喷水泥浆，同时进行深层搅拌，令这部分土达到与周围非软弱土层相同的承载能力，如图 2-11 所示。

(a) 局部软土地基处理（一）　(b) 局部软土地基处理（二）

图 2-10　条形基础下有局部软弱土时作清除换土处理

图 2-11　当局部软弱土较深时可将此段加深换土处理

（2）对局部特硬的地基，如遇到了基岩、旧的枯井、废旧桩等情况，如图 2-12 所示，应按其周边土层的承载力，估算其持力层的深度，按照这个深度挖除基岩、拆除枯井或废旧桩上部的一段，加盖水泥板后，再按换土回填的方法处理。

图 2-12　当局部有特硬岩石时应挖除岩石换成土垫层

（3）遇到有局部地基处理的问题时，通常都需要报告监理单位，与设计单位沟通，在设计单位的指导下进行处理，并留有相应的处理档案。

【任务实施】

实训任务：参观某软弱地基加固工程施工现场。

【技能实训】

（1）了解工程概况，包括处理的范围、土层的情况、加固的手段、要求达到的目标等。
（2）参观软弱地基加固的施工过程，了解使用的材料、设备、工艺等。
（3）由学生整理成参观考察报告。

工作任务 2.2　桩基础的基本知识

2.2.1　桩基础的作用和桩的几种受荷载形式

1. 桩基础的作用

（1）建筑物上部较大的荷载通过桩传递到深层岩层或承载力较大的土层中。
（2）将桩打入土层的同时，还把地基土挤密，从而也加固了地基。

（3）桩、桩承台、桩周土三者共同工作，整体上使地基承载力加大、变形减少。

2. 桩的几种受荷载形式

（1）承受竖向压力荷载（受压桩）。

（2）承受竖向、水平荷载和弯矩共同作用（横向荷载主动桩）。

（3）承受竖向拉拔力（抗拔桩）。

（4）承受侧向土压力（支护桩，横向荷载被动桩）。

不同受荷载形式的桩如图 2-13 所示，桩受不同荷载时力的传递方式如图 2-14 所示。

（a）受压桩　（b）抗拔桩　（c）横向荷载主动桩　（d）横向荷载被动桩

图 2-13　不同受荷载形式的桩

（a）桩端阻力及桩身表面摩阻力　（b）桩周围的土的侧向抵抗力　（c）只有摩阻力作用的情况　（d）负摩阻力

图 2-14　桩受不同荷载时力的传递方式

2.2.2　桩的分类和施工特点

1. 按桩的受力特点分类

（1）端承桩，全部为桩端承力（如桩长较短的入岩桩），如图 2-15（a）所示。

（2）端承摩擦桩，以桩周摩擦传力为主，桩端承力为辅（如桩长较长且桩端入硬土层的桩)。

(3) <u>摩擦端承桩</u>，以桩端承力为主，桩周摩擦传力为辅（如桩长较长的入岩桩）。

(4) <u>摩擦桩</u>，全部靠桩周摩擦传力（如桩长较长且桩端不到硬土层的桩），如图2-15（b）所示。

（a）端承桩　　　　（b）摩擦桩

1—桩；2—承台；3—上部结构。

图 2-15　按桩的受力特点分类

2. 按成桩方法、桩身材料或施工工艺分类（表 2-2）

表 2-2　按成桩方法、桩身材料或施工工艺分类

成桩方法	材料或工艺	桩身与桩尖		施工工艺
预制桩 （挤土型）	混凝土或 预应力混凝土	实心方桩	传统桩尖，钢桩尖	锤击 振动 静压
		空心方桩	传统桩尖	
		混凝土管桩		
		高强预应力 混凝土管桩	平底十字形桩尖	
			尖底十字形桩尖	
	钢	钢管桩	开口桩尖	
			闭口桩尖	
		H型钢桩		
灌注桩	沉管成孔 （挤土型）	预制混凝土桩尖		
		内击扩底		
		夯扩桩		
	冲、钻、挖 （含旋挖）成孔 （非挤土型）	直桩身		人工挖孔、机械冲 （钻、旋）挖孔
		扩底		
		多支盘		

3. 两类成桩施工方法比较

目前主要有两类成桩的施工方法：预制桩植桩法和灌注混凝土成桩法，两类成桩施工方法的比较见表 2-3。

表 2-3　两类成桩施工方法的比较

桩类	优点	缺点	适用范围
预制桩植桩法	一般在工厂预制，桩身强度较高、质量较易保证，单位面积上的承载力较高	打桩噪声大、振动大，有明显的挤土效应，不易穿过硬夹层，截面尺寸有限制，需要截桩	深度不大、能穿透的土层，对噪声、振动没有严格限制的地方，地下水位较高，能控制挤土效应处
灌注混凝土成桩法	施工时的振动小、噪声小，桩长、桩径可大可小，材料较节省，施工机具较简单	桩身质量不易保证，检测困难，用泥浆护壁时废泥浆处理较难，不能马上承担荷载	一般情况下不受土质条件限制，适用于各种土层，但不宜用于水下工程

2.2.3　广东省内目前用得较多的桩

（1）锤击法施工高强预应力混凝土预制管桩（推广应用）。
（2）静力压入法施工高强预应力混凝土预制管桩（推广应用）。
（3）泥浆护壁冲（钻）孔灌注桩（一种传统的成桩方法）。
（4）旋挖钻进成孔灌注桩（21 世纪以来开始广泛应用）。
（5）锤击沉管灌注桩（改革开放后开始应用，由于成桩质量可靠性低，已逐渐淘汰小直径的锤击沉管灌注桩，重点开发带有振动拔管设备的大直径振动沉管灌注桩；利用锤击或振动沉管设备还可进行地基加固）。

2.2.4　桩基础施工前的准备工作

桩基础施工前的准备工作做得好不好，对成桩质量有十分重要的影响。桩基础施工前要做好如下准备工作。

（1）熟悉设计图纸，充分了解设计意图。
（2）弄清场地的地形、地貌、水文、地质、管线、旧基础的情况，场地四周建筑物和管线的现状，供水、供电的条件；做好"三通一平"和清理障碍工作。
（3）有针对性地制订施工方案，确定适宜的施工方法、选择适当的机械设备、合理安排施工顺序、妥善做好整体布局、拟定可靠的安全措施等。
（4）确定测量控制网，如水准点、定位轴线；建立沉降观测点和记录原始观测资料；桩位的测量放线（需定出桩位的中心点和桩周线）。
（5）机械设备进场、安装、调试；施工人员的准备；材料进场和检查验收。
（6）试桩。
① 试桩有两个目的，一是校核设计依据，二是检查施工方案（包括检查沉桩参数）的可行性。
② 试桩的数量按验桩规范和设计要求，一个单项工程至少在场地的四角和中心各试一

根，一般不少于总桩数的 1%和 5 根。

③ 两种试桩做法，一种是先打试验用桩，重要工程都应先打试验用桩，试桩要施加荷载至桩呈破坏状态，即荷载再也加上不去，桩被压坏或变形超过规定，试验完后这些桩不得在工程上使用；另一种是利用工程桩兼作试验用桩，一般的工程都用这种方法，试桩时只要施加荷载至设计承载力的 2 倍，不能让它达到破坏状态，试验后这些桩还要在工程上使用。

④ 试桩的全过程要请勘察、设计、监理等单位的相关技术人员参加，试桩的全部资料应保留入本工程的技术档案。

工作任务 2.3 预制桩施工

2.3.1 高强预应力混凝土管桩的生产和应用

1. 高强预应力混凝土管桩（以下简称管桩）的生产

1）混凝土预制桩的发展历程

现场预制混凝土方桩→工厂预制实心（或空心）混凝土方桩→工厂预制混凝土管桩→工厂预制高强预应力混凝土管桩→工厂自动化预制高强预应力混凝土管桩。

2）管桩的制作流程

制作螺旋钢筋和纵向预应力钢筋→钢筋笼滚焊成型→钢筋笼安装入模→浇筑混凝土并合模→施加预应力→离心成型→一级热水养护→放张预应力钢筋、脱模→高压蒸汽养护→管桩成品。

3）建筑上用的管桩

建筑管桩常用直径有 $\phi400$、$\phi500$、$\phi600$ 几种，壁厚 95～130 mm，单根桩长 9～16 m。根据壁厚、配筋和施加预压应力的不同，分为 A、AB、B、C 4 种型号。经离心成型、高压蒸汽养护 3 天，达到 100%设计强度的管桩，经质检合格可出厂使用。

目前仍有生产直径 $\phi300$ 的管桩，其壁厚只有 70 mm，纵向钢筋的保护层较薄，耐久性和抗弯能力较差，暂时还允许用在要求不高的中小型建筑上。

4）管桩的构造和标记

（1）纵向预应力钢筋用高强低松弛螺旋槽钢棒，直径 $\phi7.1$～$\phi12.6$，抗拉强度标准值为 1420～1570 MPa；横向螺旋箍筋用低碳钢热轧圆盘条经冷拔后的钢丝，直径 $\phi4$～$\phi5$，抗拉强度标准值为 550 MPa，管桩两端 2 m 范围为箍筋加密区，螺距为（45±5）mm，其余非加密区，螺距为（80±5）mm；管桩的构造如图 2-16 所示。

（2）端板和套箍用 Q235B 制作。

（3）管桩的产品标记。

外径 500 mm、壁厚 100 mm、长 12 m、A 型、PHC 桩。

标记为：PHC 500 A 100-12 GB 13476。

图 2-16 管桩的构造

2．常用的两种钢制桩尖

（1）桩尖的作用是密封桩端，阻止泥水进入，在沉桩时破土入岩，引导管桩下沉，同时起桩端嵌固的作用。桩尖由钢板焊接而成，按不同的地质条件设计有多种桩尖，常用的有平底十字形桩尖（图 2-17）和尖底十字形桩尖（图 2-18）。桩尖的制作和进场都要进行逐个检查，材料、尺寸和焊缝都验收合格才能使用。

图 2-17 平底十字形桩尖

图 2-18 尖底十字形桩尖

（2）平底十字形桩尖，适用于土层由软逐渐变硬，以强风化岩作持力层，其上为较厚的全风化岩或残积土的地质条件；尖底十字形桩尖，适用于土层由软逐渐变硬，且软硬变化稍大，或强风化岩面稍有倾斜的一般地质条件。

（3）桩尖底板的直径比桩的直径小 20～30 mm，要求沿桩尖底板周边与桩端板用贴角焊缝焊接，连续封闭，饱满不渗水。因此，要在起吊打桩前将桩身横卧，先焊好桩尖上半部分，转动180°后再施焊剩下的部分，不要在桩身垂直状态下焊接。重要工程的钢桩尖应在工厂内先焊好。

3. 管桩的运输、堆放与起吊

（1）管桩用平板拖车从工厂装运到工地，装车和运输途中，应有可靠措施确保管桩不发生滑移和碰撞损伤。运到工地后应及时对桩的质量合格证书和桩外观完整性进行检查验收，确保工程上使用的桩全部为合格产品。

（2）管桩的堆放场地应平整坚实，排水条件良好。按不同规格、长度，按施工流水顺序堆放；最好能按施工进度分批进场，避免二次搬运；宜单层摆放，若要叠放则不宜超过 3 层；叠层堆放时，地面上应设置 2 道垫木，其支点应分别在距离桩端 0.2 倍桩长处；在底层最外边缘的管桩应用木楔塞紧。

（3）工地上应配备起重机进行堆放、取桩和吊桩作业。管桩长度在 15 m 内的，可以用专用的吊钩勾住桩两端的孔内壁起吊；严禁用拖拉方法取桩。

4. 管桩的优缺点和适用性

（1）优点：机械化程度高，施工速度快，施工不易损坏，成桩质量较好，承载力较高，工地安全文明，监测方便，成桩后能很快承担荷载，成本较低。

（2）缺点：不论是锤击沉桩还是静压沉桩，沉桩过程的挤土效应明显，可能造成接头处开裂，桩端上浮，增加沉降；沉桩过程可能对周边的建（构）筑物、管线造成破坏；管桩不能穿过较厚的硬夹层，否则桩长过短，持力层不理想，进而导致沉降过大；桩长、桩径和单桩承载力的可调范围小；目前设计施工主要以工程经验为主，缺乏理论体系。

（3）主要适用于以下条件：一般工业民用建筑低桩承台下的桩基础；桩端持力层为强风化、全风化岩层；硬塑至坚硬的黏性土层；中密至密实的碎（卵）石土层、砂土层、粉土层的地质条件。

5. 不宜使用或应采取有效措施后方可使用管桩基础的地质条件

（1）现场地表土层松软且地面承载力较低（对静压法施工，地面承载力特征值≤120 kPa；对锤击法施工，地面承载力特征值≤80 kPa），又未经处理的场地。

（2）覆盖层中含有较多球状风化体（孤石）或其他障碍物。

（3）桩端持力层为中密至密实的砂土层，且其覆盖层几乎全是稍密至中密的砂土层。

（4）覆盖层中含有难以穿越的坚硬薄夹层。

（5）基岩面起伏较大且其上没有合适持力层的岩溶地层。

（6）非岩溶地区覆盖层为淤泥等松软土层且其下直接为中风化岩层或微风化岩层。

（7）桩端持力层为扰动后易软化的风化岩层。

（8）抗震设防烈度为 8 度且建筑场地类别为Ⅲ类、Ⅳ类的场地。

（9）地下水或地基土对桩身混凝土、钢筋及钢零部件有强腐蚀作用的场地。

2.3.2 锤击法打管桩

1. 打桩设备

（1）根据单桩设计承载力特征值、桩径选择打桩锤，一般选用筒式柴油锤（图 2-19）；当对打桩产生的噪声和油烟污染有严格限制时，宜选用液压锤（图 2-20）。

（a）正立面　（b）剖面

1—上气缸；2—挡槽；3—上活塞；4—油室；5—渗油管；6—肩勾；7—导向环；8—下气缸；9—螺栓；10—油箱；11—供油泵；12—燃烧室；13—下活塞；14—油槽；15—活塞环；16—压环；17—外端环；18—缓冲圈；19—导杆；20—水箱；21—导向板；22—起落架；23—起动槽；24—上碰块。

图 2-19　筒式柴油锤

（a）下落　（b）冲击　（c）加压　（d）提升

1—外罩壳；2—冲击缸体；3—浮动活塞；4—冲击头；5—驱动液压缸；6—桩帽；7—配套；8—桩。

图 2-20　液压锤

（2）打桩机由打桩架、行走机构、卷扬机、打桩锤等组成。施工宜采用履带自行式打桩机，也可使用简易打桩机；图 2-21 所示为悬挂式履带打桩机，图 2-22 所示为滚管式简易打桩机。不宜使用自由落锤。

（3）配备与管桩直径相匹配的桩帽（图 2-23）、衬垫、送桩器（图 2-24）、打桩自动记录仪（图 2-25）；配备电焊机、气割工具、索具、撬棍、钢丝刷、电动锯桩器、经纬仪、水准仪、水准尺、线锤、吊架、尼龙绳、吊锤、带铁丝罩的 24V 低压灯泡、检查成桩质量用的孔内摄像仪等。

（4）当设计管桩要穿过较硬夹层，需要采用引孔法打桩时，应配备有效的螺旋钻孔设备，先用钻机钻孔穿过较硬夹层，孔径比桩径稍小，然后在孔内进行打桩。

1—顶部滑轮组；2—起吊用钢丝绳；
3—导杆；4—履带式起重机。

图 2-21　悬挂式履带打桩机

1—枕木；2—滚管；3—底架；4—动力；5—卷扬机；
6—打桩架；7—龙门架；8—打桩锤；9—桩帽；10—拉杆。

图 2-22　滚管式简易打桩机

1—钢板；2—塑料；3—硬木；4—提吊突耳；
5—桩帽；6—桩垫；7—预制桩。

图 2-23　桩帽

（a）钢板送桩器　　（b）钢轨送桩器

图 2-24　送桩器

图 2-25 打桩自动记录仪

2. 确定打桩路线

按打桩次序对每一根桩进行编号,将编号按顺序连成线就是打桩路线。打桩路线与挤土效应有关(图 2-26),路线的安排要根据每项工程的地质条件、桩的疏密分布和桩距周边建筑物的远近来进行设计,总的原则是尽量减少挤土效应。下面几点供参考。

(1) 若场地开阔,桩距周边建筑物较远,宜从中间向四周进行。

(2) 若场地狭长,两端距建筑物较远且桩较密,宜从中间向两端进行。

(3) 若桩较密且一侧靠近建筑物,宜从近建筑物一侧开始,由近及远地进行。

(4) 对于密集的桩群,应取跳打的方法。

(5) 先打受力大的桩,后打受力小的桩;先打长桩,后打短桩,以防打长桩时先打的短桩跳起。

(a) 逐排打设　　(b) 由中间向两端打　　(c) 由两端向中间打　　(d) 分段打设

图 2-26 打桩路线与挤土效应

3. 打桩过程

取桩、焊接桩尖→沿桩身每米画出标记→桩管起吊就位→试轻击→打顺后全落距施打→接桩→记录每下沉 1 m 的锤击数和下沉量→测量最后三阵十击的贯入度→测量完成后的桩顶标高和地面标高→迁移桩机至下一个桩位。

4. 送桩

为了节省管桩和方便土方开挖,可以实施"送桩"。就是在最后一节桩打至接近自然地面标高,还不满足收锤标准,但与设计收锤标准已很接近时,可以利用送桩器扣在桩上端,继续往下打至达到收锤标准为止,然后将送桩器吊出移走。当地表下有较厚淤泥层时,送桩深度不宜大于 1 m;当地表下没有淤泥层时,送桩深度可适当加大,但不宜大于 6 m。送桩器用钢管或型钢制作,不得用管桩桩段兼作送桩器。

5. 收锤标准

收锤标准是指将管桩打至满足设计要求，终止锤击的施工控制条件。

用锤击法打管桩，每打一锤就是一击。开始时一击桩下沉很多，越往下打每一击的下沉量逐渐减少，到快收锤时每打一击的下沉量已很难测量出来，通常每打十击才测量一次。行内把十击称为**一阵**，把桩对应下沉了多少称为**贯入度**，用**实测回弹曲线**表示，实测回弹曲线多用打桩自动记录仪测定，如图 2-27 所示。收锤标准有如下几条。

（1）每十击为一阵，最后三阵的贯入度要符合设计要求。

（2）桩长与原来预计的长度基本相符，表明桩尖已到达设计的持力土层。

（3）每根桩的总锤击数不宜超过 2500 击。

（4）最后 1 m 的锤击数不宜超过 300 击。

图 2-27 管桩的实测回弹曲线

6. 管桩的连接与封底

1）管桩与管桩的连接

（1）**现场焊接接头**。每节管桩制作时在桩两端都有低碳钢端板，沿着两桩相接触处端板圆周的坡口槽，采用现场手工电弧焊接桩，管桩的焊接接头如图 2-28 所示；为了确保焊接质量和减少施焊对端板引起的温度差，需至少由两个焊工在相对的两侧同时施焊；施焊前须将焊口及周边清理干净；一般应施焊三层，使相接的凹槽满焊牢固；焊接后焊口的温度还很高，不能马上打桩，若此时让焊口沉入土中，土中的水分会使焊缝淬火变脆容易开裂，因此，需待焊口自然冷却不少于 5 min 后才能继续施打，也不得用水淋湿，强制冷却。

图 2-28 管桩的焊接接头

（2）现场机械啮合接头。机械啮合接头管桩的端板与焊接接头管桩的端板不相同，这种管桩端板需预先向厂家订制。下节桩沉入土层后露出的桩头高出地面约 1.0 m 时，可进行机械啮合接桩；先清扫干净上下节桩的端板，将连接销上段插入上节桩下端板的螺栓孔内拧紧，然后将上节桩起吊至下节桩上部，使上节桩下部所有连接销对准下节桩上端板连接槽，徐徐下降上节桩，利用上节桩的自重将连接销全部同时插入连接槽内顶紧，即可实现快速连接，管桩的机械啮合接头如图 2-29 所示，连接后可继续沉桩。

图 2-29 管桩的机械啮合接头

2）管桩封底

在第一节桩打到距地面约 0.5 m 时，先向桩孔（桩身腔内）浇筑 C30 的混凝土，把桩身下端 1.5～2.0 m 高的一段空腔封堵密实，然后吊下一节桩，上下对准后焊接接桩。图 2-30 所示为管桩封底。

3）管桩与桩承台的连接

如图 2-31 所示，先按设计要求的深度用电动割桩器将多余的桩长切除，用一块比桩孔略小、板厚 4～5 mm 的圆形钢板，按设计要求将锚固钢筋焊接上，绑扎好箍筋，将钢板和钢筋骨架放入桩孔，下部伸入桩孔内 1.5 m 深，上部伸入桩承台内 l_a（l_{aE}），在孔口用横向钢筋焊接固定，最后往桩孔内灌入 C30 无收缩混凝土，将孔口全部封实。

图 2-30 管桩封底

7. 锤击法打管桩的优缺点和适用性

（1）优点：锤击法打管桩的沉桩力量大，穿透能力强；施工速度快，机械化程度高；成本较低；成桩质量可靠；检测方便；单桩承载能力比静压法施工时稍大；适用范围较广。

图 2-31 管桩上端与承台连接构造

（2）缺点：施工时会产生噪声、振动；成桩过程挤压周边土体，可能对邻近的桩、已有建筑物和地下管线产生不利的影响；使用柴油锤施工有废气排出，对周边环境有污染；不适用于城市中心区，不宜夜间施工。

（3）适用情形：桩端持力层为全风化岩层或强风化岩层、硬塑-坚硬的黏性土层、密实的砂土层。但不能打入中风化的硬质岩层，更不能打入微风化的岩层。

8. 锤击法打管桩的工程验收

（1）全部管桩施打完毕并待土方开挖到设计标高后进行管桩基础工程验收。

（2）管桩基础工程验收时应具备下列资料。

桩基设计文件（施工图纸、会审记录、设计变更通知），桩位测量放线图，工程基线复核签证单，工程勘察资料，桩基施工方案，管桩出厂合格证书和进场验收记录，桩尖材料、尺寸和焊接质量检查记录，打桩施工记录，接桩验收记录，打桩工程的竣工图，成桩质量检测报告，质量事故处理记录，等等。

（3）管桩桩顶平面位置允许偏差见表 2-4。

表 2-4 管桩桩顶平面位置允许偏差

项目	允许偏差/mm
单排或双排桩条形桩基 ① 垂直于条形桩基纵向轴的桩 ② 平行于条形桩基纵向轴的桩	 100 150
承台桩数为 1~3 根的桩	100
承台桩数为 4~16 根的桩 ① 周边桩 ② 中间桩	 100 $d/3$ 和 150 中的较大者

续表

项目	允许偏差/mm
承台桩数多于16根的桩 ① 周边桩 ② 中间桩	$d/3$ 和 150 中的较大者 $d/2$

注：d 为桩的直径。

2.3.3 管桩静压法施工

1. 静压法施工的原理

静压法是借助压桩机的自重及其配重，通过压桩设备的传递作用，对预制桩施加持续静压力，将管桩压入地基土层中的一种成桩的施工方法。

目前有两类压桩方式，一类从桩顶往下压，称为顶压式；另一类从桩身抱着桩往下压，称为抱压式。广东广泛使用抱压式。通过液压油缸控制的夹具夹住桩身一次次向下施压，当压桩力大于桩端阻力和桩周摩阻力时，桩往下沉，当达到终压标准时，终止压桩。

静力压桩机施工

2. 静压法施工的设备

（1）压桩设备的发展历程：绳索式压桩机→液压式压桩机；顶压式压桩机→抱压式压桩机；一般抱压式压桩机→自动调平抱压式压桩机。

（2）全液压抱压式自动压桩机（图2-32）包括行走机构（桩机移动）、吊装机构（起吊和喂桩）、夹桩机构（把桩身夹紧）、压桩机构（实施压桩）等几大部分；有些压桩机还带有专门压场地边角桩的边桩机构（图2-33）。

【附注】喂桩，是指将桩起吊并送到压桩机的夹桩机构中。

1—长船行走机构；2—短船行走及回转机构；3—支腿式底盘结构；4—液压起重机；
5—夹持与压板装置；6—配重铁块；7—导向架；8—液压系统；9—电控系统；
10—操纵室；11—已压入下节桩；12—吊入上节桩。

图2-32 全液压抱压式自动压桩机

图 2-33 边桩机构

(3) 除了压桩机，还应配备送桩器、电焊机、气割工具、索具、撬棍、钢丝刷、电动锯桩器、长条水准尺、线锤、线锤架、压桩自动记录仪、带铁丝罩的 24 V 低压灯泡、孔内摄像仪等。

3. 压桩施工程序（图 2-34）

定位放线→焊接桩尖→吊放第一节桩→试压→正常压→压至第一节桩离地面以上 0.5 m 时停止→往桩孔内浇筑混凝土封底→吊放第二节桩→接桩→再压→达到终压标准后持荷（3～5 s）→复压→收桩→测量→记录→桩机移至下一个桩位。

（a）准备压　（b）接第　（c）接第　（d）整根桩　（e）通过送桩压
　第一节桩　　二节桩　　三节桩　　压入地面　　桩到设计标高
1—第一节桩；2—第二节桩；3—第三节桩；4—送桩；5—接桩节点。

图 2-34 压桩施工程序

4. 压桩注意事项

(1) 压桩机的配重应能满足最大压桩力要求。

(2) 起吊和喂桩时单吊点位置应在上部 0.3 倍桩长处。

(3) 喂桩时管桩桩身两侧合缝位置应放在相邻夹具的空隙处。

(4) 当压桩机上的吊机正在吊桩或喂桩时，严禁压桩机行走和调整。

(5) 压桩前，应对桩位进行校核；要求对中的距离偏差不大于 10 mm。

(6) 注意控制第一节桩的垂直度，带有桩尖的第一节桩插入地面 0.5～1.0 m 时，应严格调整桩的垂直度，偏差不得大于 0.3%。

(7) 如遇到下列不正常情况时，应暂停作业，及时与设计单位、监理单位等共同研究处理：压力表读数骤变或读数与地质报告中的土层性质明显不符；桩难以穿越硬夹层；实际桩长与设计桩长相差较大；有效桩长不足 6 m；桩身混凝土出现裂缝或破碎；沉桩过程中地下传出桩身崩裂声；桩头混凝土剥落、破裂；桩身突然倾斜、跑位；夹桩机构打滑；地面明显隆起，附近房屋及市政设施开裂受损；邻桩上浮或桩头偏移；压桩机下陷和倾斜；等等。

5. 确定施工时的终压力

终压力就是压桩施工时的最大压桩力，应根据下列 3 项计算和复压实测的结果，取其中的最小值作为终压力。

（1）对于端承摩擦桩或摩擦端承桩，利用广东总结的经验公式，根据桩的实际入土深度 L、单桩竖向抗压承载力特征值 Ra，可按下列桩长分组，分别估算对应的终压力 P_{ze}。

当 6 m≤L≤9 m 时（超短桩）

$$P_{ze}=（2.8～3.2）Ra \tag{2-1}$$

当 9 m＜L≤16 m 时（短桩）

$$P_{ze}=（2.2～3.0）Ra \tag{2-2}$$

当 16 m＜L≤25 m 时（中长桩）

$$P_{ze}=（2.0～2.4）Ra \tag{2-3}$$

当 L＞25 m 时（长桩）

$$P_{ze}=2.0Ra \tag{2-4}$$

（2）压桩机能承受的最大压桩力。

$$P_{ze}≤90\%（压桩机桩架的自重＋配重） \tag{2-5}$$

（3）桩身抱压能承受的最大压桩力。

$$P_{ze}≤0.95f_c A \tag{2-6}$$

式中：f_c——静压桩混凝土轴心抗压强度设计值，kPa；

A——静压桩截面面积，m²。

对 ϕ400—95PHC 桩，P_{ze}≤3400 kN；对 ϕ500—125PHC 桩，P_{ze}≤5500 kN。

（4）试压桩施工完后，停 24 h 再进行复压，复压测到的桩身刚起动时压力的一半数值，可作为单桩竖向抗压承载力特征值的参考值。

【附注】上述（1）所列的 4 个计算式，是根据广东多年来管桩静压法施工和检测的大量实际结果，经过数理统计分析得出的经验公式。利用这几个公式，不但可以根据单桩竖向抗压承载力特征值、预计的桩长来估算施工时的终压力；还可以根据施工时的终压力、桩的实际入土深度来估算这根桩的竖向抗压承载力特征值。

6. 终压标准

终压标准，就是终止压桩的控制标准，包括终压力、终压次数和稳压时间，宜根据下列 6 个条件和原则综合确定。

（1）现场静载试验桩或试压桩的试验结果，这是最可靠，最合理的。

（2）参考条件相似工程的施工经验。

（3）按上述"5.确定施工时的终压力"的第（1）项来估算终压力。

（4）终压次数应根据桩长及地质条件等因素确定，一般长桩为 1～2 次，中长桩为 2～3 次，短桩为 3 次，超短桩为 3～5 次。当终压次数超过 1 次时，其间隔时间不宜超过 2 min。

【附注】实践表明，靠增加终压次数来提高静压桩的承载力，是得不偿失的做法，终压次数太多，承载力并没有太多的增长，反而容易引起桩身和压桩机的破损。

(5) **稳压时间**（指维持终压力作用的时间）：终压力不大于 3000 kN 时，稳压时间不宜大于 5 s；终压力大于 3000 kN 时，稳压时间应控制在 3～5s。

【附注】压桩机上高压油泵和油管不能长时间高度绷紧，否则容易破损。

(6) 应遵守"双控"的要求，不应超压施工：控制终压力不大于桩身抱压允许的压桩力，控制单桩竖向抗压承载力特征值。不得任意增加终压次数和稳压时间。

【附注】实践证明，桩长短的桩，终压时所需要的终压力不是单桩竖向抗压承载力特征值的 2 倍，而是 3 倍甚至 3 倍以上。如果把单桩竖向抗压承载力特征值定得太高，3 倍及以上的单桩竖向抗压承载力特征值将大大超过桩身抱压允许的压桩力，其结果可能是压坏了桩身混凝土，也可能是压坏了压桩机液压部件，这是不允许的。因此对于短桩，应降低单桩竖向抗压承载力特征值，使其所需要的终压力刚好等于桩身抱压允许的压桩力。

7. 静压法施工的工程验收

(1) 全部管桩施压完毕并开挖到设计标高后进行管桩基础工程验收。

(2) 管桩基础工程验收时应具备的资料参照锤击法打管桩。

(3) 静压法施工的质量标准详见表 2-5。

表 2-5 静压法施工的质量标准

项目	序号	检查项目	允许值或允许偏差		检查方法
			单位	数值	
主控项目	1	承载力	不小于设计值		静载试验、高应变法等
	2	桩身完整性	—		低应变法
一般项目	1	成品桩质量	按施工质量验收标准①		查产品合格证
	2	桩位	按施工质量验收标准		全站仪或用钢尺量
	3	电焊条质量	设计要求		查产品合格证
	4	接桩：焊缝质量	按施工质量验收标准		按施工质量验收标准
		电焊结束后停歇时间	min	≥6（3）②	用表计时
		上下节平面偏差	mm	≤10	用钢尺量
		节点弯曲矢高	同桩体弯曲要求		用钢尺量
	5	终压标准	设计要求		现场实测或查沉桩记录
	6	桩顶标高	mm	±50	水准测量
	7	垂直度	≤1/100		经纬仪测量
	8	混凝土灌芯	设计要求		查灌注量

注：① 施工质量验收标准指《建筑地基基础工程施工质量验收标准》（GB 50202—2018）。
② 括号中为采用二氧化碳气体保护焊时的数值。

8. 静压法施工的优缺点和适用性

(1) 优点：静压法施工时无噪声、无振动，造价较低，机械化程度高，现场安全文明，检测方便，成桩质量可靠，特别适合在软土地区和城市中心区施工，很有发展前景。

(2) 缺点：压桩力要多大，压桩设备就要配到多重，使得压桩设备成为几百吨的庞然大物，笨重得很，要靠两对靴（船）来支承和移动，因此场地要求平整、表土的承载能力不小于 120 kPa。无边桩机构时，要求边桩至场地外缘的最小间距不小于 3.80 m；带有边桩机构时，这个距离可缩短到 0.80～1.0 m。设备价贵，进退场费用较高，若一个工程压桩数量太少，就有可能不划算。当桩需要穿过硬夹层时，要用长螺旋钻机先将桩孔内的硬夹层钻穿（称为预钻孔），才能压桩。

（3）适用情形：单桩竖向抗压承载力特征值为 1500～4000 kN；基岩埋深 15～30 m；有较厚的强风化岩层作持力层，强风化岩层以上为较厚的软弱土层；不允许使用锤击法的地区；采用其他桩型容易出现质量事故时。符合以上这些条件时，用静压法施工就能获得满意的效果。

9. 其他

静压法施工的压桩顺序、接桩、管桩封底、管桩与桩承台的连接、送桩等做法可仿照锤击法施工。

10. 静压法与锤击法施工的比较

（1）相同点：都是使用 PHC 管桩，都属于预制桩，成桩的速度较快，成桩后能很快承担荷载，工地较文明整洁，成桩过程都有挤土效应，对周边环境都有一定的影响。

（2）不同点：沉桩的原理不同，静压法靠持续静压力沉桩，锤击法靠瞬时冲击力沉桩；使用设备的特点不同，静压法用静力压桩机，设备大而笨重，锤击法用打桩机，设备相对较轻；对场地要求不同，静压法要求表土承载能力要达到 120 kPa 以上，锤击法一般要求 80 kPa 以上就可以了；对岩土的穿透能力不同，静压法对较硬岩土层的穿透能力相对较弱，锤击法穿透能力相对较强；成桩过程对环境的影响不同，静压法施工基本无噪声、无振动、无污染，锤击法施工有噪声、有振动、有污染；相同岩土条件下成桩，静压法的桩长稍短，单桩承载力稍低，锤击法的桩长稍长，单桩承载力稍高。

【任务实施】

实训任务：参观某静压法施工，编制 A 学院第 13 号住宅楼桩基础施工方案。

【技能实训】

（1）组织参观某工程管桩静压法的施工过程，了解相关资料。
（2）结合本节工作任务，分小组开展讨论，对静压法的施工过程加深理解。
（3）熟悉 A 学院第 13 号住宅楼桩基础施工图纸。
（4）分小组展开讨论，编制 A 学院第 13 号住宅楼桩基础施工方案。

工作任务 2.4　灌注桩施工

2.4.1　人工挖孔灌注桩

1. 工艺流程

桩位放线→挖第一段土方→支模→浇筑第一圈混凝土护壁→养护→拆模→继续往下挖

土、支模、浇筑混凝土→反复循环推进→至设计标高→扩底→清孔→桩孔检查验收→安放钢筋笼及检查验收→桩孔浇筑混凝土成桩。

人工挖孔灌注桩施工示意图如图 2-35 所示。

1—混凝土护壁；2—钢支架；3—钢横梁；4—电葫芦；
5—安全盖板；6—活底吊桶；7—机动翻斗车或手推车。

图 2-35　人工挖孔灌注桩施工示意图

2．特点和适用性

（1）优点：施工过程无振动、无噪声；当场地狭窄、靠近建筑物或桩数较少时尤为适用；桩的直径和单桩承载力可调范围广；直观可靠，能看到整根桩的土质情况，容易清底；可让桩端放大或入岩；浇灌混凝土桩芯时，可用振动棒振捣密实，保证质量；设备简单，技术不复杂，人工操作为主，可以全场开工、轮流推进；造价较低。

（2）缺点：桩孔内的操作空间狭小，劳动强度大，劳动条件差；越往下挖，施工难度越大；随着土层变化、地下水的作用，涌砂、涌水、塌方、毒气、坠物、触电甚至人员伤亡等事故时有发生，难以实现安全生产。

（3）适用性：挖孔深度内土质较好，无地下水或地下水涌水量不大，无软弱夹层或软弱夹层很薄有能力处理好，深度在 20 m 以内，桩孔直径大于 1.2 m 的情况。

（4）广东自 2003 年起已限制使用人工挖孔灌注桩。当设计单位认为只有用此桩型才能解决问题，施工单位有能力做好不出事故，监理单位、业主也同意这样做，实施方案报请主管部门同意，由这些单位共同承诺承担风险责任时，还可使用。

2.4.2　泥浆护壁冲（钻）孔灌注桩

1．成桩原理

用机械钻头（对一般土层）或冲击钻头（对硬土层或岩石）单独或交替在桩位处直接成孔，利用一定重度的黏土泥浆保护孔壁，用污水泵抽泥渣和水的混合物，同时往桩孔内补充泥浆，达到设计深度后先用水清孔，吊放钢筋笼，然后水下浇筑混凝土成桩。

2．工艺流程（图 2-36）

定桩位→安放孔口护筒→冲（钻）桩机就位→冲（钻）击成孔→泥浆护壁→循环清渣→

清孔→吊放钢筋笼和预埋压浆管→水下浇筑混凝土→养护→对桩端或桩侧压入水泥浆→成桩。

(a) 埋护筒 (b) 冲（钻）击成孔 (c) 第一次清孔 (d) 测定孔底淤泥厚度 (e) 吊放钢筋笼 (f) 插入压浆管 (g) 第二次清孔 (h) 水下浇筑混凝土 (i) 拔出压浆管和护筒

图 2-36 泥浆护壁冲（钻）孔灌注桩施工工艺流程

3. 机械设备

冲击钻桩机（图 2-37）、潜水钻桩机（图 2-38）、水下浇筑混凝土的设备（图 2-39）、护筒、泥浆泵等。

(a) 冲击钻桩机构成　　(b) 钻头式样

1—钻头；2—护筒；3—泥浆；4—溢流口；5—供浆臂；6—前拉索；7—钻杆；8—主滑轮；9—副滑轮；10—后拉索；11—斜撑；12—卷扬机；13—导向轮；14—钢管；15—垫木。

图 2-37 冲击钻桩机

1—钻头；2—潜水钻机；3—护筒；4—水管；5—滚轮；6—钻杆；7—电缆盘；8—卷扬机；9—电表；10—启动开关。

图 2-38 潜水钻桩机

1—上料斗；2—储料斗；3—滑道；4—卷扬机；5—漏斗；6—压浆管；7—护筒；8—隔水塞。

图 2-39 水下浇筑混凝土的设备

4．技术关键

（1）安放护筒的目的是固定桩位，保护桩口不崩塌，控制灌入孔内泥浆液面的位置。

（2）往孔内灌入泥浆的目的是保护冲（钻）成的桩孔不塌孔，为此泥浆液面应始终保持比地下水位高出 1 m 以上，孔内的黏性泥浆才能附在孔壁上，形成保护层。

（3）循环清渣的目的是把钻出的渣土抽走，逐渐达到钻进的深度。

（4）最后的清孔是为保证桩身混凝土的浇筑质量。

（5）水下连续浇筑混凝土，是保证桩身强度的关键，详见混凝土施工部分。

5．泥浆护壁的正循环与反循环工艺

1）泥浆护壁的正循环工艺

泥浆经钻杆内腔流向孔底，将钻头切割下来的岩土碎屑经钻杆外的环状空间携带至地面，如图 2-40（a）所示。此法设备简单轻便，施工操作简易，工程费用较低；但排渣能力较差，孔底沉渣多，孔壁泥皮厚。该工艺适用于深度不大、基本全是土层、直径 800 mm 以下的泥浆护壁冲（钻）孔灌注桩；不宜用于深度较大、岩土相间的地层和桩径较大的泥浆护壁冲（钻）孔灌注桩。

2）泥浆护壁的反循环工艺

通过泵吸或射流抽吸，使钻杆内腔形成负压，使钻头切割下来的岩土碎屑伴随泥浆从钻杆外吸入钻杆孔内，高速返回地面的泥浆池，如图 2-40（b）所示。由于泥浆上返的速度快，孔底水流流畅合理，钻头始终在新鲜岩土面上切削、破碎，该工艺成孔效率高，排渣

能力强，对孔壁的冲刷作用小，孔壁上的泥皮较薄，因此成桩质量较好。该工艺适用于深度较大，岩土相间的地层和桩径较大的泥浆护壁冲（钻）孔灌注桩。

（a）泥浆护壁正循环　　　　（b）泥浆护壁反循环
1—泥浆循环方向；2—泥浆沉淀池；3—新泥浆；4—钻杆；5—泥浆面；6—砂石泵。

图 2-40　泥浆护壁的循环工艺

6．特点和适用性

（1）优点：与预制桩相比，泥浆护壁冲（钻）孔灌注桩可节省材料，降低成本；对邻近已成桩、建筑物及周围环境的影响小；桩长、桩径可按设计要求变化自如；桩端可以入岩；单桩承载力适应范围大；当一个工程的桩数较少时尤为适用。

（2）缺点：成桩工艺复杂，操作要求较严，人为影响因素较多，易发生质量事故；施工时间长，成桩后需要专门养护，不能马上承受荷载；施工过程有不少泥浆排出，不易做到文明施工。

（3）适用性：不宜用人工挖孔灌注桩、锤击桩、静压桩的地方，有较厚的软或硬夹层的地方，地下水位较高且容易引起流砂或塌方的地方；对于岩溶地区，采取一定的技术措施后也可以用，但要慎用。广州城建职业学院内的两座梁式桥（属于桩数较少），都是用泥浆护壁冲（钻）孔灌注桩做桥墩基础的。

2.4.3　旋挖钻进成孔灌注桩

1．旋挖钻进成孔技术的出现

针对泥浆护壁冲（钻）孔灌注桩施工时间长、施工过程需要泥浆循环护壁的弱点，20 世纪 80 年代，国外研究开发了旋挖钻机，形成了旋挖钻进成孔技术，20 世纪 90 年代成为发达国家钻孔灌注桩的主流施工方法。21 世纪我国开始在引进、消化的基础上自主研制，2008 年国家级新产品多功能履带式全液压旋挖钻机（图 2-41）通过验收，近年已成批生产并逐步推广应用，取得良好效益。

钻孔灌注桩施工工艺

典型的使用旋挖钻进成孔技术的工程有北京首都国际机场三号航站楼、国家体育场（鸟巢）；高速铁路京津、郑西、武广、京沪等线；深圳、武汉、南京等城市的地铁或轻轨；广州东方重机厂、广州世纪云顶雅苑、广州南站、广州东站汽车客运站、珠江新城尚东瀚御雅苑、东莞厚街万达广场、惠州皇冠假日酒店；等等。

目前国内有从德、意、美、日进口的旋挖钻机，也有国产的湖南山河智能、三一重机、徐州徐工、内蒙古北方重汽、石家庄煤机、哈尔滨四海、郑州宇通、中联重科等的履带式液压旋挖钻机。

建筑工程上常用的旋挖钻机钻孔直径为 0.60~2.50 m，最大钻孔深度为 60~75 m，装机功率为 130~250 kW；钻进速度在砂层可达 10 m/h，在黏土层可达 4~6 m/h，在一般岩层为 1~2 m/h，是普通回转钻进的 3~5 倍；每个台班可完成 3 根旋挖钻进成孔灌注桩的施工。

图 2-41　多功能履带式全液压旋挖钻机

2. 施工原理

旋挖钻进成孔，是利用液压操作的大功率旋挖钻机和相应的多种配套钻具，在伸缩式钻杆自重（含钻具重）和固定于桅架上的液压缸附加压力的作用下，通过下端的动力头旋转切削土体并将切出的泥土卷入钻斗中，利用钻具附带的装置取土，提升钻杆至地面卸土，如此循环反复挖进、卸土成孔。这些机构都安装在一台履带式全液压旋挖钻机的机座上，整机质量不大，对场地要求不高，行走操作灵活；针对不同的地质条件，需要采用不同的钻头钻进和不同的护壁方法，成孔后配筋浇筑混凝土成桩。

3. 工艺流程

测定桩位→旋挖钻机就位→安放孔口护筒→旋挖钻进→泥浆护壁→提杆卸土→补充泥浆→循环挖进→清底验孔→旋挖钻机移位→下钢筋笼→浇筑混凝土→成桩。

4. 施工要求

（1）护筒的作用和要求同泥浆护壁冲（钻）孔灌注桩。

（2）对于黏结性好的岩土层，采用一般的长钻斗干式或清水钻孔，可加快钻进速度；对于松散易坍塌、砂或卵石含量大的土层，使用短钻筒配合静态泥浆护壁（泥浆不循环），控制钻速；对于组成复杂（含孤石、漂石）或中风化及以下的稍硬岩层，要先用短螺旋钻头钻小径孔，松动后再换上钻斗扩孔进行破岩取土。在较厚淤泥层和流砂层中，为了保持孔壁稳定，钻斗下钻和提升速度要缓慢，还要注意随时补充护壁的泥浆。

（3）旋挖至设计深度后应立即清孔，用磨盘式捞渣钻头多次提升捞渣，清孔后孔底沉渣，摩擦桩不得大于 100 mm，端承桩不大于 50 mm。

（4）清孔质量检验合格后，旋挖钻机移位，吊放钢筋笼，钢筋笼位置检验合格后，水下浇筑混凝土。

5. 机械设备

履带式全液压旋挖钻机、与土层相适应的钻斗、水下浇筑混凝土的设备、护筒、泥浆泵等。

6. 特点和适用性

（1）优点：旋挖钻进成孔灌注桩有施工机械化程度高、移动方便、定位准确、桩孔的直径可选范围大、成孔速度快、成孔质量好、对场地要求不高、无泥浆循环、噪声低、环保的优点，有可能逐步取代泥浆护壁冲（钻）孔灌注桩工艺。

（2）缺点：旋挖钻机技术含量高，设备造价贵，成孔深度有所限制，对硬质岩层钻进较难，如何在深厚淤泥层、流砂层钻进较难掌握；在不断提升和落下钻具时，孔内的压力频繁变化对孔壁的稳定性有不利的影响，需要特别注意。

（3）适用性：适用于黏土，硬黏土，软亚黏土，含砾、碎石的亚黏土，碎石土，强风化的砂质泥岩等多种地质条件，有无地下水均可。

2.4.4 锤击沉管灌注桩

1. 成桩原理

用特制的钢管套在桩尖上（或采用活动瓣桩尖和封口钢桩尖），钢管顶端扣上桩帽，用落锤击打桩帽，钢管带动桩尖穿过土层逐渐下沉，形成竖向的桩孔，当打到设计位置后，放入钢筋笼，在钢管上部侧口向桩孔内注入混凝土，不断锤击钢管的同时将钢管往上拔，并不断注入混凝土，如此反复，最后把桩孔全部灌满混凝土，钢管完全拔出来，在桩头上插入连接钢筋成桩。

2. 工艺流程

（1）单打法（图 2-42）：埋设桩尖→起吊和套入钢管→安放桩帽→轻击试沉管→正式锤击沉管→打至设计深度和最后贯入度→检查桩孔状况→放入钢筋笼→灌注混凝土→振动拔管→反插密实→插入连接钢筋成桩。

（a）就位 （b）沉管 （c）放入钢筋笼 （d）灌注混凝土 （e）振动拔管，成桩

图 2-42 单打法

锤击沉管灌注桩施工工艺流程

（2）复打法：在单打法完成的基础上，在原桩位再埋入桩尖，插入钢管重复打一次。

其目的是避免颈缩、断桩等缺陷，增强灌注桩的可靠性。

（3）振动沉桩法：把锤击改为振动，工艺过程大体同上述两种做法。

3．施工要点

（1）管下端应尽量做到密封，防止管内涌进泥浆和水。

（2）锤击沉管和拔管时都要低锤密击，连续进行，不宜停歇；先灌入混凝土再拔管。

（3）为了使混凝土密实，要分段进行反插，最好能复打。

（4）从打桩顺序、打桩速度上控制，防止发生颈缩、断桩及吊脚桩等质量事故。

2.4.5 几种常用的成桩工艺比较

几种常用的成桩工艺比较见表 2-6。

表 2-6　几种常用的成桩工艺比较

成桩方法	锤击法打 PHC 桩	静压法压 PHC 桩	人工挖孔灌注桩	泥浆护壁冲（钻）孔灌注桩	旋挖钻进成孔灌注桩	锤击沉管灌注桩
成桩原理	焊接桩尖，吊首节桩，锤击桩顶使桩下沉，焊接第 n 节桩，锤击沉桩至设计深度止	焊接桩尖，吊首节桩，静力抱压沉桩，焊第 n 节桩，抱压沉桩至设计深度止	先挖土 1 m，支模，浇混凝土，脱模再挖土 1 m，支模，浇混凝土，脱模，如此重复至终孔，放钢筋笼，浇混凝土成桩	用机械钻头或冲击钻头成孔，用一定稠度的泥浆护孔壁，用污水泵抽泥成孔，下钢筋笼，水下浇筑混凝土成桩	用旋挖钻机成孔，提升钻斗卸土和清孔，可泥浆护壁但不循环，下钢筋笼，水下浇筑混凝土成桩	在桩尖上套上钢管，锤击管顶使管下沉至设计深度，边灌混凝土边抽管，插筋，成桩
使用设备	锤击打桩机、电焊机等	抱压式压桩机、电焊机等	简易绞盘、吊篮、挖土工具和模板等	冲击钻桩机、泥浆泵、水下浇筑混凝土设备等	旋挖钻机、钻斗、水下浇筑混凝土设备等	锤击打桩机、钢管、水下浇筑混凝土设备等
终止条件	最后三阵锤的贯入度	终压力和桩长达要求	挖至设计深度和土层	挖至设计深度和土层	挖至设计深度和土层	最后三阵锤的贯入度
优点	成桩速度快，穿透能力强，桩长随意，承载力高	成桩速度快，无噪声，无振动，桩长随意，承载力高	直观、可靠，可轮番作业，简单、便宜	无振动，噪声小，对土层的适应性强	速度快，质量高，较环保，适应多种土层	成桩速度快，价格便宜
缺点	有噪声、有振动，挤土	设备庞大、对有些土层不宜使用	流砂难控制，难实现安全生产	速度慢，清底难，泥浆污染环境	设备价贵，要求较高，桩长有限制	成桩质量难控制，桩长受限制
适用范围	深 50 m 内，无硬夹层，桩径 600 mm 内，承载力 3000 kN 内	深 50 m 内，无硬夹层，桩径 600 mm 内，承载力 3000 kN 内	深 20 m 内，无软弱夹层的土质中，能控制生产安全处	土质较复杂，其他桩型难控制时用	深 50 m 内，桩径 2500 mm 内，桩端至强风化岩层	深 20 m 内，无软弱夹层，承载力要求不高处
属性	挤土桩	挤土桩	非挤土桩	非挤土桩	非挤土桩	挤土桩

2.4.6 灌注桩质量标准

灌注桩质量标准见表 2-7。

表 2-7 灌注桩质量标准

项目	序号	检查项目	允许偏差和允许值 单位	允许偏差和允许值 数值	检查方法
主控项目	1	桩位	按施工质量验收标准[①]		全站仪或用钢尺量,开挖前量护筒、开挖后量桩中心
	2	孔深		不小于设计值	用重锤测量,只深不浅;设计要求入岩的应保证入岩深度
	3	混凝土强度		达到设计要求	试件或钻芯取样测定
	4	承载力		不小于设计值	静载试验
一般项目	1	垂直度		≤1/100	用超声波或井径仪测量
	2	桩径	mm	≥0	用超声波或井径仪测量
	3	泥浆比重		1.10～1.25	比重计测定
	4	泥浆面标高	m	0.5～1.0	目测
	5	沉渣厚度:端承桩 摩擦桩	mm	≤50 ≤150	用沉渣仪或重锤测定
	6	混凝土坍落度: 泥浆护壁成孔 干作业成孔	mm	180～220 90～150	用坍落度仪测定
	7	钢筋笼安装深度	mm	+100 0	用钢尺量
	8	混凝土充盈系数		≥1.0	实际灌注量与计算灌注量的比
	9	桩顶标高	mm	+30 −50	水准仪测定

注:① 施工质量验收标准指的是《建筑地基基础工程施工质量验收标准》(GB 50202—2018)。

【任务实施】

实训任务:参观某灌注桩工程的施工。

【技能实训】

(1)了解工程概况,相关数据资料。
(2)了解灌注桩的施工过程、使用设备、施工工艺。
(3)由学生整理成参观考察报告。

工作任务 2.5　桩基础施工检测和验收

2.5.1　桩基础施工质量检测评价的重要性

　　桩基础施工是一项分项工程，也是一项隐蔽工程，只有验收合格，才能做下一项分项工程（承台和地梁）的施工；未经验收或验收不合格，都不允许继续往下施工。桩基础施工质量的好坏十分重要，关系到整幢建筑物的安危。桩基础施工质量的好坏不能用肉眼来鉴别，需要专门的检测方法，如果把不合格的桩误判为合格，等到上部结构做好了才发现有问题，是很难处理的。

2.5.2　桩基础施工质量的合格标准

　　下列 4 项标准必须同时达到才算合格。
　　（1）桩的平面位置、垂直度、标高应符合设计要求。
　　（2）桩长、桩端深入持力层的位置应符合设计要求。
　　（3）桩身（包括预制桩节间的连接接头）质量完整，混凝土强度达到设计要求。
　　（4）单桩承载力应达到设计要求。

2.5.3　桩基础检测问题的实质

　　一个工程打桩的数量往往很多，如果对每一根桩都进行检测，不但费工费时，而且费用巨大，现实中是行不通的。桩基础检测实质上是用适当的程序、方法，选择一部分桩来检测，根据这部分桩的检测结果，来判定全部工程桩是否合格，做到"有效概率"相当高或"失效概率"相当低。

2.5.4　现有的检测方法

1. 动测法

　　对被检测桩头施加一个撞击力，使桩产生弹性振动，通过记录和分析弹性波动的波形，可以判定桩身是否完整，检测方法简单快捷且便宜。动测法分两类：高应变动测法和低应变动测法。

　　（1）**高应变动测法**：用一个几吨重的锤，落距 2～3 m，给桩头施加撞击力，记录和分析弹性波动的波形，可以判定桩身是否完整，还可以估计单桩极限承载力。此法费用为每根桩几千元，数小时可完成，高应变动测法的仪器设备装置组成如图 2-43 所示。

岩联技术基桩超声波透射法检测原理概述

图 2-43　高应变动测法的仪器设备装置组成

（2）低应变动测法：用一个手锤来撞击桩头，记录和分析弹性波动的波形，只能判定桩身是否完整。此法费用为每根桩几百元，约 20 min 可完成。低应变动测法的仪器设备装置组成如图 2-44 所示。

图 2-44　低应变动测法的仪器设备装置组成

2. 静载法

通过静载试验（图 2-45），对被检测的桩逐渐施加桩顶荷载，同时记录每级荷载下桩顶的位移，画出相应的静载试验沉降曲线（图 2-46），继续加大荷载，至规范设定的某种极限状态为止（一般加载至单桩设计承载力特征值的 2 倍及以上），从而确定单桩的极限承载力，再折算出单桩的设计承载力特征值。此方法最实用、准确；但过程麻烦，时间长（一般要一周左右），费用高（每吨加载要 70~80 元，一根桩要 1 万~2 万元）。

1—支墩；2—钢横梁；3—压重；
4—油压千斤顶；5—百分表；6—试验桩。

图 2-45　静载试验

图 2-46　静载试验沉降曲线

3. 钻芯法

用岩钻在桩身某个位置上钻取整段混凝土桩芯做试样测试，可以检查混凝土沿桩长度的质量分布情况，测定桩底沉渣厚度，判定桩底持力层岩土性状，判定桩身完整性。这种方法较直观，但时间较长，费用较高（但要比静载法节省），一般只用在大直径灌注桩检查上，抽芯后其孔洞应回灌水泥砂浆填塞。

4. 其他方法

如声波透射法，只能测定混凝土灌注桩的桩身缺陷及其位置，评价桩身混凝土的均匀性，判定桩身完整性。其时间短、费用低。

2.5.5 验桩的基本规定

对工程桩的检查测试，按我国相关规范，要经过查、抽、试几个步骤。

（1）**查**：在整个成桩过程有完整记录、有监理旁站监督的前提下，全面检查整个施工过程的记录资料，从中选择一些地质条件较差、地位较特殊（指承受荷载大或位置重要，如承重柱下的单桩）、施工过程不太顺利、有可能质量会比较差的桩或荷载和土层都较有代表性的桩，来进入第二步的测试。抽样检查的工程桩由设计、施工、监理和质检等单位共同研究确定。

（2）**抽**：随机抽取总桩数的10%～20%，第一步核查时划定的，应优先列入，用动测法测试，检查桩身完整性和初步估计其承载能力。一部分用高应变动测法检测（可以同时测定桩身完整性和初步估计其承载能力），一部分用低应变动测法检测（只能测定桩身完整性）。凡**完整**或**基本完整**（达到Ⅰ、Ⅱ类桩）为合格。

（3）**试**：在上述抽查的桩数中，选择总桩数的1%～2%，一个工程不少于5根，做现场静载试验，以测定它的单桩极限承载力，再折算成设计承载力特征值。

详细的检测方法和内容、检测程序、检测数量和检测要求等，请参照《建筑基桩检测技术规范》（JGJ 106—2014）。

2.5.6 根据验桩结果来综合判断施工质量

（1）成桩质量包括桩身完整性、桩身混凝土强度等级，共划分为4个等级，具体标准见表2-8。

表 2-8　动测法检测成桩质量等级划分

等级	质量评价	具体描述	备注
Ⅰ	质量优	桩身完整、连续，混凝土强度达到或超过设计要求	能用
Ⅱ	质量良	桩身基本完整、连续，混凝土强度达到设计要求	可用
Ⅲ	局部有缺陷	桩身局部有缺陷，混凝土强度基本达到设计要求	需加固
Ⅳ	不合格	桩身有严重缺陷，混凝土强度不符合设计要求	不能用

（2）若施工资料检查合格，抽查动测法判定为桩身质量大部分完整（Ⅰ类桩），小部分基本完整（Ⅱ类桩），没有Ⅲ类、Ⅳ类桩（问题较多或不能使用），现场静载试验确定的单

桩极限承载力达到或超过设计承载力特征值 2 倍或以上，就可以判定这批桩桩身完整，承载力合格。

（3）若发现有一根受检桩不符合要求，就要另取双倍数量的桩再检验，这根桩作为问题桩，必须做处理。经过分析处理合格后再办理验收。

2.5.7 对不合格桩的处理

（1）验桩的目的不仅是要判定已施工的桩是否合格，还要对检查判定为不合格的桩设法通过处理使它合格，只有这样工程才能继续做下去。

（2）对检查出来属于不合格的桩必须先进行处理，处理的总原则是：区别情况，分别处理，能补救的尽量采取加固处理措施，确实不能补救的，经过设计计算，重新补桩和修改桩承台。

（3）处理方案由设计单位出图、审核，施工单位按图施工，监理单位实行全过程跟踪。处理完成，经过共同验收合格后，可以继续做桩承台和地梁的施工。

【拓展讨论】

党的二十大报告提出，以国家战略需求为导向，集聚力量进行原创性引领性科技攻关，坚决打赢关键核心技术攻坚战。

结合二维码及本章内容，谈一谈上海中心大厦地基有什么特点，针对其地基特点，施工中攻克了哪些核心技术。

上海中心大厦

【任务实施】

实训任务：参观某桩基础工程的质量检验评价工作。

【技能实训】

（1）参观某桩基础工程的质量验收，了解工程概况、验收的程序和方法。
（2）了解验桩的结果、评价的过程和相关的资料。
（3）由学生整理成参观考察报告。

【本项目总结】

项目 2	工作任务	能力目标	基本要求	主要支撑知识	任务成果
地基与桩基础工程施工	地基加固处理施工	能组织加固施工	初步掌握	软弱地基加固原理和方法	专项参观考察报告
	预制桩施工	能组织锤击法或静压法施工	初步掌握	锤击法或静压法施工的工艺原理和使用设备	编制 A 学院第 13 号住宅楼预制桩施工方案
	灌注桩施工	能组织灌注桩施工	初步掌握	人工挖孔、泥浆护壁冲（钻）孔、旋挖钻进成孔、锤击沉管灌注桩施工工艺原理和使用设备	专项参观考察报告
	桩基础施工检测和验收	了解检验原理方法	初步掌握	桩基础施工质量检验原理方法	专项参观考察报告
附注	砌筑浅基础、混凝土浅基础的施工分别在砌筑、混凝土项目内学习				

复习与思考

1. 地基土什么时候需要加固处理？加固处理要达到什么目的？
2. 请简述砂石换土加固法的原理、工艺过程、施工要求和适用范围。
3. 请简述重锤夯实加固法的原理、工艺过程、施工要求和适用范围。
4. 请简述排水堆载预压法的原理、工艺过程、施工要求和适用范围。
5. 请简述水泥土搅拌桩加固法的原理、工艺过程、施工要求和适用范围。
6. 请简述桩基础的工作性能、桩基础的作用和特点。什么叫作端承桩、摩擦桩？
7. 按成桩方法桩可分为哪两类？各有什么特点？
8. 为什么特别强调要做好桩基础施工前的准备工作？具体要做好哪些准备工作？
9. 高强预应力混凝土管桩有哪些特点？
10. 请简述高强预应力混凝土管桩锤击法施工的原理、施工工艺、使用设备、成桩条件和适用范围。
11. 请简述高强预应力混凝土管桩静压法施工的原理、施工工艺、使用设备、成桩条件和适用范围。
12. 请简述人工挖孔灌注桩的成桩原理、施工工艺、使用设备、成桩条件和适用范围。
13. 请简述泥浆护壁冲（钻）孔灌注桩的成桩原理、施工工艺、使用设备、成桩条件和适用范围。
14. 请简述旋挖钻进成孔灌注桩的成桩原理、施工工艺、使用设备、成桩条件和适用范围。
15. 请简述锤击沉管灌注桩的成桩原理、施工工艺、使用设备、成桩条件和适用范围。
16. 桩基础施工完成后为什么要检验？用什么方法来检验？验桩要遵循怎样的程序？达到什么标准才算合格？不合格应怎么办？

项目2在线答题

项目 3　钢筋混凝土——模板工程施工

本项目学习提示

钢筋混凝土结构是现代一般多层和高层建筑采用得最多的一种结构形式，有全现浇、全预制、部分现浇、部分预制等多种施工方式，包括普通钢筋混凝土、预应力钢筋混凝土、部分预应力钢筋混凝土和钢管混凝土等品种。这些形式各有所长，皆有其适用范围。

全现浇普通钢筋混凝土结构，整体性和抗震性较好，节点接头简单，钢材消耗较少，在一定的施工机械帮助下施工方便；但现场湿作业多，劳动强度较大，需要消耗周转材料。它是目前一般工业和民用建筑广泛使用的结构体系和施工方法之一。

钢筋混凝土结构的施工过程比较复杂，主要分为模板工程、钢筋工程和混凝土工程三大分项工程。随着现代化建设的发展，钢筋混凝土的施工技术发展很快，出现了许多新技术、新工艺，不但有利于保证工程质量，还大大加快了施工进度。过去沿用多年的一些施工工艺和要求有了许多新的改变，学习时尤应注意到这一点。

本项目主要讲述模板的作用、分类、组成、基本要求、承受的荷载、安装和拆除的施工要求，目前常用的模板和支撑体系，模板体系的设计计算方法等。

能力目标

- 能识读和分析相关工种的施工图纸。
- 能根据工程实际选择模板的种类。
- 能编制一般工程模板的施工方案。
- 能进行常用模板的施工计算。

知识目标

- 掌握常用各类模板的组成原理。
- 掌握常用各类模板的受力特点。
- 掌握常用各类模板的适用条件。
- 掌握常用各类模板的质量安全措施。

思维导图

工作任务 3.1　模板工程基础知识

3.1.1　模板工程的作用

模板是混凝土构件成型的模具。现浇混凝土结构施工中,为了使新浇筑的混凝土成型而专设的模板和支撑体系,称为"模板体系"。模板体系是一种临时结构,模板、脚手架和工地临时建筑称为施工现场三大临时设施,在预算上属于技措项目。这些设施建筑结构本身并不需要,但现阶段施工过程一般都不可少,所以需要列入建设造价中。

模板是混凝土结构工程施工的重要工具,在现浇混凝土结构工程中,模板(含支撑)工程一般占混凝土结构工程造价的 20%～30%,占工程用工量的 30%～40%,占工期的 50% 左右。模板技术直接影响工程建设的质量、造价和企业的效益。因此,模板技术的进步和创新具有重要的现实意义,新型模板的施工技术一直是我国近年重点发展的建筑业十项新技术之一。

3.1.2　模板体系的组成与要求

1. 模板体系的组成
(1)模板体系由模板、支撑体系、配件三部分组成。
(2)模板目前有三大系列:组合式模板、工具式模板和永久式(免拆)模板。

2. 模板体系的基本要求
(1)能保证结构构件的形状、尺寸、相对位置正确。
(2)具有足够的强度、刚度和稳定性,能可靠地承受施工全过程的各种荷载。
(3)构造简单,接缝严密,易装、易拆。
(4)便于施工,有利于钢筋绑扎、混凝土浇筑和养护。
(5)应做到节能、环保,施工过程损耗少,可以多次重复使用。

3.1.3　模板体系承受的荷载

1. 模板及其支撑自重的标准值（G_1）

模板及其支撑自重的标准值,应根据模板设计图纸确定。有梁楼板、无梁楼板的模板及支撑自重的标准值,可按表 3-1 采用。

表 3-1 模板及支撑自重的标准值   单位：kN/m²

项次	项目名称	木模板	定型组合钢模板
1	无梁楼板的模板和小楞	0.30	0.50
2	有梁楼板模板（包含梁的模板）	0.50	0.75
3	楼板模板及支架（楼层高度为 4 m 以下）	0.75	1.10

2. 新浇筑混凝土自重的标准值（G_2）

新浇筑混凝土自重的标准值，普通混凝土采用 24 kN/m³，其他混凝土根据实际重力密度（又称重度）确定。

3. 钢筋自重的标准值（G_3）

钢筋自重的标准值应根据施工图纸抽样计算确定。一般交梁楼面，可根据混凝土体积按以下数值估算钢筋自重：楼板的钢筋自重可取 1.1 kN/m³，梁的钢筋自重可取 1.5 kN/m³。

4. 施工人员和施工设备产生的荷载的标准值（Q_1）

施工人员和施工设备产生的荷载的标准值，可按实际情况计算，且不应小于 2.5 kN/m²。

5. 混凝土下料时产生的振动荷载的标准值（Q_2）

1）倾倒混凝土时顺浇筑方向产生的水平推力
（1）用溜槽、串斗、导管或泵管下料：2 kPa。
（2）用起重机配备斗容器下料或小车直接倾倒：4 kPa。
2）振捣混凝土时对模板产生的振动荷载
竖向振动荷载为 2 kPa，横向振动荷载为 4 kPa。

6. 新浇筑混凝土未结硬时对模板产生的侧压力的标准值（G_4）

（1）采用插入式振动器且浇筑速度不大于 10 m/h、混凝土坍落度不大于 180 mm 时，按下列两式计算侧压力的标准值，两式结果取小值。

$$F = 0.28 \gamma_c t_0 \beta V^{1/2} \quad (\rightarrow) \tag{3-1}$$

$$F = \gamma_c H \tag{3-2}$$

式中： F ——新浇筑混凝土作用于模板的最大侧压力标准值，kN/m²；

γ_c ——混凝土的重力密度，普通混凝土取 24 kN/m³；

β ——坍落度系数，50～90 mm 时取 0.85，90～130 mm 时取 0.90，130～180 mm 时取 1.0；

t_0 ——新浇筑混凝土的初凝时间，h，可实测确定，也可按 $t_0 = 200 \div (T+15)$ 计算；

V ——混凝土浇筑速度，取混凝土浇筑高度（厚度）与浇筑时间的比值，m/h；

H ——混凝土侧压力计算位置处至混凝土顶面的高度，m。

混凝土侧压力计算分布图形如图 3-1 所示，图中 $h = F/\gamma_c$。

（2）当浇筑速度大于 10 m/h，或混凝土坍落度大于 180 mm 时，侧压力的标准值按 $F = \gamma_c H$ 计算。

7. 泵送混凝土或不均匀堆载等因素产生的附加水平荷载的标准值（Q_3）

附加水平荷载的标准值可取计算工况下竖向永久荷载标准值的 2%，并应作用在模板支架上端水平方向。

h—有效压头高度；H—模板内混凝土总高度；F—最大侧压力。

图 3-1　混凝土侧压力计算分布图形

8．风荷载的标准值（Q_4）

可按现行国家标准《建筑结构荷载规范》（GB 50009—2012）的有关规定确定，此时的基本风荷载标准值按 10 年一遇的风荷载标准值取值，但基本风荷载标准值压不应小于 0.20 kN/m²。

3.1.4　模板体系设计计算

1．模板体系设计计算的基本要求

（1）模板体系都要经过专门的设计计算，对常用的结构，在积累实践经验以后可以不经计算直接套用已有的成功经验。

（2）模板体系设计应包括下列内容：模板及支撑的选型及构造设计；模板及支撑上的荷载及其效应计算；模板及支撑的承载力、刚度验算；模板及支撑的抗倾覆验算；绘制模板及支撑施工图。

（3）模板体系属于结构体系，需按现行相关的结构设计规范来进行设计计算，由于是临时结构，其安全度可适当降低；计算内容为强度、变形和稳定性。

（4）据中华人民共和国住房和城乡建设部的有关规定：使用滑模、爬模、飞模和大模板等工具式模板的工程，高度 $h \geqslant 5$ m 和跨度 $L \geqslant 10$ m 的混凝土模板支撑工程，集中线荷载 $P \geqslant 15$ kN/m 或高度大于支撑宽度的混凝土模板支撑体系等，都属于"危险性较大的分部分项工程"，需要编制专项施工方案，报主管部门审查同意后再实施；而对于高度 $h \geqslant 8$ m 和跨度 $L \geqslant 18$ m 的混凝土模板支撑工程，集中线荷载 $P \geqslant 20$ kN/m 或施工总荷载 $\geqslant 15$ kN/m² 的混凝土模板支撑体系等，都属于"高危险性的分部分项工程"，必须按照行业的相关规定，编制专项施工方案，报主管部门组织专家审查论证，批准后才能实施。此部分内容在"建筑工程施工组织设计"课程中还有讲解。

2．模板及支架的承载力验算

（1）承载力验算取荷载基本组合的效应设计值，按相关结构设计的公式进行。荷载基本组合的效应设计值按式（3-3）计算。

$$S = 1.35\alpha \sum S_{G_{ik}} + 1.4\psi_{cj} \sum S_{Q_{jk}} \tag{3-3}$$

式中：$S_{G_{ik}}$——第 i 个永久荷载标准值产生的效应值；

$S_{Q_{jk}}$ ——第 j 个可变荷载标准值产生的效应值；

α ——模板及支架的类型系数，对侧面模板取 0.9，对底面模板及支架取 1.0；

ψ_{cj} ——第 j 个可变荷载的组合值系数，宜取 $\psi_{cj} \geqslant 0.9$。

（2）参与模板及支架承载力验算的各项荷载可按表 3-2 确定。

表 3-2　参与模板及支架承载力验算的各项荷载

计算内容		参与荷载项
模板	底面模板的承载力	$G_1+G_2+G_3+Q_1$
	侧面模板的承载力	G_4+Q_2
支架	支架水平杆及节点的承载力	$G_1+G_2+G_3+Q_1$
	立杆的承载力	$G_1+G_2+G_3+Q_1+Q_4$
	支架结构的整体稳定	$G_1+G_2+G_3+Q_1+Q_3$
		$G_1+G_2+G_3+Q_1+Q_4$

注：表中的"＋"仅表示各项荷载参与组合，而不代表代数相加。

3．模板及支架的变形验算

模板及支架的变形验算应符合式（3-4）的要求。

$$a_{fG} \leqslant a_{f,\lim} \tag{3-4}$$

式中：a_{fG} ——按永久荷载标准值计算的构件变形值；

$a_{f,\lim}$ ——规范规定的构件变形限值［详见《混凝土结构工程施工规范》（GB 50666—2011）的 4.3.9 条］。

4．支架的抗倾覆验算

支架应按混凝土浇筑前和浇筑时两种工况进行抗倾覆验算，并应满足式（3-5）的要求。

$$\gamma_0 M_o \leqslant M_r \tag{3-5}$$

式中：γ_0 ——结构重要性系数，对一般的模板和支架取 $\gamma_0 \geqslant 0.9$，对重要的模板及支架取 $\gamma_0 \geqslant 1.0$；

M_o ——支架的倾覆力矩设计值，按荷载基本组合计算，其中永久荷载的分项系数取 1.35，可变荷载的分项系数取 1.4；

M_r ——支架的抗倾覆力矩设计值，按荷载基本组合计算，其中永久荷载的分项系数取 0.9；可变荷载的分项系数取 0。

5．采用钢管和扣件搭设的支架设计时，应符合下列规定

（1）钢管和扣件搭设的支架宜采用中心传力方式。

（2）单根立杆的轴力标准值不宜大于 12 kN，高大模板支架单根立杆的轴力标准值不宜大于 10 kN。

（3）立杆顶部承受水平杆扣件传递的竖向荷载时，立杆应按不小于 50 mm 的偏心距进行承载力验算，高大模板支架的立杆应按不小于 100 mm 的偏心距进行承载力验算。

3.1.5 模板安装的施工要求

（1）安装过程须加临时支撑，以防倾覆。

（2）首层竖向支撑下端一般应支承在混凝土垫层上；当竖向支撑立在基土上时，基土需经处理达到坚实可靠，下端应加垫板；地面上要排水良好、不积水。

（3）当水平构件的跨度在 $L \geqslant 4\,\text{m}$ 时，跨中需要起拱，起拱高度 $f=0.1\% \sim 0.3\%L$。

（4）多层结构的楼层支模需分层、分段，上一层的支撑应与下一层支撑的位置相对应；下一层的支撑应具备支承上一层楼板全部施工荷载的能力。

（5）注意所有预留洞、预埋件都要在安装模板时做好，尽量避免后凿。

（6）现浇结构模板安装的允许偏差和检验方法详见表 3-3。

表 3-3　现浇结构模板安装的允许偏差和检验方法

项次	项目		允许偏差/mm	检验方法
1	轴线位置		5	尺量检查
2	底模上表面标高		±5	用水准仪或拉线、尺量检查
3	模板内部尺寸	基础	±10	尺量检查
		柱、墙、梁	±5	
4	柱、墙垂直度	层高≤6 m	18	经纬仪、吊线、尺量检查
		层高>6 m	10	
5	相邻两板面表面高低差		2	尺量检查
6	表面平整度		5	用 2 m 靠尺和塞尺检查
7	预埋钢板中心线位置		3	拉线和尺量检查
8	预埋管、预留孔中心线位置		3	
9	插筋	中心线位置	5	
		外露长度	10，0	
10	预埋螺栓	中心线位置	2	
		外露长度	10，0	
11	预留洞	中心线位置	10	
		截面内部尺寸	10，0	

3.1.6 模板拆除的施工要求

1. 拆除时间

（1）不承重的模板（如梁、板的侧模板），需待其混凝土强度达到 1.2 MPa 以上，且拆除时不会使混凝土构件掉棱角才可以拆；广东一般可在浇筑 24 h 后开始拆除侧模。

（2）承重的模板（如梁、板的底模板），应在混凝土达到表 3-4 中所规定的强度后才能拆。

表 3-4　不同类型、跨度结构模板拆除强度规定

结构类型	结构跨度/m	应达到设计强度的百分率/%
板	≤2	≥50
	>2，≤8	≥75
	>8	≥100
梁、拱、壳	≤8	≥75
	>8	≥100
悬臂构件	不论任何值	≥100

2．模板拆除的工艺规定

（1）预先应制订拆模方案，包括拆除的顺序、拆除的方法和相应的安全措施三方面的内容，按方案施工。

（2）在模板拆除时，可采取先支的后拆、后支的先拆，先拆非承重模板，后拆承重模板的顺序，从上到下进行拆除。

（3）拆模过程不得损伤模板和混凝土，要注意让构件逐渐、均衡受力。

（4）对组合大模板，宜先松动模板，后再整体拆除。

（5）拆下来的模板、支撑和扣件，应尽快移送到工作面以外专门指定的地方，分类堆放整齐；及时组织维修、保养。

3．模板施工的安全要求

（1）现场模板施工人员应戴好安全帽，穿上防滑鞋，挂好工具包；所用工具应装在随身携带的工具包内；高空作业时应系好安全带；模板装拆时，作业人员必须遵守高处作业的各项安全规定。

（2）使用合格的模板和支撑材料，严格按照施工方案和技术交底的要求来做，模板装拆过程中，要随时将各种板材、构件做好临时支撑、固定，防止突然倾覆、坠落；完工后不但要检查施工质量，还要检查模板和支撑结构的安全可靠性。

（3）吊运模板和材料时，应有统一的指挥、统一的信号，按照吊装安全规程的要求来做。

（4）支撑体系安装完毕并经检查确认牢固后才能安装梁板的模板，模板安装完成并经检查合格才能绑扎钢筋。

（5）原则上谁装的模板由谁来拆除；拆模范围应设立明显标志，非拆模的人员不得在拆除范围内经过或停留；拆下来的模板凡附有钉子朝上的应扳向下，并及时整理、运到指定地点，然后拔除钉子，分类堆放。

3.1.7　我国模板技术的现状与发展

（1）20 世纪的 50 年代，我国大多用传统的木板拼板和木支撑，消耗木材多，工艺落

后；20世纪60年代，我国推广使用定型木模板和钢木组合模板，可以周转5~7次；20世纪70年代，我国逐步发展使用钢模板，周转次数达到30~50次。

（2）改革开放以后，我国学习、引进和研制相结合，模板形式趋向多样化：普及使用组合钢模板；广泛使用木胶合板、竹胶合板模板；开发钢框胶合板模板、铝框胶合板模板、轻型钢框胶合板模板等多种组合模板；积极研发用于楼面的早拆模晚拆撑体系，用于竖向结构的大模板、液压滑动模板和整体提升模板，用于水平结构的台模，用于垂直与水平相结合的隧道模，以及叠合式预应力平板、永久式压型钢板模板、清水混凝土模板、塑料模板、铝合金模板和玻璃钢模板等；初步形成了组合式、工具式、永久式三大模板系列。

（3）我国经济保持连续高速的发展，推动了建筑业大发展。一些建筑企业通过学习、引进、创新、实践，不断增强企业实力，在一些重大项目建设中取得突破，质量高、速度快、效益好，达到或接近世界先进水平。但从行业的总体上看，我国现阶段模板技术与世界先进水平相比差距还较大。由于多方面的原因，以 $\phi 48.3$ mm×3.6 mm 钢管作为支撑，18 mm 厚胶合板作为面板，方木作为龙骨的钢木组合模板体系还在广泛使用。这种做法工艺简单，容易锯裁，板面积大，接头数少。但其缺点也很明显：板材不环保（木材用量大，靠现场加工，周转次数少，往返运输费用多，建筑垃圾多，处理费用高），污染多（噪声、粉尘污染），次生危害大（脲醛胶化工循环污染），难以实现机械化；支撑体系承载能力不高，作业环境差；常出现质量安全事故。21世纪以来，我国的劳动力成本越来越高，随着国家产业政策的调整，上述优点都可能会发生变化；塑料模板、铝合金模板正在推广应用。模板工艺的改革，实现集成、集约配模一体化，速配、快装、快拆，已经成为建筑产业革命的一个重要课题。

板工程

本项目先介绍传统的模板和支撑体系，然后介绍近年发展起来的新型模板体系。注意，各种支模方法都有其优缺点，有一定的适用范围，要根据具体对象、部位，择优选用。

【任务实施】

实训任务：具体参观某项目模板工程的施工过程。

【技能训练】

通过实地参观、听讲解，初步熟悉模板的种类、组成、承受的荷载、搭拆的要求，参观后写出考察报告，为下一工作任务的学习打下基础。

工作任务 3.2　常用的模板和支撑体系

3.2.1　组合钢模板

1. 组合钢模板的组成

组合钢模板由定型钢模板、连接件和支承件组成，预先要按构件截面要求进行配板设计和预组装,然后运到工作面拼装起来;同时还要考虑模板的支承方案。定型钢模板(图3-2)包括平面模板、阳角模板、阴角模板、连接角模几种,平面模板的规格尺寸见表3-5;组合钢模板的连接件有5种,如图3-3所示;组合钢模板的支承件如图3-4所示。

(a)平面模板　　　　　　　　　　(b)阳角模板

(c)阴角模板　　　　　　　　　　(d)连接角模

1—中纵肋;2—中横肋;3—面板;4—横肋;5—插销孔;
6—纵肋;7—凸棱;8—凸鼓;9—U形卡孔;10—钻孔。

图3-2　定型钢模板

表3-5　平面模板的规格尺寸

宽度/mm	代号	尺寸(宽×长×高)/(mm×mm×mm)	每块面积/m²	每块质量/kg	宽度/mm	代号	尺寸(宽×长×高)/(mm×mm×mm)	每块面积/m²	每块质量/kg
300	P3015	300×1500×55	0.45	14.90	200	P2015	200×1500×55	0.30	9.76
	P3012	300×1200×55	0.36	12.06		P2012	200×1200×55	0.24	7.91
	P3009	300×900×55	0.27	9.21		P2009	200×900×55	0.18	6.03
	P3007	300×750×55	0.225	7.93		P2007	200×750×55	0.15	5.25
	P3006	300×600×55	0.18	6.36		P2006	200×600×55	0.12	4.17
	P3004	300×450×55	0.135	5.08		P2004	200×450×55	0.09	3.34
250	P2515	250×1500×55	0.375	13.19	150	P1515	150×1500×55	0.225	8.01
	P2512	250×1200×55	0.30	10.66		P1512	150×1200×55	0.18	6.47
	P2509	250×900×55	0.225	8.13		P1509	150×900×55	0.135	4.93
	P2507	250×750×55	0.188	6.98		P1507	150×750×55	0.113	4.23
	P2506	250×600×55	0.15	5.60		P1506	150×600×55	0.09	3.40
	P2504	250×450×55	0.133	4.45		P1504	150×450×55	0.068	2.69

续表

宽度/mm	代号	尺寸（宽×长×高）/(mm×mm×mm)	每块面积/m²	每块质量/kg	宽度/mm	代号	尺寸（宽×长×高）/(mm×mm×mm)	每块面积/m²	每块质量/kg
100	P1015	100×1500×55	0.15	6.36	100	P1007	100×750×55	0.075	3.33
	P1012	100×1200×55	0.12	5.13		P1006	100×600×55	0.06	2.67
	P1009	100×900×55	0.09	3.90		P1004	100×450×55	0.045	2.11

注：（1）平面模板质量按 2.3mm 厚钢板计算。

（2）代号中，如 P3015，P 表示平面模板、30 表示模板的宽为 300 mm，15 表示模板的长为 1500 mm。但 P3007 中，07 表示模板长度为 750 mm；P3004 中，04 表示模板长度为 450 mm。

（3）模板设计时，优先选择面积较大的模板，然后用面积较小的模板来补充。因此 P3015、P3012 两种用得较多，一块质量在 30 kg 以内，两个人在脚手架上操作比较合适。

（a）U形卡　　（b）L形插销　　（c）钩头螺栓　　（d）紧固螺栓　　（e）对拉螺栓

1—圆钢管钢楞；2—3形扣件；3—钩头螺栓；4—内卷边槽钢钢楞；
5—翼形扣件；6—紧固螺栓；7—对拉螺栓；8—塑料管套；9—螺母。

图 3-3　组合钢模板的 5 种连接件

（a）立柱　　　　　　　　　　（b）斜撑

（c）柱箍　　　　　　　　　（d）平面组合桁架

1—顶板；2—插管；3—插销；4—转盘；5—套管；6—底板；7—螺杆；8—定位器；9—夹板。

图 3-4　组合钢模板的支承件

2. 用组合钢模板组合成各类构件模板（图 3-5～图 3-10）

1—上阶侧板；2—上阶吊木；3—上阶斜撑；4—轿杠；
5—下阶斜撑；6—水平撑；7—垫板；8—桩。

图 3-5　条形基础组合钢模板

1—扁钢连接件；2—T 形连接件；3—角钢三角撑。

图 3-6　阶梯形基础组合钢模板

图 3-7　交梁楼面的组合钢模板

1—3形扣件；2—侧楞；3—钢模板。

图 3-8　墙体的组合钢模板

1—脱模器；2—铰链；3—大模板；4—模肋；5—竖肋；6—角模；7—支腿。

图 3-9　适用于电梯井道等的组合钢模板

图 3-10　柱的组合钢模板

3. 组合钢模板的支撑体系

（1）由工具式钢管支架排列在梁模板、板模板的下部，再加上纵横向的钢管斜撑组成的支撑体系，作为组合钢模板的支撑体系，如图 3-11 所示。

图 3-11　组合钢模板的支撑体系（一）

图 3-12　组合钢模板的支撑体系（二）

（2）由承插型盘扣式钢管脚手架排列在梁模板、板模板的下部，再加上纵横向的钢管斜撑组成的支撑体系，作为组合钢模板的支撑体系，如图 3-12 所示。

4. 高大重型构件的模板支撑体系

高大重型构件的模板支撑体系属于高危的模板支撑体系，需要进行专门设计、计算和论证。下面以普通交梁楼面主次梁模板的支撑与某高层建筑转换 800 mm×2400 mm 大梁模板的支撑做个对比，如图 3-13 和图 3-14 所示。

图 3-13　普通交梁楼面主次梁模板的支撑

图 3-14 某高层建筑转换 800 mm×2400 mm 大梁模板的支撑

5．组合钢模板施工组装的质量标准（表 3-6）

表 3-6 组合钢模板施工组装的质量标准

项目	允许偏差/mm
两块模板之间拼接缝隙	≤2.0
相邻模板面的高低差	≤2.0
组装模板面的平整度	≤2.0（用 2 m 长平尺检查）
组装模板面的长宽尺寸	≤长度和宽度的 1/1000，最大±4.0
组装模板两对角线的长度差值	≤对角线长度的 1/1000，最大≤7.0

6．组合钢模板优缺点

1）组合钢模板优点

节约木材，产品标准化，尺寸符合一定模数，可组合拼装；通用性强，几乎什么构件都可用；精度高，尺寸准；文明施工，有利安全；工艺简单，普通工稍加培训即可上岗；周转次数多达 50 次。在政府大力推广应用下，组合钢模板一度成为我国现浇混凝土结构中的主导模板。

2）组合钢模板缺点

块体小自重大，拼缝多容易漏浆；机械化程度低，需大量人力支拆，较费时；还有可能要用木板镶补；连接件多达 5 种，连接手续烦琐，使用中容易掉失，造成连接不可靠，影响外观质量；一次投入大，价格上没有多少优势。

7. 组合钢模板的适用性

组合钢模板适用于多层或一般高层混凝土各类结构，多层混凝土厂房，详见《组合钢模板技术规范》（GB/T 50214—2013）。

8. 早拆模晚拆撑体系

在组合钢模板基础上发展起来的早拆模晚拆撑体系和体系用的支柱如图 3-15 和图 3-16 所示。根据前面表 3-4 对模板拆除的要求，只要令支撑的间距≤2 m，浇筑混凝土后，当混凝土强度达到设计强度的 50%及以上时（根据留置的拆模试块进行试验来确定拆模时间），借助特制的有升降功能的支柱，可以把板的模板先拆下来周转，保留支撑至混凝土达到设计强度的 100%后才拆，这样就可提高楼板模板的周转率。

1—升降头；2—托梁；3—模板；
4—支柱；5—定位杆。

图 3-15 早拆模晚拆撑体系

1—顶板；2—底板；3—梁托板；4—滑动板；
5—方形板；6—钢销；7—限位板。

图 3-16 早拆模晚拆撑体系用的支柱

3.2.2 木胶合板模板

1. 木胶合板模板组成

常用的木胶合板模板面板尺寸有 900 mm×1800 mm 和 1220 mm×2440 mm 两种，厚度有 12 mm、15 mm、18 mm 三种，多用 18 mm；以 60 mm×100 mm 的方木作为主、次龙骨。木胶合板模板可以使用上述组合钢模板的各种支撑体系。各种类型的木胶合板模板如图 3-17～图 3-22 所示。

基础模板施工

图 3-17 木胶合板柱基础模板

（a）L形柱模板截面　　（b）T形柱模板截面　　（c）一字形柱模板截面

1—木带；2—面板；3—角钢柱箍；4—插销孔；5—顶撑。

图 3-18　各种截面的木胶合板柱模板

1—支柱（顶撑）；2—木楔；3—垫板；4—平台梁底板；
5—侧板；6—夹木；7—托木；8—杠木；9—楞木；
10—平台底板；11—梯基侧板；12—斜楞木；13—楼梯底板；
14—斜向顶撑；15—外帮板；16—横档木；17—反三角板；
18—踏步侧板；19—拉杆；20—木桩。

1—木胶合板模板；2—柱箍；
3—加劲内撑；4—扣件。

图 3-19　木胶合板矩形柱模板　　　　图 3-20　木胶合板楼梯模板

图 3-21　木胶合板墙模板

图 3-22　木胶合板楼面梁板模板

模型木胶合板矩形柱模板

2. 木胶合板模板的优点

(1) 与组合钢模板相比,木胶合板模板体系工艺简单,适用范围广。

(2) 木胶合板模板幅面较大,最大单块接近 3 m²,而组合钢模板常用的单块尺寸为 0.30 m×1.50 m＝0.45 m²(质量 14.9kg),最小 0.10 m×0.45 m＝0.045 m²。

(3) 木胶合板模板容易锯裁,接头数量少,表面平整光滑。

(4) 价格上,木胶合板模板比组合钢模板便宜。

模型木胶合板楼梯模板

3. 木胶合板模板的缺点

(1) 没有形成系统、规范的模板、支撑安装和加固体系,施工工艺不规范;不符合国家的产业政策,因此我国没有木胶合板模板技术规范。

(2) 部件的抗弯强度低(18 mm 木胶合板的抗弯强度设计值为 20 MPa),必然导致用料多。

(3) 基本用手工操作,不能用机械化作业,质量差异大,随意性大。

(4) 材料不环保,大量消耗木材,现场加工成本大,周转次数少,往返运输费用多,建筑垃圾多,处理费用高,污染多(噪声、粉尘污染),次生危害大。

模型木胶合板墙模板

4. 木胶合板模板的适用性

木胶合板模板适用于多层或一般高层混凝土各类结构、多层混凝土厂房施工。这种模板体系目前正在我国现浇混凝土结构中广泛使用。竹胶合板模板与木胶合板模板做法相同,但竹胶合板的自重要比木胶合板重些。

3.2.3 铝合金模板

1. 铝合金模板的出现和发展

铝合金模板于 1962 年在美国诞生,在发达国家已经有 60 多年的应用历史,现在在美国、加拿大、墨西哥、巴西、马来西亚、韩国、印度等国家的建筑施工中,均得到了广泛的应用,在我国也正处在快速发展阶段。

2. 铝合金模板的构造

铝合金模板与组合钢模板相似,模板的外形尺寸采用定型系列化、标准化在工厂制造;单块模板的面板用一整块铝板,背楞用铝合金型材密肋布置,两端堵头板内嵌,确保面板平整,外形尺寸准确;板块刚度大,受荷后不易变形;板块与板块之间用定型的销钉固定,连接可靠,装拆方便,板块间接缝紧密,不易漏浆。既可用直径 48 mm 的普通钢管支柱做模板的支撑,也可用特制的铝合金型材支柱做模板的支撑,支柱与模板相接处设置早拆头,就可以实现模板的早拆。铝合金模板体系示意图如图 3-23 所示,模板及主要配件如图 3-24～图 3-26 所示。

图 3-23 铝合金模板体系示意图

(a) WP/WPE系列模板

(b) Ⅰ—Ⅰ剖面图

(c) Ⅱ—Ⅱ立面图

(d) Ⅲ—Ⅲ剖面图

(肋高 $H=65mm$,宽度 B 分为:400 mm、300 mm、200 mm、150 mm、125 mm、100 mm、75 mm、50 mm)

图 3-24 墙、楼板、梁模板外形图

（a）MB系列附件　　　　　　（b）Ⅰ—Ⅰ剖面图　　　　　（a）50销子　　　（b）130销子

（c）楔片

图 3-25　龙骨模板　　　　　　　　　　图 3-26　模板之间拼接的附件

3. 铝合金模板的安装

（1）施工工序如下。

测量放线→墙柱钢筋绑扎→各专业预留预埋→墙柱模板安装→梁板模板安装→模板校正加固→隐检验收→梁板钢筋绑扎→各专业预留预埋→隐检验收→混凝土浇筑→养护→模板拆除→模板人工倒运。

（2）施工用的铝合金模板应在工厂按施工图进行深化配板设计，以标准板加上局部特制的非标准板配置成为一个施工单元，同时做好快装拆支柱的设计布置，运到工地后按设计布置进行安装。

（3）模板安装的顺序按照"先墙柱，后梁板""先内墙，后外墙""先非标板，后标准板"进行，如图 3-27、图 3-28 所示。把一个施工单元的梁、柱、墙、板模板和快装拆的支柱全部拼装起来，组合成为具有一定空间刚度的临时结构体系。一般的住宅单元只需设立柱支撑，无须另设交叉斜撑，如图 3-29 所示。

图 3-27　墙模板的安装　　　　　　　　图 3-28　柱模板的安装

（4）因为单块模板或支柱的质量较轻（约为组合钢模板的 1/3），只要在这个单元某一块楼板模板的适当位置上留出一个长方形孔洞，拆模后就可以利用这个孔洞将模板和支柱用人工往上传递，既直接又快捷，不必依赖塔式起重机运送，如图 3-30 所示。最后需用混凝土把这个预留孔洞封堵。铝合金模板自重的标准值按 $0.25\ kN/m^2$ 计算。

图 3-29 楼面模板的支撑

图 3-30 楼面模板的传递孔洞

4．铝合金模板的拆除

（1）模板拆除的时间，应能保证拆模后墙体不掉角、不起皮，必须以留置的同条件养护试块试验达到 1 MPa 以上为准；梁板模板的早拆头和立杆支撑需待混凝土达到 100%设计强度后才能拆除。

（2）模板拆除时应分片分区拆，从一端往另一端拆，严禁整片一起拆除。

（3）模板拆除的顺序与安装顺序相反，先拆除梁板模板、后拆除墙柱模板，梁板模板拆除时严禁拆除早拆头和立杆。拆模时要先均匀撬松、再脱开。拆出的零件应集中堆放防止散失；拆出的模板要及时清理干净和修整，然后按顺序平整地堆放好。

5．铝合金模板安装的质量标准和检验方法（表 3-7）

表 3-7 铝合金模板安装的质量标准和检验方法

项次	项目	允许偏差/mm	检验方法
1	模板表面平整	±2	用 2 m 靠尺和塞尺检查
2	相邻两板接缝平整	1	用不锈钢尺靠和手摸
3	轴线位移	−2	经纬仪和拉线
4	截面尺寸	+2，−3	钢卷尺量
5	每层垂直度	3	线坠和经纬仪
6	底板标高	±3	抄平、以标高拉线用硬尺量

6．铝合金模板的优缺点和适用性

（1）优点：模板质量轻、刚度大、尺寸准确、接缝严密，快装快拆，周转次数多、寿命长、回收率高，能加快施工进度，拆模后的表观质量可达清水混凝土的水平，采取综合措施可降低建设成本，大量减少木材消耗，符合节能、环保的国策。

（2）缺点：据现阶段的工程实践，铝合金模板一次性投入较大，当模板周转次数较少时，模板的摊销成本将较高。

（3）适用性：铝合金模板特别适合模板周转次数高的 30 层及以上高层建筑现浇混凝土的施工。深圳东海国际中心、珠海人才公寓、珠海仁恒滨海中心、广州萝岗万科东荟城等工程，使用铝合金模板体系，都取得了较好的效果。

7. 几种模板体系的比较（表 3-8）

表 3-8　几种模板体系的比较

序号	项目	铝合金模板	组合钢模板	钢大模板	钢框胶合板模板	木胶合板模板
1	面板材料/mm	4 厚铝合金板	2.3 厚钢板	5 厚钢板	15 厚木胶合板	多用 18 厚木胶合板
2	模板厚/mm	65	55	86	120	100～120
3	模板质量/（kg/m²）	25～27	35～40	80～85	40～42	10.5
4	承载力/（kN/m²）	30	30	60	50	30
5	使用次数	≥200	30～50	30～50	30～50	5～8
6	施工难度	易	较易	难	易	易
7	维护费用	低	较低	较高	较高	低
8	施工效率	高	低	较高	较高	低
9	适用范围	墙柱梁板	墙柱梁板	墙	墙柱梁板	墙柱梁板
10	混凝土表面质量	达到清水	精度不高	一般平光	达到清水	精度不高
11	回收价值	极高	中	中	低	低
12	对起重机的依赖程度	不依赖	依赖	依赖	不依赖	依赖

3.2.4　压型钢板永久式模板

压型钢板永久式模板采用厚度为 0.75～1.60 mm 的 Q235 镀锌薄钢板，通过冷轧机压成波形或槽形的条板，铺装在钢梁或混凝土梁上，施工阶段作为混凝土楼板的模板，承受各种施工荷载，浇筑混凝土后不再拆除，成为楼板的组成部分，如图 3-31 所示。

（a）正立面图　　（b）侧立面图

（c）三维图

1—现浇混凝土；2—楼板配筋；3—压型钢板；4—栓钉；5—钢（或混凝土）梁。

图 3-31　压型钢板组合楼板系统图

这种模板现在广泛用于多层和高层钢结构、混凝土结构、钢混组合结构建筑，其整体性好，综合造价增加不多，施工速度快。使用这种模板的工程有广州远洋商务大厦、广州白云国际会议中心、广州科学城等项目。

3.2.5 塑料或玻璃钢模壳

塑料或玻璃钢模壳是适用于现浇混凝土密肋楼板结构施工的一种工具式模板，可以用玻璃钢、玻璃纤维增强塑料、聚丙烯塑料制成模壳，配以轻钢龙骨、钢管支柱等支撑体系，如图 3-32 所示。其工艺流程如下：弹线→立钢管支柱和拉杆→安放龙骨→安装支承件→安放模壳→堵缝→刷脱模剂→绑扎钢筋→安装管线和预埋件→隐蔽工程验收→浇筑混凝土→养护→拆支承件→卸模壳→清理维护模壳。

1—底肋；2—侧肋；3—手动拆模装置；
4—气动拆模装置；5—边肋。

图 3-32　模壳和模壳组成的楼面

3.2.6 快易收口网模板

快易收口网模板是一种免拆除的模板，它采用 0.45 mm 厚的热镀锌钢板，先冲出网格，轧制骨架，后将中间部分斜向拉制成金属网，形成整体上有一定的刚度，到处都有毛糙的空隙，能与混凝土良好结合的网状模板。其用在后浇带上，起到模板的分隔作用，将后浇带留置出来；当需要将后浇带密封时，后浇带上的快易收口网模板不必拆除和处理，经清洗后即可直接浇筑混凝土，新旧混凝土将连接成为一个整体。

快易收口网模板界面性能理想，力学性能优良，易弯曲易裁剪，便于钢筋穿过和固定，方便后浇带定位和混凝土浇筑施工，无残留和垃圾，广泛用于各种变形缝和后浇带中。快易收口网模板和地下室后浇带用快易收口网模板如图 3-33 和图 3-34 所示。

图 3-33　快易收口网模板　　　　图 3-34　地下室后浇带用快易收口网模板

工作任务 3.3　大型模板体系

本书大型模板体系主要内容为大模板、液压滑动模板和液压爬升模板。

3.3.1　大模板

1. 大模板的含义

大模板是利用辅助设备按模位整装整拆的整体式或拼装式模板。其主要适用于高层建筑结构工程的施工，大模板的构造示意图如图 3-35 所示。

1—面板；2—水平加劲肋；3—支撑桁架；4—竖楞；5—调整水平的千斤顶；
6—调整竖直的千斤顶；7—栏杆；8—脚手板；9—穿墙螺栓；10—固定卡具。

图 3-35　大模板的构造示意图

2. 大模板的特点

传统模板的缺点是以手工操作为主，装拆费工、费时，不适应高层建筑施工的需要。对于以混凝土剪力墙为竖向支承结构的高层建筑，若将剪力墙的模板制成片状的大块工具式模板，用起重机来装、拆、运，在楼层内或楼层间进行流水作业，可以简化施工工艺，加快施工进度，提高功效，降低劳动强度，工程质量也有保证。组成一大块之后，模板的质量大、面积大，吊装和运输过程中受的风力也大，要注意考虑风的影响因素，保证施工过程中的安全。

3. 大模板的构造

（1）大模板通常由面板、骨架、支撑体系和附件等组成。面板使混凝土成形，具有设计要求的外观。骨架由型钢组成，支承面板，保证面板有足够的刚度。支撑体系包括支撑架和地脚螺栓，使模板自立。附件包括操作平台、穿墙螺栓、卡板、爬梯等，为工人的工作提供方便。大模板的构造如图 3-36 所示。

1—面板；2—横肋；3—竖肋；4—小肋；5—穿墙螺栓；6—吊环；
7—上口卡座；8—支撑架；9—地脚螺栓；10—操作平台。

图 3-36 大模板的构造

（2）面板的种类较多，有整块钢板、组合钢模板拼装、木质多层胶合板、钢框胶合板或高分子板材（玻璃钢、塑料）等。

4. 大模板的适用性

大模板最适合以剪力墙为主的结构。对于全剪力墙结构，剪力墙用大模板，楼板用组合钢模板、台模或永久式模板。对于框架-剪力墙结构，框架用组合钢模板，剪力墙或核心筒用大模板，楼板用组合钢模板。

5. 大模板的施工要点

（1）准备工作：测量放线，定位，找平；核对组装图，熟悉吊装顺序；检查预留、预埋；检查模板；准备隔离剂。

（2）施工顺序：首先装内横墙的内侧模板，配钢筋；其次装内横墙的外侧模板；再次装外纵、横墙的内侧模板，配钢筋；最后装外纵、横墙的外侧模板。以内纵、横墙的支承为先，扩展到外墙。注意要搭稳操作平台，挂好安全网。

（3）浇筑混凝土：常用塔式起重机吊运料斗至浇筑部位，将斗门直对模板进行浇筑；

也可用混凝土泵加布料杆直接进行浇筑；注意门窗边、墙体拐角等钢筋较密、截面较小的地方；用附着式振动器和插入式振动器相结合来振实。

（4）**拆模和养护**：混凝土强度达到 1.2 MPa 及以上才可以拆大模板，先轻撬松动再移出，按照拆模的顺序拆模，及时清理和修补墙面混凝土的缺陷，整理和维护模板。常温下拆模后应及时喷水养护混凝土，连续养护 3～7 天，以能保持混凝土表面湿润为度。

（5）**楼板的施工**：墙体混凝土强度达到 2.5 MPa 及以上，才可以安装楼板的模板；为了配合大模板的施工速度，可采用永久式模板。

6. 大模板施工的安全措施

（1）大模板吊放到施工楼层时要垂直于外墙存放，不得沿外墙周边放置。

（2）模板起吊前应将起重机位置调整好，做到稳起稳落、就位准确。

（3）在大模板的装拆区域周围应设置围栏，挂有明显标志牌，禁止非作业人员接近。

（4）大模板安装后，应立即穿好销杆，拧紧螺栓。

（5）大模板装拆时，指挥、装拆人员需站在安全可靠的地方，不得随模板起吊。

（6）外模装拆人员应挂好安全带；周围应支搭好安全网。

（7）大模板安装前，应搭好操作平台、作业通道、行走桥、防护栏等附属设施。

（8）风力超过 5 级，应停止吊装。

7. 大模板的质量要求

大模板墙面需平整、光洁，门窗洞口棱角整齐，质量应符合表 3-9 的标准。

表 3-9 大模板的施工质量标准

序号	项目		允许偏差/mm	检验方法
1	轴线位置		4	尺量检查
2	截面内部尺寸		±2	尺量检查
3	层高垂直度	全高≤5 m	3	线坠及尺量检查
		全高>5 m	5	线坠及尺量检查
4	相邻模板板面阶差		2	平尺及塞尺检查
5	平直度		<4（20 m 内）	上口尺量检查，下口以模板定位线为基准检查

注：详见《建筑工程大模板技术标准》（JGJ/T 74—2017）。

3.3.2 液压滑动模板

液压滑动模板

1. 液压滑动模板的含义

液压滑动模板是以液压千斤顶为提升动力，带动模板沿着混凝土表面滑动而成型的现浇混凝土工艺专用模板，简称滑模。

2. 滑模装置的组成

滑模装置如图 3-37 所示，其组成如下。

1—支承杆；2—液压千斤顶；3—提升架；4—围圈；5—大模板；6—操作平台；
7—外挑架；8—吊架；9—油管；10—现浇楼板；11—楼板模板；12—墙体。

图 3-37 滑模装置

（1）模板体系，一般用钢模板制作，高 1.20 m，上下有水平围圈。

（2）提升架，成开字形的型钢框架，纵向架距就是支承杆的距离，如图 3-38 所示。

（3）液压系统，液压千斤顶（起重能力 3～10 t）支承在提升架的横杆上，并且穿过支承杆（直径为 $\phi 25\sim \phi 28$ 的圆钢、螺纹钢或钢管）。支承杆接长方式如图 3-39 所示。

（4）操作平台，分为上、下操作平台，分别上承、下吊于提升架上。

（5）施工精度控制与观测系统。

1—上横梁；2—下横梁；3—立柱；4—围圈支托；5—套管；W—立柱净距。

图 3-38 提升架

(a)丝扣接长　　　　(b)坡口焊接　　　　(c)榫连接

图 3-39　支承杆接长方式

3. 液压滑动模板的施工要点

（1）液压滑动模板的组装，包括搭临时平台架，安装提升架，安装围圈，装内模，扎钢筋，装外模，装平台架，装液压设备，插支承杆，调试和检验。

（2）钢筋的绑扎，首段在模板组装时进行，以后随着模板上升分段（水平段7 m以内，竖向段6 m以内）进行，与混凝土浇筑的速度相配合，要设法保证钢筋位置正确。

（3）混凝土浇筑，可用泵送，布料杆配合，每层厚度200～300 mm，机械振捣。

（4）模板滑动上升，出模时混凝土强度应保证达到0.2～0.4 MPa。

（5）施工中的水平和垂直度的控制，水平用标尺和连通管测量，如发现有差异应调整千斤顶的升差；垂直度用线锤、经纬仪来测量，如发现有差异，可调整相邻的支承杆来纠偏。

（6）楼板的施工，主要是解决如何支模和浇筑楼板，一般采取滑一层浇一层的方法，对液压滑动模板的稳定有利。具体办法：分段封闭，利用滑升的时间差，立体交叉地作业。

（7）液压滑动模板的拆除，液压滑动模板按照拆液压系统→清理操作平台→拆操作平台→拆内模→拆内模横梁→拆外模→拆外模横梁→拆模板的顺序拆除。

（8）液压滑动模板的施工质量和安全，大体上参照大模板的要求，详见《液压滑动模板施工安全技术规程》（JGJ 65—2013）。

4. 液压滑动模板的特点

（1）优点：机械化程度较高；能大量节约模板、脚手架、劳动力和施工费用；加快施工进度，缩短工期；提高结构的整体性；有利于安全文明施工。

（2）缺点：为了支撑滑动机构，需要额外耗用钢材，这些钢材被埋在结构内，使总的用钢量增大；需要专门的机械设备，一次投资的费用大；结构的平面、立面变化受限制；模板提升过程中对构件强度有一定的负面影响，技术上要求较高。

（3）适用性：液压滑动模板适用于竖向截面变化不大的混凝土剪力墙结构、筒体结构。

3.3.3　液压爬升模板

1. 液压爬升模板的含义

液压爬升模板简称爬模，其施工工艺是将爬模装置通过承载体附着在混凝土结构上，当新浇筑的混凝土脱模后，以液压油缸为动力，以导轨为爬升轨道，将爬模装置向上爬升一层，如此反复循环作业。

2. 爬模装置的组成

爬模装置由模板系统、架体与操作平台系统、液压爬升系统、电气控制系统4部分组成，如图3-40所示。

（a）浇筑　　（b）拆模　　（c）爬升导轨　　（d）爬升架和模板　　（e）爬升到位　　（f）支模

图3-40　爬模装置及其施工顺序

（1）模板体系，包括木（竹）胶合板模板、组合钢模板、阴角模、对拉螺栓、模板卡具等。模板高度为一个标准楼层高再加100～300 mm。

（2）架体与操作平台系统，包括上架体、可调斜撑、上操作平台、下架体、架体挂钩、架体防倾调节支腿、下操作平台、吊平台、水平连系梁、脚手板、贴墙翻板、上人孔翻板、栏杆、护栏网等。

（3）液压爬升系统，包括导轨、挂钩连接座、锥形承载接头、承载螺栓、液压油缸、液压控制台、防坠爬升器、各种油管、阀门及油管接头等。

（4）电气控制系统，包括电源控制箱、电气控制台、智能控制及声光报警装置、视频监控装置等。

3. 液压爬升模板的特点

（1）综合了大模板板面平整，液压滑动模板整体性较好、自身配有动力、竖向能连续施工等多方面的优点。

（2）浇筑混凝土速度没有特别的限制，不像液压滑动模板那样慢。

（3）液压滑动模板提升时，混凝土强度较低，模板还紧贴在混凝土表面，模板提升时有可能松动主体结构的钢筋和混凝土保护层，影响混凝土构件的强度和整体性；液压爬升模板提升时，一层一次性提升，混凝土强度已较高，且先松开模板后再提升，不会松动到钢筋，保证了混凝土构件的强度和整体性。

（4）液压爬升模板适用于高层和超高层建筑、全剪力墙结构、筒体结构、高塔、大柱、桥墩等。相关标准有《液压爬升模板工程技术标准》（JGJ/T 195—2018）。

4. 应用实例

上海的金茂大厦、环球金融中心，深圳的地王大厦，广州的中信广场、广州塔等工程的混凝土核心筒都是用液压爬升模板施工的。广州珠江新城西塔主楼，建筑面积 250000 m²，结构高度 432 m，地下 5 层，地上 103 层，采用液压爬升模板（大行程双向液压油缸，最大行程可达 5 m，顶升能力 300 t，平均 3 天一层的施工速度）施工，达到世界领先水平。

【任务实施】

实训任务：A 学院第 13 号住宅楼楼面模板体系设计。

【技能训练】

由学生参照本次课程实例，分小组讨论后自行完成设计。

【本项目总结】

项目 3	工作任务	能力目标	基本要求	主要支撑知识	任务成果
钢筋混凝土——模板工程施工	模板工程基础知识	熟悉模板种类、组成、承受荷载、搭拆要求	初步掌握	模板种类、组成、承受荷载、搭拆要求等知识	完成交梁楼面模板和支撑的设计
	常用模板和支撑体系	熟悉常用模板的构造、特点和适用性	初步掌握	几种常用模板的组成、特点和适用性等知识	
	模板体系的设计计算	根据设计图纸，编制模板的施工方案	初步掌握	选择模板类型、构造，分析受荷、设计计算等知识	

复习与思考

项目 3 在线答题

1. 试述模板的作用和要求。
2. 试述基础、柱、梁、板模板的构造和安装的要求。
3. 跨度大于或等于 4m 的梁为什么要起拱？起多大的拱？
4. 如何确定什么时候可以拆模？
5. 模板拆除时应当注意哪些问题？
6. 什么是组合钢模板？试分析它的优缺点和适用性。
7. 什么是早拆模晚拆撑体系？试分析它的工作原理、优缺点和适用性。
8. 试分析 18 mm 厚木胶合板模板的优缺点和适用性。
9. 什么是铝合金模板？试分析铝合金模板体系的优缺点和适用性。
10. 什么是永久式压型钢板模板？试分析它的工作原理、优缺点和适用性。
11. 什么是大模板？试分析它的工作原理、优缺点和适用性。
12. 什么是液压滑动模板？试分析它的工作原理、优缺点和适用性。
13. 什么是液压爬升模板？试分析它的工作原理、优缺点和适用性。

项目 4　钢筋混凝土——钢筋工程施工

本项目学习提示

钢筋工程施工这一分项工程，主要讲述普通混凝土结构用钢筋的品种、性质和质量标准，对进场钢筋如何进行检查验收，钢筋加工的工艺，钢筋各种连接方法的原理、使用设备、工艺过程、质量要求和适用性，钢筋施工翻样和代换的原理、计算程序、计算方法和要求，钢筋施工安装的程序、方法和质量要求，钢筋的施工安全等。

能力目标

- 能识读和分析钢筋工种的施工图纸。
- 能对进场的钢筋进行检查和质量验收。
- 能编制一般工程钢筋的施工方案。
- 能进行常规的钢筋施工翻样和代换计算。

知识目标

- 掌握常用钢筋的质量标准。
- 掌握常用混凝土结构构件钢筋的构造原理。
- 掌握常用构件钢筋的施工翻样和代换计算。
- 掌握钢筋施工安装的质量标准和安全要求。

思维导图

工作任务 4.1 钢筋工程基础知识

4.1.1 普通钢筋混凝土结构对钢筋的基本要求

普通钢筋混凝土结构对钢筋的基本要求是强度要高，塑性要好，有明显的屈服极限，与混凝土能粘接紧密，便于调直、切断、弯曲、焊接或机械连接、绑扎施工。

4.1.2 普通钢筋混凝土结构常用的钢筋

1. 钢筋的品种和牌号

（1）热轧光面圆钢筋（牌号为 HPB，强度等级为 300），由普通低碳钢在高温状态下轧制而成，形状为光面圆形，表面没有花纹；其主要作为板的受力钢筋或分布钢筋，梁或柱的箍筋和拉筋，墙的分布钢筋等。

（2）热轧带肋钢筋（图 4-1，牌号为 HRB，强度等级为 400、500），由普通低合金钢在高温状态下轧制而成，表面形状多为月牙纹；其是普通钢筋混凝土结构的主要受力钢筋。

图 4-1 热轧带肋钢筋

（3）细晶粒热轧带肋钢筋。为了节约合金资源，降低钢材价格，人们研制了靠控温轧制而成且具有一定延性的细晶粒热轧带肋钢筋（牌号为 HRBF，强度等级为 400、500），用途与 HRB 钢筋基本相同。

（4）带 E 钢筋（图 4-2）。为了适应建筑结构抗震的需要，人们还研制了延性较好的热轧带肋钢筋，称为"带 E 钢筋"，专门用在按一、二、三级抗震等级设计的框架和斜撑构件（含梯段）中的纵向受力钢筋上。其技术性能除与同等级非带 E 钢筋相同外，还要求延性较好；"延性较好"体现在钢筋的抗拉强度实测值与屈服强度实测值之比不小于 1.25，钢筋的屈服强度实

图 4-2 带 E 钢筋

测值与屈服强度标准值之比不大于 1.30。

（5）余热处理钢筋（牌号为 RRB，强度等级为 400、500），由普通低合金结构钢在高温状态下轧制而成。为了节约能源，利用轧制设备中的余热进行高温淬水处理，使其强度提高，但延性和可焊性稍差，只允许用在对延性和加工性能要求不高的基础底板、大体积混凝土或受荷载不大的楼板和墙体中。余热处理钢筋不宜采用焊接方式连接。

（6）冷拔低碳钢丝，是用热轧光面圆形盘卷状的细钢筋，经过冷拔（多次冷拔，且超过屈服极限）加工处理后变成细钢丝，使其直径缩小而抗拉强度提高。经点焊成钢筋网，可用作混凝土墙或板的配筋。

（7）冷轧扭钢筋（图 4-3），是用热轧光面圆钢筋，在工厂经过冷轧和扭转加工，使其表面呈连续螺旋形的直条。这种钢筋具有较高的强度和足够的塑性，与混凝土的黏结性能特别好，用于预制钢筋混凝土空心板、叠合薄板或现浇混凝土楼板中，可节约 30% 的用钢量。

图 4-3 冷轧扭钢筋

2. 普通热轧钢筋技术标准（表 4-1）

表 4-1 普通热轧钢筋技术标准

级别牌号	符号	公称直径 d/mm	屈服强度标准值 f_{yk}/MPa	极限强度标准值 f_{stk}/MPa	最大力下总伸长率 σ_{gt}/%
HPB300	Φ	6～22	300	420	≥10.0
HRB400	Φ	6～50	400	540	≥7.5
HRBF400	Φ^F				
RRB400	Φ^R				≥5.0
HRB500	Φ	6～50	500	630	≥7.5
HRBF500	Φ^F				

注：（1）建筑用钢筋产品的标准，以牌号和强度来划分等级。
（2）HRB335 级钢筋在当前已经不再允许使用。
（3）最大力下总伸长率，是钢筋拉伸试件拉断前后，在非颈缩断口区域内测定残余应变的百分率，反映钢筋的变形能力。

3. 钢筋的识别

（1）钢筋的牌号。

轧钢厂生产带肋钢筋时，已在钢筋表面轧上钢筋的牌号标识。牌号标识由 3 个代号组成：第一个为钢筋牌号代号，"4""5"分别表示 HRB400、HRB500，"C4""C5"分别表示 HRB400F、HRB500F，"K4"表示 RRB400，对于带 E 钢筋，代号上也相应带有"E"的标记，如"4E"表示 HRB400E；第二个为注册厂名或商标代号，以汉语拼音字头表示，如"WG"表示武钢；第三个为公称直径代号，以阿拉伯数字表示，如"20"表示公称直径为 20 mm。

（2）钢筋的规格用公称直径（也称计算直径，旧标准曾叫型号）的毫米数表示。公称直径与钢筋直径（即钢筋基圆直径+横肋高度）不同，光面圆钢筋的截面面积，按照圆的实际直径折算；带肋钢筋的截面面积，按其公称直径折算。所谓公称直径，就是每米长度带肋钢筋的质量，等同于光面圆钢筋某一直径的质量时，该直径就是它的公称直径。

（3）建筑用钢筋出厂产品有盘卷和直条两种形态（图 4-4）。盘卷为 $\phi6\sim\phi10$ 细钢筋，供应长度不固定，以捆计算，每捆约 500 kg；直条为粗钢筋，以条计算，供应长度一般 9～15 m，可以由生产厂家自定（称为定尺），也可以由购买方预先在订货合同上约定（称为不定尺）。

（4）钢筋的标志牌，如图 4-5 所示。用薄铝板制作，绑在成捆出厂的钢筋产品上，印上钢筋生产厂商、品种、牌号、批号、规格、支数、质量、检验员号码、出厂日期等，其中批号、规格、支数、质量、检验员号码、出厂日期为冲压的凸字。

（a）盘卷　　　　（b）直条

图 4-4　钢筋的供货形态

图 4-5　钢筋的标志牌

4.1.3　施工现场检查验收钢筋

1. 一查

全面（逐盘、逐捆）查验出厂时的标志牌（图 4-5）、质量证明书、合格证书、试验报告单等文件，要求与订货合同和国家相关质量标准相一致。

2. 二看

逐条、逐盘进行外观检查，要求标志牌和钢筋上的标识与说明书相同，钢筋表面不得有裂纹、油污、颗粒状或片状老锈。

送样钢筋截取

3. 三抽检

在有监理人员旁站监督见证下,按施工规范规定的方法和数量,随机抽取规定数量的试样送有资格的检测机构做力学性能(屈服强度、抗拉强度、最大力下总伸长率)和质量偏差检验;同时进行钢筋弯曲和焊接试验,当发现钢筋脆断、焊接性能不良或力学性能显著不正常等现象时,应对该批钢筋进行化学成分检验或其他专项检验。

上述这3个步骤全部通过了才算合格,只有验收合格的钢筋才允许办理进场验收手续,才允许入库和加工使用。

4.1.4 钢筋的加工

钢筋的加工是指对钢筋进行适当的拉伸,或者通过专门的调直机调直,目的是调直、除锈,然后进行焊接、裁截、弯曲,制成结构构件需要的形状,以便通过绑扎或焊接形成钢筋骨架。

(1)钢筋的裁截、弯曲宜在常温状态下进行,加工过程中不应对钢筋进行加热;钢筋应一次弯折到位,不得来回弯折。

(2)冷拉调直时的相对伸长率有限制:对 HPB300 级钢筋不应大于 **4%**,对 HRB400、HRBF400、RRB400、HRB500、HRBF500 级钢筋不应大于 **1%**。这个限制的意思很明确,在这范围内足以实现调直、除锈的目的;超过这范围将减小钢筋的截面面积,甚至使钢筋出现冷作硬化,失去塑性,这都将直接影响到结构构件的安全,因此是不允许的。

(3)钢筋加工在专门的加工厂内制作,也可以在工地的工棚里进行。钢筋加工工厂化、专业化是行业发展的方向,正在大力提倡。

工作任务 4.2 钢筋的连接

4.2.1 钢筋连接的重要性和基本要求

(1)实际供货钢筋的长度有限,而结构构件要求每根钢筋都是连续的,所以要进行钢筋连接。

(2)盘卷钢筋的供货尺寸很长,用盘卷的细钢筋下料,一般都能满足每根钢筋都是连续的,中间不需要连接;直条钢筋的长度有限,下料制作不一定都能连续,中间常常需要连接。过去连接的方法比较单一,就是绑扎搭接、电弧焊接和对焊几种,现在已经有许多新的连接方法,适应不同的钢种、不同的结构和施工条件。

(3)钢筋连接是施工中的一项重要工作,工程量大,以手工操作为主,目前工厂化程度低,施工效率差。钢筋连接质量的好坏直接影响构件的受力性能和结构的安全,所以要特别注意保证连接的质量。

（4）钢筋连接的基本要求是连接可靠、施工方便、节约工料。

（5）钢筋连接的方法有机械连接、焊接连接、绑扎搭接连接等几类。现阶段工程实践表明，为保证质量、提高效率、节约钢材，粗钢筋宜首选机械连接；当钢材能施焊、焊接质量有保证时，应尽量采用焊接连接。每一种连接方法都有一定的适用性，要根据工程的具体情况，经过分析比较来确定选用哪种方法。

4.2.2 钢筋的机械连接

1. 连接的原理

钢筋的机械连接，是通过连贯于两根钢筋外的套筒来实现传力的。套筒与钢筋之间的过渡通过机械咬合力，包括钢筋横肋与套筒的咬合力、在钢筋表面螺纹与套筒螺纹之间的咬合力。机械连接主要形式有套筒挤压连接、套筒螺纹连接等。连接用的合金钢套筒由专门的工厂制作成商品件，按用户所需规格成箱供应。

2. 套筒挤压连接

（1）使用的设备：钢筋冷挤压机、液压钳、高压软管等。

（2）工艺流程：钢筋的连接端清理→调试设备→将套筒套入连接钢筋的一端→套入液压钳→沿套筒径向向套筒实施挤压→将另一根钢筋的连接端放入套筒的另一端→向套筒的另一端实施挤压→完成连接。

（3）技术要点：钢筋的连接端应用电动砂轮切割出来，使端部平直；钢筋的连接端应先清理干净，画出明显的标记；钢筋插入套筒要到标记处；挤压应从套筒中央分别向两端进行；挤压力应调节到规定的数值上；液压钳应与钢筋轴线保持垂直；为了缩短现场施工时间，可先将套筒的一端与钢筋连接好，形成"戴帽钢筋"，运到拼接现场后再连接另一端。钢筋冷挤压设备和挤压连接接头如图4-6所示。

（a）钢筋冷挤压设备　　　　　　　　（b）钢筋挤压连接接头

1—高压泵；2—小车；3—挤压机；4—平衡器；5—高压软管；6—套筒；7—模具；8—钢筋。

图4-6　钢筋冷挤压设备和挤压连接接头

（4）质量要求：外观检查，连接处完整无裂缝，连接后的钢筋顺直，挤压力和压痕的道数符合试验确定的数值；抽样试件极限抗拉试验合格。

（5）特点和适用性：接头质量的保证率高，强度高，施工简单方便，施工速度快、用电省，是目前各类钢筋接头中性能最好、质量最稳定的接头形式。它可以在施工现场，对任意方向的钢筋实现连接；现场没有动火，刮风、下雨时也可以进行；套筒挤压连接是近年推广应用的钢筋连接新技术之一。但其技术要求较高，成本稍高。图 4-7 所示为套筒挤压连接。

图 4-7　套筒挤压连接

钢筋直螺纹连接

3. 套筒螺纹连接

（1）使用的设备：螺纹加工机、扭力扳手等。

（2）工艺流程：钢筋端头处理→装在车床上→加工出特定的螺纹→套上塑料保护帽→送到施工现场→拧开保护帽→套上连接套筒→用扭力扳手拧紧→插入另一根钢筋的螺纹端→用扭力扳手拧紧钢筋→完成连接。

（3）技术要点：连接套筒是商品件，使用前应经全面检查合格；钢筋运至现场，脱开保护帽，检查端部螺纹是否完整、干净；扭力扳手手柄要调到与钢筋直径相同的标记处，小心套入连接套筒、慢慢拧入，拧至扭力扳手发出声响为止。套筒螺纹连接如图 4-8 所示。

（a）示意图

（b）实物图（一）

（c）实物图（二）

图 4-8　套筒螺纹连接

（4）质量要求：外观检查，连接处完整、无裂缝，连接后的钢筋顺直，复拧确认已经拧紧；抽样试件极限抗拉试验合格。

（5）特点和适用性：套筒螺纹连接与套筒挤压连接的特点和适用性基本相同。套筒螺纹连接中，锥螺纹连接较简单，但传力的可靠性稍差，滚轧（或镦粗）直螺纹连接可靠性较高，是近年推广应用的钢筋连接新技术之一。

4.2.3 钢筋的焊接连接

1. 焊接连接原理

焊接连接是利用电阻或电弧加热钢筋的端头使之熔化，并采用加压或添加熔融金属焊接材料，使之连成一体的连接方式。焊接连接的方法有电弧焊、闪光对焊、电渣压力焊、气压焊等。余热处理钢筋不宜焊接。

2. 电弧焊

（1）使用的设备：电弧焊机、电焊条、防护面罩和手套等。

（2）施工工艺：用电弧焊机和电焊条对两根钢筋搭在一起的部分施焊；以电焊条为一极、钢筋为另一极，在低电压强电流作用下，在电焊条与焊件（钢筋）之间产生高温电弧，将电焊条熔化在连接处，待冷却后形成一条焊缝。为了让焊接连接处能受力均匀，一般为双面搭接电弧焊或双面帮条电弧焊；当现场条件特别困难，不便实现双面焊接时才用单面焊接；搭接焊接长度按规范确定。图 4-9 所示为电弧焊的两种形式。

（a）搭接电弧焊　　　　　　（b）帮条电弧焊

图 4-9　电弧焊的两种形式

（3）技术要点：根据钢筋级别、直径、焊接位置、接头形式来选择焊接参数（焊接电流、电焊条牌号和直径、焊接层次等），依靠电焊工手工控制焊缝质量。

（4）质量要求：外观检查，焊缝连续饱满，两侧熔合良好，不烧穿、不结瘤；抽样试件极限抗拉试验合格。

（5）特点和适用性：它是传统的焊接连接方法之一；消耗电能和电焊条，费工、费料、费时；接头体积大，焊接质量波动大（与焊工的熟练程度和责任心有关）；现场有高温和火花，刮风、下雨时不能施工。

3. 闪光对焊

（1）使用的设备：钢筋对焊机（图 4-10）。

（2）施工工艺：钢筋对焊机上有两个电极，其中一边的电极固定，另一边的电极可移动；将被连接的两根钢筋夹在钢筋对焊机两个电极的钳口上，两端口对中，然后闭合电源，使两端钢筋轻微接触，此时电流密度和电阻都很大，接触点很快被熔化，形成金属过梁；继续加热，接触点出现金属飞溅和闪光，接头处钢材同时开始被加热逐渐熔化；随即扳动可移动的电极，对接口施加适当的轴向压力，迅速顶锻，使两根钢筋对焊成为一体。它是传统的焊接连接方法之一。闪光对焊工艺流程如图 4-11 所示。

1—机身；2—固定平板；3—活动平板；4—电极；
5—变压器；6—钢筋；7—闸刀开关；8—压力装置。

图 4-10 钢筋对焊机

(a) 对中固定　　(b) 接触　　(c) 熔化　　(d) 顶锻

图 4-11 闪光对焊工艺流程

（3）质量要求：外观检查，焊口完整、光滑、饱满，连接后的钢筋顺直；抽样试件极限抗拉试验合格。

（4）特点和适用性：成本较低；焊接时钢筋呈水平姿态；焊接过程有高温、有火花；要特别注意防火和用电安全。根据中华人民共和国城乡和住房建设部相关文件规定，闪光对焊属于限制类技术，在非固定的专业预制厂（场）或钢筋加工厂（场）内，对直径大于或等于 22 mm 的钢筋进行连接作业时，不得使用闪光对焊工艺，可采用套筒挤压连接和套筒螺纹连接代替。

电渣压力焊焊接

4. 电渣压力焊

（1）使用的设备：电渣压力焊机（图 4-12）、稳压电源、电渣、防护手套等。

（2）工艺流程（图 4-13）：钢筋连接端清理→把两根要焊接的竖向粗钢

筋固定在专用的夹具上→在接口处扣上电渣盒→往盒内加入电渣→接通电源,电弧引燃→电弧燃烧→电弧融熔→顶压形成焊口→切断电源→打开电渣盒冷却→清除电渣→完成焊接。

(3) 技术要点:钢筋的连接端应清理干净,装入夹具时应保证上下钢筋中心线对齐并固定好,焊接过程要求电压保持稳定,电渣应保持干燥,调整好焊接参数,掌握好焊接工艺流程。

1—钢筋;2—监控仪;3—电源开关;4—电渣盒;5—盒扣环;6—电缆插座;
7—活动夹具;8—固定夹具;9—操作手柄;10—电缆。

图 4-12 电渣压力焊机

(a) 电弧引燃　(b) 电弧燃烧　(c) 电弧融熔　(d) 顶压形成焊口

图 4-13 电渣压力焊工艺流程

(4) 质量要求:外观检查,焊口完整、光滑、无裂缝,焊口上下的钢筋顺直;抽样试件极限抗拉试验合格。

(5) 特点和适用性:电渣压力焊为我国首创,是一种综合的焊接技术,工艺设备较简单,生产效率较高,接头质量较可靠,成本较低;适用于现场电压较稳定、干燥环境下的竖向或接近竖向的粗钢筋连接,是近年来推广应用的钢筋连接新技术之一;但生产过程有高温、动火,要特别注意防火和用电安全。

5. 气压焊

(1) 气压焊使用的设备如图 4-14 所示,主要包括加热系统与加压系统两部分。

(2) 工艺流程:检查设备、气源→钢筋端头制备→安装焊接夹具和钢筋→试焊、作试件→施焊→卸下夹具→质量检查。

(3) 质量要求:外观检查,焊口完整、光滑、饱满,连接后的钢筋顺直;抽样试件极限抗拉试验合格。

（4）特点：气压焊焊接不用电焊条和焊剂，依靠母材本身固相接合；没有外来金属，焊缝不存在铸造组织，几乎不会出现夹渣、气孔等焊接常见缺陷；接头强度高，性能可靠；节约材料、工效高、成本低；焊接设备轻巧、操作简便，适用于各种位置、各种方向、各种直径钢筋的焊接；但焊件端面的准备要求较高，对操作人员的技术要求较高。

1—压接器；2—顶头油缸；3—加热器；4—钢筋；5—加压器（手动）；6—氧气；7—乙炔。

图 4-14　气压焊使用的设备

4.2.4　钢筋的绑扎搭接连接

（1）使用的工具：绑扎钩、绑扎用的铁丝。

（2）施工工艺：将两根钢筋按规范要求的搭接长度靠紧在一起，用铁丝将搭接连接部分绑扎紧。图 4-15 所示为钢筋的绑扎搭接连接示意图。

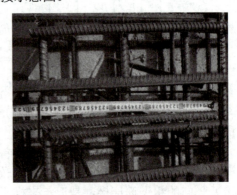

图 4-15　钢筋的绑扎搭接连接示意图

（3）绑扎搭接连接的相关规定如下。

① 轴心受拉、小偏心受拉构件的纵向受力钢筋不得采用绑扎搭接连接。

② 采用绑扎搭接连接时，受拉钢筋直径不宜大于 25 mm，受压钢筋直径不宜大于 28 mm。

③ 纵向受拉钢筋采用绑扎搭接连接时，最小搭接长度应符合表 4-2 的规定。

表 4-2　纵向受拉钢筋的最小搭接长度

钢筋类型		混凝土强度等级							
		C20	C25	C30	C35	C40	C45	C50	C55	≥C60
光面圆钢筋	300 级	48d	41d	37d	34d	31d	29d	28d	—	—
带肋钢筋	400 级	—	48d	43d	39d	36d	34d	33d	31d	30d
	500 级	—	58d	52d	47d	43d	41d	39d	38d	36d

注：本表选自 GB 50666—2011 附录 C 的 C.0.1 条，适用于纵向受拉钢筋直径小于或等于 25 mm、采用绑扎搭接接头面积百分率不大于 25%时的情况，其余情况下应按该规范附录 C 的 C.0.2、C.0.3 条说明修正。

（4）特点和适用性：纵向钢筋的绑扎搭接连接，是钢筋连接当中最简单、最方便的连接方法；在施工现场进行操作，简单方便；需要耗费搭接处的钢材、人工和绑扎用的铁丝；靠钢筋与混凝土之间的锚固传力，连接的体积大、可靠性较低；一般用在板的细钢筋、柱的纵向受力钢筋的连接上。

4.2.5　几种钢筋连接方法的比较（表 4-3）

表 4-3　几种钢筋连接方法的比较表

	比较的项目	绑扎搭接（35d）	电弧焊	电渣压力焊	闪光对焊	套筒挤压或套筒螺纹连接
1	适用天气	全天候	风雨不能			全天候
2	对技工的要求	需经一般培训	需持证上岗	需经专门培训		需经一般培训
3	接头质量与技术水平关系		接头质量与技术水平有很大关系			接头质量与技术水平无关
4	每组工作人数	2~3 人	1 人	2 人	2 人	2 人
5	1 个接头需要的时间	3~4 min	30 min	2~5 min	5~6 min	3~4 min
6	适用连接方向	现场各个方向	现场竖向		工棚水平向	现场各个方向
7	质量检验方法	目视	抽样抗拉试验			目视
8	危险性	无	有触电、火灾和爆炸危险			无
9	环保性	好	操作时会对环境造成污染			好
10	每万个接头耗能	无	电 720000 kW·h	电 60000 kW·h	电 80000 kW·h	电 1200 kW·h

续表

比较的项目		绑扎搭接（35d）	电弧焊	电渣压力焊	闪光对焊	套筒挤压或套筒螺纹连接
11	1个φ32接头耗钢材	7 kg	2 kg	0.2 kg	0.2 kg	2.57 kg
12	1个接头的费用比	1.23	2.40	0.93	1.00	2.27
13	接头质量	较差	较差	一般	一般	较好

工作任务 4.3　钢筋施工翻样与代换

4.3.1　钢筋施工翻样的概念

（1）结构施工图只标明混凝土构件的截面尺寸和各种钢筋的配置，不能直接用来指导施工，施工之前要 先进行翻样。所谓 翻样就是根据施工图、设计施工规范的相关要求和钢筋在加工过程中长度发生的实际变化，计算出每个构件中每根钢筋的下料长度，编制配料单，根据配料单来下料、加工；将加工好的钢筋送到施工现场后，要按构件将钢筋分别编号、堆放；工人根据施工图纸和配料单来进行绑扎安装。

（2）钢筋翻样的基本要求：全面、准确、符合设计、服务施工。 全面，就是要精通图纸和施工工艺，不遗漏每一根钢筋； 准确，就是要不少算、不多算、不重算； 符合设计，就是整个翻样过程要能忠实反映设计意图，符合规范规定； 服务施工，就是翻样成果要适用于钢筋的加工安装、预算结算、材料计划和成本核算。

（3）钢筋翻样与钢筋算量不完全相同， 钢筋算量主要服务于预算、材料计划； 钢筋翻样除了服务于预算、材料计划，还要服务于实际施工。由钢筋算量做出的清单省略了一些细节，估算稍为偏大，可以作为材料计划和采购的依据，不能作为施工下料的依据；而由钢筋翻样做出的配料单非常具体、细致，是施工下料的依据。

（4）钢筋翻样是一项要求高，繁琐而又复杂的技术工作，是施工项目部一项十分重要的工作，其结果直接关系到工程质量和企业经济效益。钢筋翻样最基本的方法是传统的手算法；为了加快进度，目前也推广使用各种翻样软件；但是由于混凝土结构的复杂多变，往往需要多种手段综合运用，才能全面解决实际问题。因此在学习阶段应先从手算法学起。

4.3.2　钢筋翻样计算的原理

1. 下料长度计算要考虑的因素

（1）钢筋布置在构件内，四周有一定厚度的混凝土保护层，要先折算出每根钢筋在构件内的尺寸，称为" 钢筋的外包尺寸"。

（2）钢筋由直线形状经过弯折，变成所需要的形状时，外缘伸长而内缘缩短，中心线长度没有变化。按照钢筋的中心线长度来下料，然后按照钢筋在构件内的外包尺寸来丈量和制作；弯折后外缘丈量总长度与中心线长度的差异，称为度量差，用 Δ 表示。

（3）不同级别的钢筋、在构件中不同位置的钢筋、弯折时要求弯心直径不同的钢筋，弯折后度量差的变化也不相同。

（4）不同的混凝土构件，有不同的配筋构造要求，直条的光面圆钢筋末端要带 180°弯钩，箍筋和拉筋末端要带 135°弯钩，需考虑弯钩引起的加长。

（5）构件与构件的相交处称为节点，既要让各向钢筋在节点处的位置符合其受力要求，又要让各向钢筋相互交叉时能放得下、分得开，还要让各向钢筋与混凝土有良好的咬合。

2. 下料长度的计算公式

（1）直钢筋的下料长度＝构件长度－混凝土保护层厚度＋末端弯钩加长。

（2）弯起钢筋的下料长度＝钢筋各直段、斜段丈量长度之和＋末端弯钩加长－每个弯折引起的度量差。

（3）曲线形钢筋的下料长度＝钢筋中心线长度的计算值＋末端弯钩加长。

（4）箍筋的下料长度＝各直段丈量长度之和＋末端弯钩加长－弯折引起的度量差＝箍筋的外包尺寸＋箍筋的长度调整值。

（5）拉筋的下料长度＝直段丈量长度＋末端弯钩加长－弯折引起的度量差＝拉筋的外包尺寸＋拉筋的长度调整值。

本节介绍的各种钢筋下料长度计算公式，都是根据设定的条件经理论推导出来的，在工程应用中还应根据现场的实际情况结合施工经验，做出适当的微调。对于钢筋连接引起的长度增减，根据现在行业内约定，配料单内不考虑钢筋的连接问题，由下料人员在现场根据钢筋的实际情况来确定。

4.3.3 相关的构造规定

1. 钢筋保护层厚度

混凝土构件钢筋的保护层厚度见表 4-4。

表 4-4 混凝土构件钢筋的保护层厚度　　　　　　　　单位：mm

环境类别	板、墙（面状构件）	梁、柱（线状构件）
一类，室内干燥环境	15	20
二类 a，室内潮湿环境或露天环境	20	25

注：（1）保护层厚度指最外层钢筋的外缘至构件混凝土表面的距离；表中数值适用于混凝土强度等级大于等于 C30、耐久年限为 50 年的混凝土结构；当混凝土强度等级小于 C30 时，保护层厚度应增加 5 mm；构件中的受力钢筋保护层厚度，尚应大于或等于钢筋的公称直径；基础底面钢筋的保护层厚度，从垫层表面算起不应小于 40 mm。
（2）钢筋保护层厚度与结构所处的环境条件有关，本表只列出两项。本表以外的环境条件，板的保护层厚度在 20～40 mm 内变化，梁的保护层厚度在 25～50 mm 内变化，详见《混凝土结构设计规范（2015 年版）》（GB 50010—2010）8.2.1 条。

2. 钢筋弯折的要求（表 4-5）

表 4-5 钢筋弯折的要求

钢筋类型	钢筋牌号或部位	钢筋弯曲形状	弯心直径 D	弯钩平直部分的长度 L_P	备注
受力钢筋	HPB300	180°弯钩	≥$2.5d_1$	≥$3d_1$	设 d_1 为受力钢筋直径，d_2 为箍筋直径
受力钢筋	HRB400	≤90°弯钩	≥$4d_1$	按设计要求	设 d_1 为受力钢筋直径，d_2 为箍筋直径
受力钢筋	HRB500	≤90°弯钩	≥$6d_1$	按设计要求	设 d_1 为受力钢筋直径，d_2 为箍筋直径
箍筋	一般结构	≥90°弯钩	≥$2.5d_2$ 且 ≥d_1	≥$5d_2$	设 d_1 为受力钢筋直径，d_2 为箍筋直径
箍筋	抗震结构	135°弯钩	≥$2.5d_2$ 且 ≥d_1	≥max{$10d_2$, 75 mm}	设 d_1 为受力钢筋直径，d_2 为箍筋直径

3. 钢筋的锚固长度

纵向受拉钢筋只有在很好地被混凝土包裹的条件下，才能充分发挥它的强度。纵向受拉钢筋的基本锚固长度与混凝土强度等级、钢筋强度等级、结构构件的抗震等级等因素有关，一般情况下纵向受拉钢筋的锚固长度就等于基本锚固长度。纵向受压钢筋的锚固长度不应小于纵向受拉钢筋锚固长度的 70%。纵向受拉钢筋基本锚固长度 L_{ab} 见表 4-6，抗震设计时纵向受拉钢筋基本锚固长度 L_{abE} 见表 4-7。四级抗震时，$L_{ab}=L_{abE}$。

表 4-6 纵向受拉钢筋基本锚固长度 L_{ab}

钢筋种类	混凝土强度等级							
	C25	C30	C35	C40	C45	C50	C55	≥C60
HPB300	34d	30d	28d	25d	24d	23d	22d	21d
HRB400、HRBF400、RRB400	40d	35d	32d	29d	28d	27d	26d	25d
HRB500、HRBF500	48d	43d	39d	36d	34d	32d	31d	30d

表 4-7 抗震设计时纵向受拉钢筋基本锚固长度 L_{abE}

钢筋种类		混凝土强度等级							
		C25	C30	C35	C40	C45	C50	C55	≥C60
HPB300	一、二级	39d	35d	32d	29d	28d	26d	25d	24d
HPB300	三级	36d	32d	29d	26d	25d	24d	23d	22d
HRB400 HRBF400	一、二级	46d	40d	37d	33d	32d	31d	30d	29d
HRB400 HRBF400	三级	42d	37d	34d	30d	29d	28d	27d	26d
HRB500 HRBF500	一、二级	55d	49d	45d	41d	39d	37d	36d	35d
HRB500 HRBF500	三级	50d	45d	41d	38d	36d	34d	33d	32d

4. 钢筋连接接头规定

（1）采用机械连接或焊接连接的接头宜互相错开，连接区段的长度为 35d 且不小于 500 mm，d 为连接钢筋中的较小直径。凡接头中点之间的距离位于该连接区段长度范围内，这些接头均属于同一连接区段。钢筋机械连接和焊接连接的接头位置如图 4-16 所示。位于同一连接区段内的纵向受拉钢筋接头面积百分率不宜大于 50%，但对板、墙、柱和预制构件的拼接处，可根据实际情况放宽。纵向受压钢筋机械连接或焊接连接的接头面积百分率不受限制。

（2）采用绑扎搭接连接的接头宜互相错开，连接区段的长度为 1.3 倍搭接长度。凡接头中点之间的距离位于该连接区段长度范围内，这些接头均属于同一连接区段。钢筋搭接连接的接头位置如图 4-17 所示。位于同一连接区段内的纵向受拉钢筋接头面积百分率，对梁、板、墙类构件不宜大于 25%；对柱类构件不宜大于 50%。纵向受压钢筋绑扎搭接连接区段的长度，不宜小于受拉连接区段长度的 70%且不宜小于 200 mm。纵向受力钢筋绑扎搭接连接区段范围内应设置加密箍筋。

图 4-16 钢筋机械连接和焊接连接的接头位置　　　图 4-17 钢筋搭接连接的接头位置

4.3.4 直钢筋因弯折和末端弯钩引起长度的变化

1. 度量差 Δ 的含义

钢筋按中心线长度来裁截下料，然后加工成形，成形后按其外包尺寸来丈量和验收。度量差 Δ，表示钢筋外缘各段丈量长度之和与钢筋中心线长度的差值。显然，当度量差 $\Delta \geqslant 0$ 时，外缘各段丈量长度之和 $\geqslant$ 中心线长度，翻样计算时应扣除；当度量差 $\Delta < 0$ 时，外缘各段丈量长度之和 $<$ 中心线长度，翻样计算时应增加。

2. 直钢筋一个弯折的度量差 Δ（表 4-8）

表 4-8 直钢筋一个弯折的度量差 Δ

弯折角度 θ	$D=2.5d$ 时的 Δ	$D=4d$ 时的 Δ	$D=6d$ 时的 Δ
30°	$-0.29d$	$-0.30d$	$-0.31d$
45°	$-0.49d$	$-0.52d$	$-0.57d$
60°	$-0.77d$	$-0.85d$	$-0.96d$
90°	$-1.75d$	$-2.08d$	$-2.51d$
135°	$-0.38d$	$-0.11d$	$-0.24d$

注：表中 θ 表示钢筋弯折的角度，d 表示被弯折钢筋的直径，D 表示钢筋弯折时的弯心直径。

3. 弯起钢筋成对弯折时的度量差 Δ（表 4-9）

表 4-9　弯起钢筋成对弯折时的度量差 Δ

项次	弯折角度 θ	钢筋成对弯折时的度量差 Δ	
		$D=4d$ 时的 Δ	$D=6d$ 时的 Δ
1	30°	−0.33d	−0.36d
2	45°	−0.63d	−0.72d
3	60°	−1.12d	−1.34d

注：弯起钢筋，是指一个弯折往内而另一个弯折往外的钢筋，如吊筋等。因为前一个弯折与后一个弯折是反方向的，实践证明不能看成两个弯折度量差之和，应综合考虑。以 45° 为例，$D=4d$ 时一个弯折的度量差是 −0.52d，而成对相互反向弯折的度量差是 −0.63d。

4. 光面圆钢筋末端弯钩的附加长度 L_Z

（1）对于直条纵向受力的光面圆钢筋，末端弯 180° 时的弯心直径 $D \geqslant 2.5d$，弯钩后还需增加 3d 直线段长，故一个弯钩的总附加长度为 $L_Z = +6.25d$。

（2）对于非抗震的箍筋，末端弯 180° 时的弯心直径 $D \geqslant 2.5d$，弯钩后还需增加 5d 直线段长，故一个弯钩的总附加长度为 $L_Z = +8.25d$，如图 4-18 所示。

图 4-18　180° 弯钩长度增加值计算简图

5. 一个抗震箍筋的下料长度 L_G 和一个拉筋的下料长度 L_L

设箍筋或拉筋的直径为 d，箍筋或拉筋的外皮宽为 a，箍筋的外皮高为 b，弯心直径为 $D \geqslant 2.5d_{箍筋}$ 和 $D \geqslant d_{纵筋}$；抗震箍筋、拉筋的下料长度计算公式见表 4-10。

表 4-10　抗震箍筋、拉筋的下料长度计算公式

箍筋或拉筋弯心直径 D	抗震箍筋下料长度计算公式	拉筋下料长度计算公式
$D=2.5d$	$L_G=2(a+b)+18.5d$	$L_L=a+23.7d$
$D=4d$	$L_G=2(a+b)+19.5d$	$L_L=a+25.8d$
$D=5d$	$L_G=2(a+b)+20.3d$	$L_L=a+27.1d$

注：当 $d=6$ mm 时，下料长度 L_G 或 L_L 还应加上 30 mm。

4.3.5 钢筋翻样的计算程序和钢筋配料单

1. 钢筋翻样的计算程序

（1）熟悉构件的图纸，弄清构件的尺寸和钢筋的配置。
（2）绘制此构件配筋计算简图，标明相关数据。
（3）给构件的每种钢筋编号。
（4）按照编号的顺序逐根标明钢筋的形状和外形总尺寸。
（5）按照相应的构造要求，确定钢筋各部分的分尺寸。
（6）套用相关计算公式，计算钢筋的下料长度。
（7）计算每个编号钢筋的根数。
（8）编制某构件的钢筋配料单。

2. 钢筋配料单

钢筋翻样的成果是某项工程或某一构件的钢筋配料单。根据设计图纸，以一个构件为单位，给每种钢筋编号，按编号标明其钢种、直径、外形、各段尺寸、弯法，计算出每种钢筋的下料长度、根数等数据，列成表格，供现场加工制作和预算使用，这样的清单称为钢筋配料单，详见下面的例题。

4.3.6 现浇混凝土梁板钢筋翻样算例

已知：某混凝土交梁楼面的设计资料如图4-19和图4-20所示。

柱截面为500 mm×500 mm，梁宽均为250 mm，板厚为100 mm，混凝土强度等级均为C30，室内干燥环境；板的钢筋和梁的箍筋均为HPB300级，梁的纵向受力钢筋为HRB400级；结构抗震设防烈度为7度、抗震等级四级。试对梁KL2和混凝土板的钢筋进行施工翻样。

解：根据题目的已知条件和混凝土结构构造规定，查22G101—1图集，取混凝土保护层最小厚度C：板钢筋保护层厚度$C=15$ mm，梁、柱钢筋保护层厚度$C=20$ mm。本算例抗震等级为四级，则梁纵向受力钢筋伸入支座内的基本锚固长度$L_{abE}=L_{ab}\geqslant 35d$，锚固长度$L_{aE}=L_a\geqslant 35d$。

图4-19　梁KL2的平法配筋图

图 4-20 混凝土板的平法配筋图

1. 梁 KL2 的钢筋翻样

第 1 步：绘制梁 KL2 的配筋详图。

根据梁 KL2 的平法配筋图和 22G101—1 图集的相关说明，绘制 KL2 的配筋详图，确定梁内各种钢筋的编号及其配置位置，如图 4-21 所示。

图 4-21 KL2 的配筋详图

第 2 步：①号 1Φ22 钢筋翻样，如图 4-22 所示。

图 4-22　①号 1Φ22 钢筋翻样

（1）根据 22G101—1 图集，判断端支座锚固方式：梁上部①号钢筋为端支座负筋，其直径 $d=22$ mm，其伸入支座内的锚固长度 $L_{aE}=L_a \geqslant 35d=35\times 22=770$（mm）＞柱宽 500 mm，不能采用直锚方式，要采用弯锚方式。

（2）①号钢筋伸入支座内锚固的平直段长度 $L_平=\max\{$伸至柱外侧纵筋内侧，$0.4L_{abE}\}=\max\{500-100=400$（mm），$0.4\times 35d=0.4\times 770=308$（mm）$\}$，$L_平=400$ mm ［注：由于本题未给出柱钢筋信息，①号钢筋距边柱外缘可按施工经验取 100 mm，即伸至柱外侧纵筋内侧的长度为 $500-100=400$（mm）］。

（3）①号钢筋伸入支座内弯锚段长度 $L_弯=15d=15\times 22=330$（mm）。

（4）①号钢筋伸入跨内的长度 $L_伸=$ 净跨的 1/3 ＝ $(7000-500-250)\div 3\approx 2083$（mm）。

（5）①号钢筋下料长度 $L_①=L_平+L_弯+L_伸+\Delta$（弯折 1 个 90°的度量差，HRB400 级钢筋，弯心直径 $D=6d$，度量差 $\Delta=-2.51d$）$=400+330+2083-2.51\times 22\approx 2758$（mm），①号钢筋的根数 $N=1$。

【附注】用算量软件计算时，①号钢筋算量长度＝柱宽减去外侧混凝土保护层厚度［$500-25=475$（mm）］＋伸入跨内的长度（2083 mm）＋伸入支座内弯锚段长度［$15\times 22=330$（mm）］，不扣除弯折的度量差，故①号钢筋算量长度 $L=475+2083+330=2888$（mm）＞2758 mm。

第 3 步：②号 2Φ25 钢筋翻样，如图 4-23 所示。

图 4-23　②号 2Φ25 钢筋翻样

（1）根据 22G101—1 图集，判断端支座锚固方式：梁上部②号钢筋为角部纵筋，其直径 $d=25$ mm，其伸入支座内的锚固长度 $L_{aE}=L_a\geqslant 35d=35\times 25=875$（mm）＞柱宽 500 mm，不能采用直锚方式，要采用弯锚方式。

（2）②号钢筋伸入支座内锚固的平直段长度 $L_平=\max\{$伸至柱外侧纵筋内侧，$0.4L_{abE}\}=\max\{500-100=400$（mm），$0.4\times 35d=0.4\times 770=308$（mm）$\}$，$L_平=400$ mm ［注：由于

本题未给出柱钢筋信息，②号钢筋距边柱外缘可按施工经验取 100 mm，即伸至柱外侧纵筋内侧的长度为 500－100＝400（mm）]。

（3）②号钢筋伸入支座内弯锚段长度 $L_弯＝15d＝15×25＝375$（mm）。

（4）②号钢筋净跨长度 $L_净＝14000－500－500＝13000$（mm）。

（5）②号钢筋下料长度 $L_②＝(L_平＋L_弯)×2＋L_净＋2×\Delta$（弯折 2 个 90°的度量差，HRB400 级钢筋，弯心直径 $D＝6d$，度量差 $\Delta＝－2.51d$）＝（400＋375）×2＋13000－2×2.51×25≈14425（mm），②号钢筋的根数 $N＝2$。

【附注】用算量软件计算时，②号钢筋的算量长度 $L＝2×375＋14000－50＝14700$（mm）。

第 4 步：③号 1Φ25 钢筋翻样，如图 4-24 所示。

图 4-24　③号 1Φ25 钢筋翻样

（1）③号钢筋是梁上部中间支座负筋，根据 22G101—1 图集，③号钢筋伸入跨内的长度 $L_伸＝$ 净跨的 1/3＝（7000－500－250）÷3≈2083（mm）。

（2）③号钢筋中间支座宽度 $B_中＝500$（mm）。

（3）③号钢筋下料长度 $L_③＝2×L_伸＋B_中＝2×2083＋500＝4666$（mm），③号钢筋的根数 $N＝1$。

【附注】用算量软件计算时两者相同。

第 5 步：④号 3Φ22 钢筋翻样，如图 4-25 所示。

图 4-25　④号 3Φ22 钢筋翻样

（1）④号钢筋是梁下部受力钢筋，采用两跨连续配置。根据 22G101—1 图集，判断端支座锚固方式：④号钢筋的直径 $d＝22$ mm，其伸入支座内的锚固长度 $L_{aE}＝L_a≥35d＝35×22＝770$（mm）＞柱宽 500 mm，不能采用直锚方式，要采用弯锚方式。

（2）④号钢筋伸入支座内锚固的平直段长度 $L_平$＝max{伸至梁上部纵筋弯钩段内侧，$0.4L_{abE}$}＝max{500－100－25＝375（mm），$0.4×35d＝0.4×770＝308$（mm）}，$L_平＝375$ mm [注：由于本题未给出柱钢筋信息，④号钢筋伸至梁上部纵筋弯钩段内侧可按施工经验取100mm，即伸至梁上部纵筋弯钩段内侧的长度为 500－100－25＝375（mm）]。

（3）④号钢筋伸入支座内弯锚段长度 $L_弯＝15d＝15×22＝330$（mm）。

（4）④号钢筋净跨长度 $L_净＝14000－500－500＝13000$（mm）。

（5）④号钢筋下料长度 $L_④＝（L_平+L_弯）×2+L_净+2×\varDelta$（弯折2个 90°的度量差，HRB400级钢筋，弯心直径 $D＝5d$，度量差 $\varDelta＝－2.29d$）＝（375＋330）×2＋13000－2×2.29×22≈14309（mm），④号钢筋的根数 $N＝3$。

【附注】用算量软件计算时，④号钢筋的算量长度 $L＝2×330+14000－50＝14610$（mm）。

第6步：⑤号 2⌀16 钢筋翻样，如图 4-26 所示。

图 4-26　⑤号 2⌀16 钢筋翻样

（1）⑤号钢筋是位于左跨梁中间集中力处的附加吊筋，梁中间这段上部只有②号钢筋位于截面上部的两角端，因为 2×25＋2×16＋3×25＝157（mm）＜210 mm，⑤号钢筋放在上部中间后其间距符合要求；如果将⑤号钢筋与梁下部 3⌀22 同一排放，钢筋的间距为[194－（3×22＋2×16）]÷4＝24（mm）＜25mm，不符合要求，所以要将⑤号钢筋放到梁下部的第二排，故⑤号钢筋下部距离梁底应为 20＋8＋22＋25＝75（mm）。⑤号钢筋上下的总高为 600－75－20＝505（mm）。

（2）梁 KL2 的截面高度 $h_b＝600$ mm≤800 mm，⑤号钢筋弯起角度 $\theta＝45°$。

（3）⑤号钢筋底部长度 $L_底＝250＋50＋50＝350$（mm）。

（4）⑤号钢筋顶部长度 $L_顶＝2×20d＝2×20×16＝640$（mm）。

（5）⑤号钢筋斜长 $L_斜＝2×1.414×495≈1400$（mm）。

（6）⑤号钢筋的下料长度 $L_⑤＝L_底+L_顶+L_斜+2×\varDelta$（弯折1对45°的度量差，HRB400级钢筋，弯心直径 $D＝6d$，度量差 $\varDelta＝－0.72d$）＝350＋640＋1400－2×0.72×16≈2367（mm），⑤号钢筋的根数 $N＝2$。

【附注】用算量软件计算时，⑤号钢筋的算量长度 $L=2\times320+2\times700+350=2390$（mm）。

第7步：⑥号 Φ8 @100/200 钢筋翻样，如图 4-27 所示。

图 4-27　⑥号 Φ8 @100/200 钢筋翻样

（1）⑥号钢筋为箍筋，其直径 $d_{箍筋}=8$ mm，梁钢筋保护层厚度 $C=20$ mm，箍筋的外皮尺寸：$a=250-2\times20=210$（mm），$b=600-2\times20=560$（mm）。梁纵筋最大直径为 25 mm，按 $D=4d_{箍筋}=4\times8=32$（mm）>25 mm，所以抗震箍筋单根下料长度 $L_⑥=(a+b)\times2+19.5d_{箍筋}=(210+560)\times2+19.5\times8=1696$（mm）。

（2）计算箍筋根数 N。

加密区的范围应 $\geq 1.5h_b=1.5\times600=900$（mm），加密区箍筋间距为 100mm。

1 个加密区段的箍筋数 $=(900-50)\div100+1\approx10$（个）；

1 个非加密区段的实际长度 $=(7000-500-250)-2\times900=4450$（mm）；

1 个非加密区段的箍筋数 $=4450\div200-1=22.25-1\approx22$（个）；

第 2 跨跨中集中力处不设吊筋，还要增加 6 个箍筋。

所以 KL2 梁的箍筋总数为 $N=4\times10+2\times22+6=90$（个）。

【附注】用算量软件计算时，⑥号钢筋的算量长度 $L=2\times210+2\times558+2\times13\times8=1744$（mm）。

第8步：⑦号 2Φ12 钢筋翻样，如图 4-28 所示。

⑦号钢筋为侧面构造钢筋（又称腰筋），根据 22G 101—1 图集，每端伸入支座长度为 $\max\{15d=15\times12=180$（mm），200 mm$\}$，即 200 mm。

所以⑦号钢筋的下料长度 $L_⑦=7000-500-250+2\times200=6650$（mm）。

梁 KL2 腰筋的数量：每一跨配置 2 根，两跨共配置 4 根，$N=4$。

【附注】用算量软件计算时两者相同。

第9步：⑧号 Φ6@400 钢筋翻样，如图 4-29 所示。

⑧号钢筋为拉筋，直径 $d=6$ mm，钢筋间距为 400 mm。

⑧号钢筋的下料长度 $L_⑧=a+23.7d+30=210+23.7\times6+30\approx382$（mm）。

拉筋数量：1 个加密区 10 个箍筋配 2 个拉筋，1 个非加密区 22 个箍筋配 11 个拉筋，总计 4 个加密区 2 个非加密区，即 $N=4\times2+2\times11=30$。

【附注】用算量软件计算时，⑧号钢筋的算量长度 $L=210+2\times13\times6+30=396$（mm）。

第10步：⑨号 2Φ25 钢筋翻样，如图 4-30 所示。

⑨号钢筋为定位钢筋，为了保证吊筋的位置正确，拟增加 2 根 25mm 的定位短钢筋，其长度为 210 mm，位置在梁下层纵筋的上面，与下层纵筋垂直，支承着吊筋。

图 4-28　⑦号 2Φ12 钢筋翻样　　图 4-29　⑧号 Φ6@400 钢筋翻样　　图 4-30　⑨号 2Φ25 钢筋翻样

第11步：梁 KL2 的钢筋配料单（表 4-11）。

表 4-11　梁 KL2 的钢筋配料单

钢筋代号	钢筋简图	直径/mm	根数	下料长度/mm	总长/m	每米质量/（kg/m）	总质量/kg
①	2483 / 330	⊈22	1	2758	2.758	2.98	8.22
②	13800 / 375　375	⊈25	2	14425	28.85	3.85	111.07
③	4666	⊈25	1	4666	4.67	3.85	17.98
④	330　330 / 13750	⊈22	3	14309	42.93	2.98	127.93
⑤	320　350　320	⊈16	2	2367	4.73	1.58	7.47
⑥	210 / 560	φ8	90	1696	152.64	0.40	61.06
⑦	6650	⊈12	4	6650	26.60	0.89	23.67
⑧	75　210　75	φ6	30	382	11.46	0.22	2.52
⑨	210	⊈25	2	210	0.42	3.85	1.62
合计							361.54

2. 混凝土板的钢筋翻样

第1步：板配筋的剖面，如图 4-31 所示。

图 4-31　板配筋的剖面

第2步：①号钢筋为板底部受力钢筋（X 方向 φ8@100 和 Y 方向 φ8@150），①号钢筋翻样如图 4-32 所示。

（1）根据 22G101—1 图集，①号钢筋伸入支座内的锚固长度 $\max\{5d, b/2\} = \max\{5 \times 8 = 40 (\text{mm}), 250 \div 2 = 125 (\text{mm})\}$，即锚固长度 = 125 mm。

（2）①号钢筋为 HPB300 级钢筋，$D = 2.5d$，一个 180° 弯钩增加长度 = +6.25d = 6.25 × 8 mm。

（3）①号钢筋的下料长度 $L_①$ = 2 × 7000 − 2 × 250 + 2 × 125 + 2 × 6.25 × 8 = 13750 + 100 = 13850（mm）。

（4）X 方向的根数 2 × (7000 − 375) ÷ 100 ≈ 134（从距梁边 50mm 起，按 100 mm 间

距布置)。

(5) Y 方向的根数 $4×[(3188-100)÷150+1]≈88$（从距梁边 50mm 起，按 150 mm 间距布置）。

所以，①号钢筋的根数 $N=134+88=222$。

【附注】用算量软件计算时两者相同。

第 3 步：②号钢筋为板顶部中支座负筋（Φ10@100），②号钢筋翻样如图 4-33 所示。

图 4-32 ①号钢筋翻样　　　　图 4-33 ②号钢筋翻样

(1) 根据 22G101—1 图集的相关规定，②号钢筋的下料长度 $L_②=$ 各直线段长度之和－弯折 2 个 90° 的度量差 $=2×85+1850-2×1.75×10=1985$（mm）（HPB300 级钢筋，$D=2.5d$，$\Delta=-1.75d$）。

(2) 钢筋根数 $N=4×[(7000-250-125-100÷2×2)÷100+1]≈268$。

【附注】用算量软件计算时两者相同。

第 4 步：③号钢筋为板顶部中支座负筋（Φ8@100），③号钢筋翻样如图 4-34 所示。

(1) ③号钢筋的下料长度 $L_③=2×85+1850-2×1.75×8=1992$（mm）。

(2) Y 方向的根数 $(3188÷100)×4≈128$。

(3) X 方向的根数同①号钢筋 X 方向，根数为 134。

所以，③号钢筋的根数 $N=128+134=262$。

【附注】用算量软件计算时两者相同。

第 5 步：④号钢筋为板顶部端支座负筋（Φ8@100），④号钢筋翻样如图 4-35 所示。

图 4-34 ③号钢筋翻样　　　　图 4-35 ④号钢筋翻样

(1) ④号钢筋伸入支座内的锚固，采用直锚加弯锚的方式，直锚段长度 $≥0.6L_{ab}$，弯锚段长度 $=15d=15×8=120$（mm），$L_{ab}=35d=35×8=280$（mm），$0.6L_{ab}=0.6×280=168$（mm）。当④号钢筋伸至边梁外侧纵筋的内侧时，直锚段长度取 $250-60=190$（mm）$>0.6L_{ab}$。

(2) ④号钢筋的下料长度 $L_④=120+85+190+800-2×1.75×8=1167$（mm）。

(3) ④号钢筋根数 $N=X$ 方向同①号钢筋 X 方向根数的 2 倍+Y 方向同③号钢筋 Y 方向根数的 2 倍 $=2×134+2×128=524$。

【附注】用算量软件计算时两者相同。

第 6 步：⑤号钢筋为板顶部支座分布钢筋，分 Y 方向（Φ6@250）和 X 方向（Φ6@250），⑤号钢筋 Y 方向翻样如图 4-36 所示。

(1) 根据 22G101—1 图集的相关规定，分布钢筋末端与其他钢筋的搭接长度为 150 mm，所以，⑤号钢筋 Y 方向下料长度 $L=2×150+(6625-2×800)=5325$（mm）。

(2) 钢筋根数：每个矩形板块用 8 根钢筋，共有 8 个板块，故钢筋根数 $N=8×8=64$。

第 7 步：⑤号钢筋 X 方向翻样如图 4-37 所示。

图 4-36　⑤号钢筋 Y 方向翻样　　图 4-37　⑤号钢筋 X 方向翻样

（1）⑤号钢筋 X 方向下料长度 $L=2\times150+1588=1888$（mm）。

（2）钢筋根数：每个矩形板块用 8 根钢筋，共有 8 个板块，故钢筋根数 $N=8\times8=64$。

第 8 步：⑥号钢筋为板顶部支撑钢筋（又称马凳筋，$\phi 8$），⑥号钢筋翻样如图 4-38 所示。

（1）⑥号钢筋下料长度 $L_⑥=80+2\times80+2\times62-4\times1.75\times8=308$（mm）（弯折 4 个 90°的度量差，HPB300 级钢筋，弯心直径 $D=2.5d$，度量差 $\Delta=-1.75d$）。

图 4-38　⑥号钢筋翻样

（2）钢筋根数：每个矩形板块用 4 根，共有 8 个板块，故钢筋根数 $N=8\times4=32$。

第 9 步：板的钢筋配料单（表 4-12）。

表 4-12　板的钢筋配料单

钢筋代号	钢筋简图	直径/mm	根数	下料长度/mm	总长/m	每米质量/（kg/m）	总质量/kg
①	13750	$\phi 8$	222	13850	3074.70	0.395	1214.51
②	85　1850　85	$\phi 10$	268	1985	531.98	0.617	328.23
③	85　1850　85	$\phi 8$	262	1992	521.90	0.395	206.15
④	120　990　85	$\phi 8$	524	1167	611.51	0.395	241.55
⑤	5325	$\phi 6$	64	5325	340.80	0.222	75.66
	1888	$\phi 6$	64	1888	120.83	0.222	26.82
⑥	62/80/80/80/62	$\phi 8$	32	308	9.86	0.395	3.89
合计							2096.81

4.3.7　钢筋的代换

1. 代换的原因

施工中常会遇到现有存货与设计图纸要求的钢筋品种、规格不一样的情况，在一定的条件下是可以代换的。

2. 代换的原则

（1）要充分理解设计意图和代换钢筋的性能。

（2）严格遵守规范的各项规定。

① 受力性质不同的钢筋应分别代换。

② 不宜用 HPB300 级光面圆钢筋代替 HRB400、HRB500 级带肋钢筋。

③ 代换后应满足构造要求（如直径、间距、根数、锚固长度等）。

④ 代换后有两种以上不同直径时，直径相差不应大于 5mm。

⑤ 有抗裂要求的构件，代换后应做抗裂验算。

⑥ 预制构件的吊环，必须用未冷拉的 HPB300 级钢筋，不得以其他钢筋代换。

(3) 要事先征得设计单位和监理单位的同意和签认。
(4) 代换后的用量要控制在原来用钢量的 -2%~+5%以内。

3. 钢筋代换的计算式

(1) 等强度代换：当钢种不同时，采用等拉力代换。

$$N_2 \geqslant N_1, \quad A_{s2} \cdot f_{y2} \geqslant A_{s1} \cdot f_{y1} \tag{4-1}$$

(2) 当钢种相同时，采用 等面积代换。

$$f_{y2} = f_{y1}, \quad A_{s2} \geqslant A_{s1} \tag{4-2}$$

(3) 对裂缝开展有特殊要求时，还要进行专门的复核。

【钢筋代换算例】

已知：某混凝土墙体，设计配筋为 Φ14@200，因施工现场没有此规格，拟用 Φ12 代替，试计算代换后每米应配几根钢筋？

解：因是同级别钢筋，故可按面积相等的原则进行代换。

代换前墙体每米应配根数 $n_1 = 1000 \div 200 = 5$；

代换后墙体每米应配根数 $n_2 = n_1 d_1^2 \div d_2^2 = 5 \times 14^2 \div 12^2 \approx 6.8$，取作 7 根。

【任务实施】

实训任务：教师提供某混凝土楼面结构图纸，指定某一梁或板，在教师指导下，由学生进行钢筋施工翻样。

【技能训练】

（1）熟悉构件的图纸，弄清构件的尺寸和钢筋的配置。
（2）绘制此构件配筋计算简图，标明相关尺寸。
（3）给构件的每种钢筋编号。
（4）按照编号的顺序逐根标明钢筋的形状和外形总尺寸。
（5）按照相应的构造要求，确定钢筋各部分的分尺寸。
（6）套用相关计算公式，计算钢筋的下料长度。
（7）计算每个编号钢筋的根数。
（8）编制某构件的钢筋配料单。

工作任务 4.4　钢筋的绑扎安装与验收

4.4.1　钢筋的绑扎与安装的基本要求

1. 基本要求

（1）构件的模板和支撑已经安装好，并且通过了模板分项工程的质量和安全性的验收。
（2）钢筋的品种、规格、数量和位置都应符合设计图纸的要求。
（3）混凝土保护层厚度、钢筋接头形式和位置应符合设计施工规范规定。

（4）在两个或两个以上构件相交处，钢筋间的相互位置应遵守力学和结构规定的避让原则。

（5）钢筋与钢筋的交接点处，应用专用的铁丝绑扎牢固，使之成为钢筋笼，能承受施工荷载和振动。

2. 纵向受拉钢筋绑扎搭接时的最小搭接长度

纵向受拉钢筋绑扎搭接时的最小搭接长度，符合表 4-2 规定。

3. 同一截面内受力钢筋接头面积的允许百分率（表 4-13）

（1）同一截面，对焊接接头，连接区段长度为 $35d$ 且不小于 $500\,mm$；对绑扎搭接接头，连接区段长度为 1.3 倍搭接长度。

（2）一根钢筋宜只有一个接头，接头位置宜设在受力较小处，距钢筋弯折点 $10d$ 以外。

（3）连接区段内箍筋应加密，其间距：受拉区 $\leqslant 5d$ 且 $\leqslant 100\,mm$；受压区 $\leqslant 10d$ 且 $\leqslant 200\,mm$。

表 4-13 同一截面内受力钢筋接头面积的允许百分率

序号	接头形式	接头面积允许百分率/%		
		受拉区		受压区
		梁、板、墙类构件	柱类构件	
1	绑扎搭接连接	≤25	≤50	—
2	受力钢筋中的焊接、机械连接	≤50	≤50	不受限制

4.4.2 钢筋绑扎安装的避让问题

1. 避让的位置

避让的位置处于梁与梁相交处，梁与剪力墙相交处，梁与柱相交处。框架楼层梁柱节点钢筋避让如图 4-39 所示，框架顶层梁柱节点钢筋避让如图 4-40 所示，主次梁相交处节点钢筋避让如图 4-41 所示。

图 4-39 框架楼层梁柱节点钢筋避让

图 4-40 框架顶层梁柱节点钢筋避让

图 4-41 主次梁相交处节点钢筋避让

2．避让原则

当两个（或以上）受力构件直接相交时，先要分析在这个位置上各构件钢筋受力的主次，将次要受力钢筋做适当降低或偏移，确保主要受力钢筋在最佳位置上，同时还要确保所有钢筋都符合构造规定，详细请参阅 18G901—1 图集。

4.4.3 钢筋绑扎安装注意事项

1．基础钢筋的绑扎

基础钢筋在绑扎前应先弹出钢筋位置线，确保钢筋位置准确。双向主筋的钢筋网，需将钢筋的相交点满绑。绑扎时应注意相邻交点的铁丝扣要呈八字形，以免网片歪斜变形。筏板底筋绑扎时弯钩应拔起朝上，不要倒下平放。

2. 柱钢筋的绑扎

柱的箍筋接头（弯钩的叠合处）应交错布置在四角纵向钢筋上；箍筋的转角与纵向钢筋的交叉点都应绑扎牢固，绑扎铁丝扣相互间也应呈八字形，丝扣还应朝向柱中心。为保证柱纵向钢筋位置的准确，施工前应先根据柱筋详图，制作工具式柱筋定位箍（用油漆刷上标记以便与箍筋相区别），在套好箍筋并连接柱的纵向钢筋后，在柱顶超出上层楼面 100～150 mm 处绑扎一道工具式柱筋定位箍，然后由上往下逐一绑扎箍筋。当柱截面有变化时，下层柱钢筋的露出部分，必须在绑扎梁钢筋之前先行收缩准确。

3. 墙钢筋的绑扎

墙钢筋一般采用绑扎搭接，要求在搭接段的中心和两端都要用铁丝扎牢。为保证墙钢筋位置的准确，对墙的竖向钢筋，采用预先制作好的卡具（用油漆刷上标记以便与墙水平钢筋相区别）进行定位，卡具在本层楼面上 1.2～1.5 m 处（墙钢筋绑扎完毕后解除）和上层楼面上 100～150 mm 处（顶板混凝土浇筑完毕后解除）各设置一道。对墙的水平钢筋，采用特制的"梯子筋"进行临时定位，"梯子筋"的间距为 1.5～2.0 m，且每道墙不少于 2 组；为了防止绑扎好的墙的钢筋网扭曲倾斜，还可增加与钢筋网斜交的加固筋；绑扎完成后将"梯子筋"解除。

4. 梁板钢筋的绑扎

一般应先绑扎好梁的钢筋，并安装入模后再绑扎板的钢筋。梁钢筋的绑扎要与模板安装协调好，当梁的高度较小时，可先将梁模板安装完成，然后将梁钢筋架空在梁模板上口进行绑扎，最后落位；当梁的高度较大（不小于 1 m）时，宜先安装好梁的底模，然后绑扎梁钢筋，最后安装梁的侧模。

5. 板钢筋的绑扎

先布置板的下层双向钢筋，随即进行绑扎；然后布置板的上层双向钢筋，随即进行绑扎。梁和板钢筋绑扎时，应防止水电管线将钢筋抬起或压下而造成的钢筋保护层变小甚至露筋。

4.4.4 钢筋施工的质量控制

钢筋工程是现浇钢筋混凝土结构施工中的一个关键性分项工程，其施工质量直接影响到结构的安全性、适用性、耐久性和经济性。钢筋施工中应对各个环节进行全过程的质量控制，包括原材料、钢筋翻样、钢筋加工（含连接）、钢筋安装和钢筋分项工程的检查验收。

1. 钢筋原材料的质量控制

原材料的质量控制是钢筋质量控制的基础。了解进场钢筋的技术性能，正确使用合格的产品，是保证钢筋分项工程合格的先决条件。钢筋原材料质量控制的重点是抓好采购、进场和存放 3 个环节。

1）钢筋的采购

目前市场上的钢筋品牌五花八门，价格相差很大。设计图纸已提出对品种、规格的要求，施工单位应按照设计要求，结合在当地的采购经验，择优选用能够保证品质的产品。

2）钢筋的进场

钢筋进场时，施工单位应与监理单位一起，按照"三步走"的步骤对进场钢材进行"全数复检"。"三步"都通过了，这批进场钢筋才算合格，才能加工使用。

3）钢筋的存放

钢筋存放场地应满足地势较高、土质坚实、场地平坦、有良好的排水、便于运输和装卸的条件。直条钢筋放在混凝土或型钢台座上，盘条钢筋放在混凝土场地上，按不同品种、规格码放整齐，挂上醒目的标识牌。还应有防雨、防锈蚀、防油污、防酸和防有害气体的措施。

2. 钢筋翻样的质量控制

钢筋翻样的基本要求是全面准确、合理合规、经济适用、便于钢筋制作。钢筋翻样工作要有固定的流程，每个阶段都有严格和细致的复核，对于特别复杂的节点还要经过试放样核实，翻样结果要经过有丰富工作经验的技术人员认真审核、签认，才能发单下料加工。

3. 钢筋加工的质量控制

（1）目前钢筋加工的形式有在专门的加工厂内进行、在工地的现场进行两种。

（2）对于由专门的加工厂加工的钢筋，加工厂要严格按照有关标准进行加工，对加工材料和加工后的质量全面负责，并附出厂质量证明书。对于加工厂加工的钢筋，施工单位要建立钢筋加工成品进场台账，并按进场批次再次进行见证取样检测，确认检查合格，办理进场验收手续后，才能投入使用。

（3）对于在工地的现场进行加工的钢筋，其整个生产过程由施工单位实施质量控制和检查，对每一道工序都要检查核对，都有加工台账。加工成品在料场堆码整齐，挂好标志牌和责任牌，办理进场验收手续。

4. 钢筋安装的质量控制

（1）钢筋加工成品运送到现场后，对照设计图纸，认真核对钢筋等级、规格、直径、形状、尺寸和数量，确保准确无误后，先办理交接手续才能进行安装。

（2）钢筋安装位置宜采用专用的定位件固定，其间距、数量和固定方式应能保证钢筋位置偏差符合规定。还要采用可靠措施，防止钢筋受到模板表面的脱模剂污染。控制钢筋保护层的定位件常用塑料定位片，如图 4-42 所示，也可用带有绑扎铁丝的预制砂浆小垫块。

（a）塑料垫块

（b）塑料环圈

图 4-42　控制钢筋保护层的塑料定位片

5. 钢筋分项工程的检查验收

（1）钢筋分项工程除在原材料、钢筋翻样、钢筋加工、钢筋安装几方面进行质量控制外，在浇筑混凝土前还应进行钢筋隐蔽工程的验收。钢筋隐蔽工程反映钢筋分项工程施工的综合质量，在浇筑混凝土前验收，是为了确保各类钢筋满足设计要求，能在结构中发挥其应有作用，是钢筋分项工程质量控制的最后把关。

（2）钢筋分项工程由监理工程师（建设单位技术负责人）组织施工单位项目专业质量（技术）负责人等进行验收。验收内容包括钢筋的品种、规格、数量、位置、间距、连接方式、接头位置、接头数量和接头面积百分率，预埋件数量、规格、位置等。

4.4.5 钢筋施工的质量标准

（1）钢筋的品种、规格在进场时已按规范规定的方法进行检查且质量合格。

（2）对钢筋的机械连接接头、焊接接头，已按规定进行了抽样检验，其结果符合规范规定。

（3）钢筋调直后的断后伸长率、质量负偏差符合规范规定（表4-14）。

表 4-14 钢筋调直后的断后伸长率、质量负偏差要求

钢筋牌号	断后伸长率 A/%	质量负偏差/%		
		直径 6～12 mm	直径 14～20 mm	直径 22～50 mm
HPB300	≥21	≤10	—	—
HRB400、HRBF400	≥15	≤8	≤6	≤5
RRB400	≥13			
HRB500、HRBF500	≥14			

（4）钢筋加工成品的外形尺寸符合设计要求，尺寸偏差符合规范规定。钢筋加工的允许偏差见表4-15。

表 4-15 钢筋加工的允许偏差

项目	允许偏差/mm
钢筋沿长度方向的净尺寸	±10
弯起钢筋的弯折位置	±20
箍筋外廓尺寸	±5

（5）钢筋的接头方式、接头位置、接头数量、接头面积百分率符合设计要求和规范规定。

（6）钢筋在构件中的位置、数量、间距符合设计要求，其位置偏差符合规范规定。钢筋安装位置的允许偏差和检验方法见表4-16。

(7) 钢筋网或钢筋骨架经检查绑扎牢固，绑扎方式符合规范规定。

(8) 预埋件的材料质量经检验合格，其数量、规格、位置符合设计要求，其位置偏差符合规范规定。

表 4-16 钢筋安装位置的允许偏差和检验方法

项目			允许偏差/mm	检验方法
绑扎钢筋网	长、宽		±10	钢尺检查
	网眼尺寸		±20	钢尺量连续三挡，取最大值
绑扎钢筋骨架	长		±10	钢尺检查
	宽、高		±5	钢尺检查
纵向受力钢筋	间距		±10	钢尺量两端、中间各一点，取最大值
	排距		±5	
	保护层厚度	基础	±10	钢尺检查
		柱、梁	±5	钢尺检查
		板、墙、壳	±3	钢尺检查
绑扎箍筋、横向钢筋间距			±20	钢尺量连续三挡，取最大值
钢筋弯起点位置			20	钢尺检查
预埋件	中心线位置		5	钢尺检查
	水平高差		+3, 0	钢尺和塞尺检查

4.4.6 钢筋施工的安全技术要点

（1）钢筋加工应严格按照安全操作规程办，工作人员必须持证上岗，穿戴好安全防护用品，先检查机械设备和电路的安全，再开始工作；工作完毕应及时停机断电；短钢筋头严禁用机械切割。

（2）成条状的钢筋宜成捆两端绑扎，用塔式起重机吊运至施工作业面；不得用物料提升架运输；若用人力上下传递，必须有可靠的安全防护措施。箍筋应分批成捆装在手推车上，可用人货两用升降机运输。

（3）在工作面上搬运钢筋时，需特别注意勿让钢筋碰触电线。

（4）钢筋在模板上应分散堆放，让模板和支撑架受力尽量均匀；不要将钢筋放在脚手架上，以防滑脱伤人。

（5）不得站在已绑扎或焊接好的箍筋上操作。

工作任务 4.5　植筋加固施工

1. 植筋加固技术概述

植筋又叫种筋，是在需连接的旧混凝土构件上根据结构的受力特点，确定钢筋的数量、规格、位置，在旧混凝土构件上进行钻孔、清孔、注入植筋黏结剂（胶液），再插入所需钢筋，使钢筋与混凝土通过胶液黏结在一起，然后浇筑新混凝土，从而完成新旧钢筋混凝土的有效连接，达到共同作用、整体受力的目的。植筋时可植入普通钢筋，也可植入螺栓式锚筋。

柱植筋施工

2. 植筋加固施工工艺流程

弹线定位→钻孔→清孔→钢筋处理→注胶→植筋→固化养护→抗拔试验（抽检）→绑钢筋→浇筑混凝土。

3. 植筋加固施工要点

（1）根据定位放线的位置钻孔，钻孔位置可适当调整，避免钻孔时钻到原有钢筋，植筋宜植在箍筋内侧（对梁、柱）或分布筋内侧（对板、剪力墙）。

（2）钻孔使用配套冲击电钻，钻孔时，如遇不可切断钢筋应调整孔位，进行避让，钻孔时钻头始终与柱面保持垂直。

（3）清孔是植筋中最重要的一个环节，先用毛刷套上加长棒把灰尘、碎渣带出，然后用压缩空气吹出孔内浮尘，再用脱脂棉蘸酒精或丙酮擦洗孔内壁（不能用水冲洗），将孔口临时封闭。

（4）用角磨机或钢丝轮片将钢筋锚固范围的铁锈清除干净，并打磨出金属光泽。

（5）为了使钢筋植入后孔内胶液饱满，又不使胶液外流，孔内注胶达到 80% 即可，孔内注满胶后应立即进行植筋操作。

（6）把经除锈处理过的钢筋立即放入孔口，然后慢慢单向旋入，不可中途逆向反转，直至钢筋伸入孔底，胶液溢出。

（7）植筋后夏季 12 h 内（冬季 24 h 内）不得扰动钢筋，若有较大扰动宜重新植入。

（8）植筋后进行非破损性抗拔试验，用来检测工作状态下的植筋质量，检测的数量是植筋总数的 10%。图 4-43 所示为植筋加固施工。

图 4-43　植筋加固施工

4．特点和适应性

植筋是一项针对混凝土结构较简捷、有效的连接与锚固技术。作为加固补强行业较常用的一种建筑工程技术，植筋具有<u>工艺简单、工期短、造价省、操作方便、劳动强度低、质量易保证</u>等优点，现已广泛应用于已有建筑物的加固改造工程。如：施工中漏埋钢筋或钢筋偏离设计位置的补救，构件加大截面加固的补筋，上部结构扩跨、顶升对梁、柱的接长，房屋加层接柱和高层建筑增设剪力墙的植筋，等等。

【拓展讨论】

党的二十大报告提出，加快建设国家战略人才力量，努力培养造就更多大师、战略科学家、一流科技领军人才和创新团队、青年科技人才、卓越工程师、大国工匠、高技能人才。加强人才国际交流，用好用活各类人才。深化人才发展体制机制改革，真心爱才、悉心育才、倾心引才、精心用才，求贤若渴，不拘一格，把各方面优秀人才集聚到党和人民事业中来。

结合二维码视频，谈一谈如何成为"大国工匠"。

【任务实施】

实训任务：具体参观某项目钢筋工程的施工过程。

【技能训练】

（1）通过实训认识钢筋的品种、规格、标志牌。

（2）通过实训认识钢筋连接的方法、接头位置的安排。

（3）通过实训认识交梁楼面混凝土板中各种钢筋的布置和绑扎方法。

（4）通过实训认识交梁楼面梁、柱中各种钢筋的布置和绑扎方法，构件交接处钢筋避让是怎样安排的。

（5）通过实训认识交梁楼面钢筋施工质量检查和验收的过程。

（6）将考察情况简明扼要地用图文表达出来，写成课外作业。

【本项目总结】

项目4	工作任务	能力目标	基本要求	主要支撑知识	任务成果
钢筋混凝土——钢筋工程施工	钢筋进场验收	能识别钢筋，会验收	初步掌握	钢筋的识别、质量标准、验收程序和方法	钢筋验收报告；钢筋连接报告；施工翻样训练（必做）；钢筋绑扎安装与验收参观报告；选做两项
	钢筋连接加工	能选择连接方法，组织加工	初步掌握	连接的原理、方法、要求、适用性的知识	
	钢筋施工翻样与代换	能看懂图纸，进行翻样、代换计算	初步掌握	钢筋构造要求、加工过程长度的变化等知识	
	钢筋绑扎安装与验收	能按图组织施工和验收	初步掌握	钢筋绑扎程序、原理、避让原则	

复习与思考

1. 钢筋进场如何进行验收？
2. 什么叫作钢筋的冷拉？现阶段冷拉的目的是什么？
3. 钢筋连接有哪些方法？各有什么特点？适用于什么场合？
4. 如何计算钢筋的下料长度？需要考虑哪些问题？
5. 什么叫作钢筋的配料单？它有什么作用？
6. 如何进行钢筋的代换？代换时要注意哪些问题？
7. 钢筋的绑扎安装有哪些基本要求？
8. 混凝土板、交梁楼面钢筋安装时要注意哪些问题？
9. 某现浇混凝土楼板，设计标明受力钢筋是HPB300级，每米布置6根直径为12 mm的钢筋，但现场没有12 mm钢筋，只有10 mm钢筋，应用每米多少根来代换？
10. 某混凝土梁，截面尺寸为300 mm×600 mm，下部受力钢筋设计标明为5⌀20（HRB400级），现拟用HRB500级钢筋进行代换，应当怎样代换？已知：HRB500级钢筋的f_y = 435 MPa，HRB400级钢筋的f_y = 360 MPa。
11. 某混凝土框架梁，在室内干燥环境，混凝土强度为C30，截面尺寸为250 mm×600 mm，净跨距为8000 mm，两端为500 mm×500 mm的柱子，梁下部受力钢筋为3⌀20，试计算其每根受力钢筋的下料长度；箍筋为Φ6@200，试计算其每根箍筋的下料长度和箍筋的总根数。

项目4在线答题

项目 5　钢筋混凝土——混凝土工程施工

本项目学习提示

混凝土工程施工这一分项，主要学习普通混凝土的施工特性，混凝土的配料、搅拌、运输、浇筑、振捣和养护的工艺原理，泵送混凝土、施工缝、后浇带、大体积混凝土、冬期施工、高温施工和雨期施工等特种工艺，施工质量要求和施工质量评定方法等知识。

能力目标

- 能识读和分析混凝土工程的施工图纸。
- 能编制一般工程混凝土的施工方案。
- 能组织一般工程混凝土施工质量验收。
- 能进行常规的混凝土施工配料计算。

知识目标

- 掌握普通混凝土的施工特性。
- 掌握普通混凝土配料、搅拌、运输、浇筑、振捣和养护的工艺原理。
- 了解泵送混凝土、施工缝、后浇带、大体积混凝土、冬期施工、高温施工和雨期施工的工艺原理。
- 掌握混凝土施工质量要求和施工质量评定方法的知识。

思维导图

工作任务 5.1　混凝土工程施工工艺

5.1.1　混凝土的出现和发展

混凝土（Concrete），源于拉丁文，简称"砼"（tóng），是由胶凝材料将集料胶结成整体的工程复合材料的统称。通常讲的混凝土是指用水泥作胶凝材料，砂、石作集料，与水（可含外加剂和掺合料）按一定比例配合，经搅拌而得的水泥混凝土，也称普通混凝土，它广泛应用于土木工程中。

1842 年人们将黏土煅烧、磨细，加入石膏后制成水硬性无机胶结材料，从此出现了现代意义的混凝土。180 多年来人们对混凝土进行了 4 次大的变革：1850 年建立理论基础，1928 年后出现预应力和干硬性混凝土，1937 年后出现流动性混凝土，20 世纪 80 年代后期出现了高强度和高性能混凝土。

进入 20 世纪 90 年代，世界经济发展很快，需要建造体型庞大、功能复杂的建筑物，对混凝土的要求越来越高，促进了混凝土技术的发展变化。现代混凝土技术已经涉及工程建设的各个方面，创造出高强高性能混凝土、防水抗渗混凝土、泵送混凝土、补偿收缩混凝土、防辐射混凝土、耐磨混凝土、水下不分散混凝土等品种，强度覆盖面广，从 C20 一直到 C100。

近年来又出现了自愈混凝土、再生混凝土、透水混凝土、彩色混凝土等一系列新型混凝土。

现代混凝土已广泛使用商品供应的方式，从原料材料的质量控制，配合比计量控制，到混凝土的搅拌、运输、泵送、浇筑，各环节的技术含量都有了空前的提高，混凝土的密度也有所提高，养护也做到尽善尽美，但混凝土的裂缝仍然不可避免，并成为混凝土质量的通病。混凝土裂缝产生的主要原因有冷热作用、干湿作用、荷载作用。人们通过摸索、实践，总结出修补混凝土裂缝的一些较好方法。由于高性能混凝土具有较好的工作性能，如体积的稳定性，较小的水化热，较好的防裂性，良好的耐久性，并且向绿色、低碳、环保、节能方向发展，因此逐渐推广应用，成为我国建筑业推广应用的新技术之一。

混凝土结构是当今建筑中广泛使用的主要工程结构之一，因此要充分认识混凝土的特点，在施工中因势利导，扬长避短，建造优质的混凝土结构为人类服务。

混凝土工程包括混凝土的配料、搅拌、运输、浇筑、振捣和养护等施工过程。各个施工过程既相互联系又相互影响，任一施工过程处理不当都会影响混凝土的最终质量，因此，如何在施工过程中控制混凝土质量，是混凝土工程需要研究的课题。

5.1.2　混凝土的分类

1. 按骨料的重力密度

混凝土按骨料的重力密度分为特重混凝土（用钢屑或重晶石做骨料，重力密度大于

2700 kg/m³），普通混凝土（以普通的砂、石做骨料，重力密度 1900～2500 kg/m³），轻混凝土（以普通的砂或人造砂做骨料，重力密度 1000～1900 kg/m³），特轻混凝土（如泡沫混凝土、加气混凝土等，重力密度小于 1000 kg/m³）。

2．按使用的凝胶材料

混凝土按使用的凝胶材料分为水泥混凝土、石膏混凝土、碱-矿渣混凝土、沥青混凝土、聚合物混凝土等。

3．按施工工艺

混凝土按施工工艺分为普通浇筑混凝土、离心成型混凝土、喷射混凝土、泵送混凝土等。

4．按拌合物的流动性

混凝土按拌合物的流动性分为干硬性混凝土、半干硬性混凝土、塑性混凝土、流动性混凝土、大流动性混凝土等。

5．按配筋情况

混凝土按配筋情况分为素混凝土、钢筋混凝土、劲性钢筋混凝土、钢管混凝土、钢丝网水泥纤维混凝土、预应力混凝土等。

本项目只研究用普通水泥拌制和浇筑钢筋混凝土的施工。

5.1.3　混凝土的施工特性

1．建筑结构对混凝土施工的要求

（1）能满足设计形状、位置和配筋构造的要求。

（2）能达到设计要求的强度，且均匀、密实、不开裂。

2．施工的工艺流程

配料→搅拌→运输→浇筑→养护→硬化→拆模→投入使用。

3．施工过程不同阶段表现的特性

（1）水泥自加水搅拌开始发生水化反应，同时产生水化热，这个过程时间较长，但主要发热时期是在终凝后的头几天。

（2）水泥初凝时间不早于 45 min（通常约 1 h）。终凝时间：普通水泥不迟于 6.5 h（通常约 5 h），混合水泥不迟于 10 h（通常约 8 h）。

（3）从浇筑成形到失去塑性，混凝土发生塑性收缩（沉缩）。

（4）从终凝到产生强度，混凝土发生化学收缩（硬化）。

（5）混凝土在空气中结硬体积收缩，在水中结硬体积略有膨胀。

5.1.4　混凝土的配制

1．设计要求的混凝土强度等级

根据国家标准，设计要求的混凝土强度等级，就是混凝土立方体抗压强度标准值，其计算有如下几条必备的条件。

（1）统一的钢制试模尺寸（150 mm×150 mm×150 mm 的立方体）。

（2）统一取样和成型的方法。

（3）统一养护条件：温度（20±2）℃，在相对湿度95%以上的蒸汽雾室环境；或温度（20±2）℃，在不流动的饱和石灰水溶液中；养护28天。

（4）统一试验仪器、试验方法和加荷速度。

（5）统一计算试验抗压极限强度的方法，得出具有95%以上强度保证率的混凝土立方体抗压强度标准值（$f_{cu,k}$），用 C×× 表示，单位为 MPa。

2. 混凝土生产企业的混凝土强度标准差 σ

混凝土生产企业在生产同一品种混凝土时，按规定对每一批次都留有标准条件制作的立方体试块，标准养护期满后对这些试块进行试压得出试件的抗压极限强度值，根据大量试件的抗压极限强度值，经过数理统计分析，可以得出"混凝土强度标准差 σ"这个数值，能反映该企业生产管理水平的高低。

（1）当混凝土生产企业已有近期同品种混凝土强度资料时，σ 按下式计算。

$$\sigma = [(\sum f_{cu,i}^2 - nm_{f_{cu}}^2) \div (n-1)]^{1/2} \tag{5-1}$$

式中：$f_{cu,i}$——第 i 组的试件强度，MPa；

$m_{f_{cu}}^2$——n 组试件的强度平均值，MPa；

n——试件组数，应≥45。

对计算结果的取值有下列规定。

① 当混凝土强度等级≤C30 时，若计算得到的 σ≥3.0 MPa，就按计算结果取值；若计算得到的 σ<3.0 MPa，则按 σ=3.0 MPa 取值。

② 当 C30<混凝土强度等级<C60 时，若计算得到的 σ≥4.0 MPa，就按计算结果取值；若计算得到的 σ<4.0 MPa，则按 σ=4.0 MPa 取值。

（2）当混凝土生产企业没有近期同品种混凝土强度资料时，其混凝土强度标准差 σ 按表 5-1 取值。

表 5-1 混凝土强度标准差 σ 单位：MPa

混凝土强度等级	≤C20	C25～C45	C50～C55
σ	4.0	5.0	6.0

3. 混凝土施工时的配制强度

当设计强度等级<C60 时，配制强度应按下式计算：

$$f_{cu,o} \geq f_{cu,k} + 1.645\sigma \tag{5-2}$$

当设计强度等级≥C60 时，配制强度应按下式计算：

$$f_{cu,o} \geq 1.15 f_{cu,k} \tag{5-3}$$

式中：$f_{cu,o}$——混凝土施工时的配制强度，MPa；

$f_{cu,k}$——混凝土立方体抗压强度标准值，MPa；

σ——混凝土强度标准差，MPa，按式（5-1）计算或按表 5-1 选取。

4. 施工配制时的具体做法

根据上述公式计算结果，考虑构件截面的大小、配筋的多少，选定碎石的粗细配置，在实验室初步计算出一个配合比进行试配；当试配结果符合上述公式时，把实验室配合比换算成为施工配合比。

实验室配合比是干料质量比，施工现场的砂、石都含水，因此施工时要随时测定砂、石中水的含量，对水的用量进行换算调整。

【混凝土的施工配合比换算案例】

已知：某混凝土的实验室配合比为水泥：干砂：干石 = 1：2.28：4.42，水灰比 $W/C = 0.6$，每立方米混凝土的水泥用量为 280 kg，现场测得砂的含水率为 2.8%，石的含水率为 1.2%。

求：施工配合比和每立方米混凝土中各种材料的用量。

解：实验室配合比为水泥：干砂：干石 = 1：X：Y = 1：2.28：4.42，水灰比 $W/C = 0.6$，施工配合比为

$1 : X(1+W_x) : Y(1+W_y) = 1 : 2.28(1+2.8\%) : 4.42(1+1.2\%) \approx 1 : 2.34 : 4.47$

$W/C = 0.6 - 2.28 \times 2.8\% - 4.42 \times 1.2\% \approx 0.483$

每立方米混凝土各种材料的用量为：

水泥 280 kg；

砂　280 × 2.34 = 655.2（kg）；

石　280 × 4.47 = 1251.6（kg）；

水　0.6 × 280 − 2.28 × 280 × 2.8% − 4.42 × 280 × 1.2% ≈ 135.3（kg）

5.1.5 混凝土的投料和搅拌

1. 投料的先后顺序

投料的先后顺序要与生产工艺、设备相适应，既要方便材料在搅拌中混合良好，还要符合环境保护等的要求。

（1）对于专业混凝土生产企业在混凝土搅拌站、用散装水泥、用强制式搅拌机进行搅拌的生产条件，因为整个生产过程在密封的条件下自动称量和进料，所以对投料的先后顺序没有严格规定，可以有多种投料方案，由混凝土生产企业根据各自的生产设备、生产经验自行确定。

（2）对于在施工现场、用袋装水泥、用普通自落式搅拌机进行小批量搅拌的生产条件，应先往进料斗里放石子，然后把水泥放在石子面上，再放砂子将水泥盖住，搅拌机开始搅拌时才放水。这样做的目的是使水泥不会飞扬，不粘滚筒，方便搅拌均匀。

2. 搅拌的目的和要求

混凝土配料进入搅拌机后要充分搅拌，其目的是使配料能充分混合，加水后形成一定的塑性，让水泥开始水化。

（1）搅拌的时间：2~3 min，适宜采用强制式搅拌机，混凝土搅拌的最短时间见表 5-2。

表 5-2　混凝土搅拌的最短时间　　　　　　　　　　　　　　　　　　　　　　单位：s

混凝土坍落度/mm	搅拌机机型	搅拌机出料量/L		
		<250	250～500	>500
≤40	强制式	60	90	120
>40，且<100	强制式	60	60	90
≥100	强制式	60		

注：搅拌时间是指从全部材料装入搅拌筒中起，到开始卸料时止的时间段。当掺有外加剂时，搅拌时间应适当延长。当采用自落式搅拌机时，搅拌时间宜延长 30 s。

（2）混凝土浇筑时要求的坍落度见表 5-3。

表 5-3　混凝土浇筑时要求的坍落度（用机械振捣）

项次	结构类型	坍落度/cm
1	基础或地面等的垫层，无筋厚大的挡土墙等大体积或配筋稀疏的结构	1～3
2	板、梁和大型及中型截面的柱子等	3～5
3	配筋密集的结构（薄壁、斗仓、筒仓、细柱等）	5～7
4	配筋特别密集的结构	7～9

（3）搅拌的设备。

搅拌机有两类，一类为强制式（图 5-1），这类搅拌机质量好、效率高，适合大批量商业性混凝土的生产；另一类是自落式（图 5-2），适合现场小批量流动性混凝土的生产。

图 5-1　强制式搅拌机

图 5-2　自落式搅拌机

搅拌设备每次出料的容量为单机斗容量的 **60%～70%**，每台设备生产率为每次出料量乘以每小时生产次数。大型混凝土搅拌站（图 5-3），用散装水泥和自动计量，每盘水泥用量按搅拌机出料量折算。用袋装水泥的小型搅拌机，每盘以 1 包（50 kg）或 1 包半（75 kg）水泥为基数，折算出其余材料用量。

1—砂子上料斗；2—传送带；3—砂子料仓；4—石子料坑；5—粉煤灰储料仓；
6—砂石分料斗；7—砂子储料仓；8—称量系统；9—搅拌机；10—粉煤灰螺旋输送机；
11—水泥筒仓；12—气力输送管；13—粉煤灰筒仓；14—单仓泵；15—空压机房。

图 5-3 大型混凝土搅拌站

5.1.6 商品混凝土的生产供应

从 21 世纪开始，我国在县城以上的城镇全面推广使用商品混凝土，这是混凝土生产从传统的在工地拌制到混凝土工业化供应的一次大的变革，是建筑业走向现代化的一个重要标志。实践证明，商品混凝土具有独特的优势：有利于保证工程质量、加快施工进度；节约社会资源，降低建造成本；实现文明施工，保护周围环境。因此，推广商品混凝土是利国利民的举措。

建筑施工企业的工程项目部，应根据具体工程项目的施工进度计划，编制混凝土需要量计划，提前与当地供货的混凝土生产企业说明工程概况、结构形式、各批次混凝土的数量、质量要求、运输方式和距离、泵送高度、浇筑和振捣方式以及所处环境等条件，签订供货合同，并与其商定具体的协作细则。

混凝土生产企业应提供每批混凝土的<u>配合比通知单</u>、<u>混凝土抗压强度报告</u>、<u>混凝土质量合格证书</u>和<u>混凝土运输单</u>；若还需要其他资料，供需双方应在合同中明确约定。建筑施工企业的工程项目部应把这些混凝土质量控制资料列入施工技术档案内妥善保管、按期归档。

5.1.7 混凝土的运输

1. 混凝土运输的要求

（1）混凝土搅拌运输车（图 5-4）装车前应排空罐内存水，当罐内混凝土坍落度有损失进而使混凝土变硬时，严禁采用向罐内加水的方式来改善混凝土的和易性。

1—搅拌筒；2—轴承座；3—水箱；4—进料斗；
5—卸料槽；6—引料槽；7—托轮；8—轮箍。

图 5-4 混凝土搅拌运输车

（2）由于混凝土组成材料的容重差别很大，如果运输过程中受到振动，材料就会分布不均匀，容易产生离析，这就需要在运输过程中混凝土搅拌运输车不停地旋转，入模之前还要人为地再次搅拌均匀。

（3）准确地掌握混凝土在运输过程需要的时间，确保混凝土在初凝前入模，防止混凝土冷缝的产生。混凝土运输、输送入模的过程，应保证混凝土连续浇筑，从运输到输送入模的延续时间不宜超过表 5-4 规定，且不应超过表 5-5 规定。

表 5-4 从运输到输送入模的延续时间   单位：min

条件	气温	
	≤25℃	>25℃
不掺外加剂	90	60
掺外加剂	150	120

表 5-5 运输、输送入模及其间歇总时间限值   单位：min

条件	气温	
	≤25℃	>25℃
不掺外加剂	180	150
掺外加剂	240	210

（4）掺早强型减水剂、早强剂的混凝土，以及有特殊要求的混凝土，应根据设计及施工要求，通过试验确定运输允许时间。

2．场内运输方法的选择

（1）混凝土柱、墙等垂直构件，通常可用混凝土浇筑料斗（图 5-5）装载混凝土后，用塔式起重机吊运至柱、墙顶浇筑；也可用混凝土泵加输送管和带布料杆的塔式起重机组合，将混凝土送到楼层施工点浇筑；当设备工作性能许可时，也可用布料杆泵车将混凝土直接泵送至柱、墙顶浇筑。

（2）多层和高层建筑的楼面梁、板等水平构件，通常用混凝土泵加输送管和带布料杆的塔式起重机组合，将混凝土送到浇筑点浇筑；当设备工作性能许可时，也可用布料杆泵车将混凝土直接从接收点送至楼层浇筑点浇筑。

图 5-5 混凝土浇筑料斗
(a) 立式料斗　(b) 卧式料斗
1—入料口；2—手柄；3—卸料口。

（3）对低层或多层建筑施工，通常用布料杆泵车直接从接收点送至楼层的浇筑点浇筑。

（4）对小批量的低层或多层建筑的各类构件，也可采用人力手推车和电动提升钢井架配合的方式来进行输送。

5.1.8 混凝土的浇筑

1. 做好浇筑前的各项准备工作

模板和支撑体系、钢筋等分项工程的验收和技术复核；对操作人员进行技术交底；根据施工方案中的技术要求，混凝土运输和浇筑用的机械设备、工具等已经到位并试运转正常；模板表面已经洒水湿润（但不得积水）；经检查确认施工现场具备浇筑条件；混凝土施工单位填报浇筑申请单，并经监理单位签认。

2. 浇筑的要求

（1）混凝土浇筑时的环境温度应控制在 5℃≤入模温度≤35℃。

（2）在一个施工区段内，浇筑时由远而近，连续作业。

（3）混凝土运输、输送、浇筑过程中严禁加水。

（4）混凝土运输、输送、浇筑过程中散落的混凝土不得用于结构构件浇筑。

（5）宜先浇筑竖向结构构件（柱、墙），后浇筑水平结构构件（梁、板）；当浇筑区域结构平面有高低差时，宜先浇筑低区部分，再浇筑高区部分。

（6）应采取措施使混凝土的布料尽量均匀，控制混凝土落下的高度和速度，以减缓混凝土布料时对模板的冲击力。

（7）为了使柱、墙模板内的混凝土浇筑不发生离析，倾落高度应符合表 5-6 规定；当不能满足要求时，应加设串筒、溜管、溜槽等装置。溜槽与串筒如图 5-6 所示。

表 5-6 柱、墙模板内混凝土浇筑倾落高度限值　　　　　　　　　　　　　单位：m

条件	浇筑倾落高度限值
粗骨料粒径＞25mm	≤3
粗骨料粒径≤25mm	≤6

(a)溜槽　　　　(b)串筒　　　　(c)振动串筒
1—溜槽；2—挡板；3—串筒；4—漏斗；5—节管；6—振动器。

图 5-6　溜槽与串筒

（8）当柱、墙混凝土设计强度等级高于梁、板混凝土设计强度等级时，按下述方法处理。

① 柱、墙混凝土设计强度比梁、板混凝土设计强度高一个等级时，柱、墙位置梁、板高度范围内的混凝土经设计单位确认，可采用与梁、板混凝土设计强度等级相同的混凝土进行浇筑。

② 柱、墙混凝土设计强度比梁、板混凝土设计强度高两个及以上等级时，应在交界区域采取分隔措施；分隔位置应在低强度等级的构件中，按图 5-7 所示方式处理，且距高强度等级构件边缘应不小于 500 mm 且不小于 $0.5h$。

③ 宜先浇筑强度等级高的混凝土，后浇筑强度等级低的混凝土。

图 5-7　柱、墙与梁、板混凝土强度不同时的处理

5.1.9　混凝土的振捣

1. 振捣的基本要求

通过振捣使模板内的各个部位混凝土密实、均匀，不应漏振、欠振、过振；混凝土浇筑和振捣时应特别注意，防止模板、钢筋、钢构、预埋件及其定位件出现位移。混凝土的

布料、浇筑和振捣期间，应对模板和支架进行观察和维护，发生异常情况应及时进行处理。

2. 振捣使用的设备

混凝土振捣应根据混凝土构件类型的不同，采用不同的振捣设备。对梁、柱等竖向构件可采用插入式振动棒（内部振动器）；对板等水平构件可采用平板振动器（表面振动器）；对墙可采用附着振动器（外部振动器），必要时还可采用人工辅助振捣；对预制构件多采用振动台。四种振动机械如图 5-8 所示。

（a）插入式振动棒　　（b）平板振动器　　（c）附着振动器　　（d）振动台

图 5-8　四种振动机械

3. 用插入式振动棒振捣

（1）应按分层浇筑厚度分别进行振捣，插入式振动棒（图 5-9）的前端应插入前一层混凝土中，插入深度不应小于 50 mm。

1—电动机；2—增速器；3—软轴；4—振动棒；5—振动子；6—底座；7—手把。

图 5-9　插入式振动棒

（2）插入式振动棒应垂直于混凝土表面，并快插慢拔均匀振捣，当混凝土表面无明显塌陷、有水泥浆出现、不再冒气泡时，应结束振捣该部位。

（3）插入式振动棒与模板距离不应大于插入式振动棒作用半径的 50%；插入式振动棒插点间距不应大于插入式振动棒作用半径的 1.4 倍。插入式振动棒插点分布如图 5-10 所示。

4. 用平板振动器振捣

（1）平板振动器（图 5-11）振捣应覆盖振捣平面边角。

（2）平板振动器的移动应覆盖已振实部分混凝土边缘。

（3）平板振动器振捣倾斜表面时，应由低处向高处进行振捣。

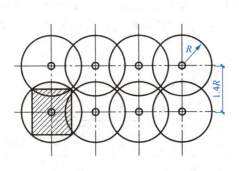

图 5-10 插入式振动棒插点分布　　　　图 5-11 平板振动器

1—底板；2—外壳；3—电动机定子；
4—转子轴；5—偏心振动子。

5．用附着振动器振捣
（1）附着振动器应与模板紧密连接，设置间距应通过试验确定。
（2）附着振动器应根据混凝土浇筑高度和浇筑速度，依次从下往上振捣。
（3）模板上同时使用多台附着振动器时，应使各附着振动器的频率一致，并应交错设置在相对面的模板上。

6．用振动台振捣
对预制构件，多用振动台振捣，由于篇幅原因，这里暂不讲述振动台振捣相关内容，如有兴趣，可查看相关施工规范。

7．对特殊部位的加强振捣措施
（1）对于 0.3 m＜宽度≤0.8 m 的预留洞，应在预留洞两侧进行振捣，并适当延长振捣时间；对于宽度＞0.8 m 的预留洞，可在预留洞下方一侧模板的中间加设临时下料斜口，帮助浇筑和振捣混凝土，拆模后再将多余的混凝土凿除。
（2）后浇带及施工缝边角处应加密振捣点，适当延长振捣时间。
（3）钢筋密集区域或型钢与钢筋结合区域，应选择小型振动棒辅助振捣、加密振捣点，适当延长振捣时间。
（4）基础大体积混凝土浇筑流淌形成的坡脚，不得漏振。

5.1.10　混凝土的养护

1．养护的目的
混凝土养护目的：人为地创造一个适宜温度、湿度的环境，使新浇筑的混凝土能顺利地凝结硬化，逐渐达到设计的强度，而构件还不开裂。

2．养护的时间
（1）采用硅酸盐水泥、普通硅酸盐水泥或矿渣硅酸盐水泥配制的混凝土，不应小于 7 天；采用其他品种水泥时，养护时间应根据水泥性能确定。

（2）采用缓凝型外加剂、大掺量矿物掺合料配制的混凝土，不应小于 14 天。
（3）抗渗混凝土、强度等级 C60 及以上的混凝土，不应小于 14 天。
（4）后浇带混凝土的养护时间不应小于 14 天。
（5）地下室底层墙、柱和上部结构首层墙、柱，宜适当增加养护时间。

3．养护的方式和做法

混凝土浇筑后应及时进行保湿养护，养护的方式有洒水养护、覆盖养护、喷涂养护剂养护等方式。养护方式应根据现场条件、环境温湿度、构件特点、技术要求、施工操作等因素确定。

1）洒水养护

（1）洒水养护宜在混凝土裸露表面覆盖麻袋或草帘后进行，也可采用直接洒水、蓄水等方式养护；洒水养护应保证混凝土表面处于湿润状态。
（2）洒水养护的用水应符合现行的《混凝土用水标准》（JGJ 63—2006）的规定。
（3）当日最低温度＜5℃时，不应采用洒水养护。

2）覆盖养护

（1）覆盖养护宜在混凝土裸露表面覆盖塑料薄膜、塑料薄膜加麻袋、塑料薄膜加草帘进行。
（2）塑料薄膜应紧贴混凝土裸露表面，塑料薄膜内应保持有凝结水。
（3）覆盖物应严密，覆盖物的层数应按施工方案确定。

3）喷涂养护剂养护

（1）喷涂养护剂养护应在混凝土裸露表面喷涂覆盖致密的养护剂进行。
（2）养护剂应均匀喷涂在结构构件表面，不得漏喷；养护剂应具有可靠的保湿效果，保湿效果可通过试验检验。
（3）养护剂的使用方法应符合产品说明书的有关要求。

4）对柱、墙混凝土的养护

（1）地下室底层和上部结构首层柱、墙混凝土带模养护时间，不应小于 3 天；带模养护结束后，可采用洒水养护方式继续养护，也可采用覆盖养护或喷涂养护剂养护方式继续养护。
（2）其他部位柱、墙混凝土可采用洒水养护方式继续养护，也可采用覆盖养护或喷涂养护剂养护方式继续养护。

4．养护的要求

混凝土的凝结硬化是水泥水化作用的结果，而水泥水化作用只有在适当的温度和湿度下才能顺利进行。在这段养护时间里，以保持混凝土构件处于适当的温度、湿度，保证其体形不变和构件表面湿润为目标。

5．养护的注意事项

（1）混凝土强度达到 1.2 MPa 前，不得在混凝土上踩踏、堆放物料、安装模板及支架。
（2）同条件养护试件的养护条件应与实体结构部位养护条件相同，并应采取措施妥善保管现场这些试件不丢失、不损坏。

（3）施工现场应具备混凝土标准试件制作条件，并应设置混凝土标准试件养护室或养护箱。混凝土标准试件养护应符合国家现行有关标准的规定。

5.1.11 混凝土施工安全技术

（1）混凝土浇筑施工前，必须全面检查脚手架、模板、工作台、运送通道是否牢固、安全；使用的机械设备、电路，如混凝土泵、输送管道、布料杆、振动器等是否安装正常；相应的防护设施是否配置妥当；是否办理好模板和钢筋分项工程的验收手续。

（2）所有上岗施工人员应有明确的分工；穿戴好防护用品；服从专人指挥，设专人负责安全监控。

（3）泵送、吊斗送混凝土应均匀分布，不得集中在某一位置上，避免冲击荷载太大。

（4）浇筑途中若发生机械故障，必须先切断电源，再进行检查修理。

（5）夜间施工应有足够的灯光照明；在深坑和潮湿处施工，应使用 36 V 以下的低压安全照明。

【任务实施】

实训任务：编制 A 学院第 13 号住宅楼（4 栋作为 1 个小区）混凝土浇筑施工方案。

【技能训练】

（1）熟悉本项目的结构施工图纸，考察施工现场条件。
（2）讨论确定混凝土的来源、运送方式、浇筑方式。
（3）讨论如果采用 1 个小区 4 栋同时施工的方法，如何安排流水作业。
（4）讨论确定使用的施工机械设备及其布置位置。
（5）讨论确定混凝土浇筑的施工安排。
（6）由学生归纳后写成施工方案，作为课外作业。

工作任务 5.2　混凝土的特殊施工

5.2.1 泵送混凝土施工

墙柱板混凝土浇筑

1. 泵送混凝土的必要性

现代混凝土结构建筑，或是体量巨大，或是建筑的层数很多，这就要求能在短时间内连续完成每层（段）混凝土的浇筑。泵送混凝土就是利用特制的混凝土泵、配套的输送管道和布料设备，将混凝土输送到浇筑地点，一次性完成地面的水平运输、垂直运输和楼面的水平运输。

2. 泵送混凝土的可能性

混凝土是由多种材料拌和而成的塑性混合体，当它在一定压力作用下在管道内运动时，由于其组成材料的不同特性，水泥砂浆趋向于管道壁，形成流体的润滑层，容重大的石子趋向于管道中间；只要这种状态能维持，混凝土就可以被混凝土泵输送到需要的地方。

3. 泵送混凝土的优越性

泵送混凝土具有输送能力大、运送速度快、效率高、节省人力、能连续作业等优点，因此，混凝土输送宜首选泵送方式。经过 30 多年的发展，泵送混凝土无论机械设备、生产工艺都已经成熟，并成为施工现场输送混凝土的一种重要的方法。目前国内泵送混凝土最大水平输送距离达 1000 m，最大垂直输送高度达 500 m。

4. 泵送混凝土的主要设备

1）混凝土泵

（1）混凝土泵是输送混凝土的专用设备，有液压活塞式（图 5-12）、挤压式（图 5-13）和气压式 3 种，其中液压活塞式混凝土泵用得最多。首先将搅拌好的混凝土装入料斗，泵的吸入阀打开而排出阀关闭，活塞在液压作用下移动，将混凝土吸入缸内；然后将排出阀打开而吸入阀关闭，混凝土被压入管道中；如此轮番动作，不断将混凝土通过管道直接送到浇筑地点。

1—混凝土缸；2—活塞；3—液压缸；4—料斗；
5—吸入阀；6—排出阀；7—Y 形管；8—水箱；
9—换向筒；10—冲洗水管。

图 5-12 液压活塞式混凝土泵

图 5-13 挤压式混凝土泵

（2）混凝土泵的选型应根据工程特点、混凝土的输送高度和距离、混凝土拌合物的工作性能等条件确定；混凝土泵的数量应根据混凝土的浇筑量、施工条件确定，必要时应设置备用泵；混凝土泵的浇筑区域及浇筑顺序宜根据结构形状及尺寸、混凝土供应、混凝土浇筑设备、场地内外条件等划分。

（3）混凝土泵设置的位置应满足施工的要求，混凝土泵的作业范围内不得有障碍物。输送管道的布置要适应由远而近浇筑混凝土的需要；采用多根输送管道同时浇筑时，其浇筑速度宜保持一致；应有防范高空坠物的设施，场地应平整、坚实，道路应畅通。

2）混凝土输送管道和支架

（1）混凝土输送管道是输送混凝土的配套设备，如图 5-14 所示，包括直管、弯管、锥形过渡管和浇筑用软管,还有管道接头、截止阀等。除了浇筑用软管为橡胶管外,其余管道和管件都是用合金钢制成的;管径为 100～150 mm;直管标准段长为 4 m,辅管段长为 0.5～3 m;弯管的角度为 15°～90°;不同管径的连接用过渡管;管道的出口连接软管,以扩大布料的范围;所有管道段的连接都使用能快速装拆的专用接头。

1—混凝土泵;2—料斗;3—出料口;4—锥形过渡管;5—45°弯管;6—插管;7—直管;
8—基础;9—竖管支架;10—$R=1$ m 的 90°弯管;11—水平支架。

图 5-14 混凝土输送管道

(2) 输送管道应根据混凝土泵的型号、拌合物性能、总输出量、单位输出量、输送距离、粗骨料的粒径等进行选择;混凝土粗骨料最大粒径≤25 mm 时,可采用内径≥125 mm 的管道;混凝土粗骨料最大粒径≤40 mm 时,可采用内径≥150 mm 的管道。

(3) 管道的安装连接应严密,管道的转向宜平缓;管道应采用支架固定,支架应与结构牢固连接,在管道的转向处支架应加密;支架应通过计算确定,设置位置处的结构应进行验算,必要时应采取加固措施。

(4) 向上输送混凝土时,地面水平输送管的直管和弯管总的折算长度,不宜小于竖向高度的 20%,且不应小于 15 m;管道倾斜或垂直向下输送混凝土,且高差>20 m 时,应在倾斜或竖向管下端沿水平输送方向设置直管或弯管,直管或弯管总的折算长度不宜小于高差的 1.5 倍;输送高度>100 m 时,混凝土输送泵的出料口处的管道位置应设置截止阀。

(5) 混凝土输送管道和支架应经常进行检查和维护。

3) 布料设备

(1) 布料设备具有输送和铺摊的双重功能,将输送到工作层的混凝土,按照浇筑计划连续不断地直接分摊到要浇筑的模板内,再用振动器经过人为地振动,可一次性快速地完成一个区段的混凝土浇筑工作。布料设备可分为移动式布料杆、固定式布料杆、内爬折叠式布料杆（图 5-15），还可分为立柱式布料杆和汽车式布料杆。立柱式布料杆安装在支柱或塔架上，可随施工楼层的升高而升高，也有附属在塔式起重机上的；汽车式布料杆是将混凝土泵和布料杆都装在一台汽车上，这台汽车称为布料杆泵车（图 5-16）。汽车式布料杆移动灵活，无须另铺设管道，特别适用于基础、地下室和多层建筑混凝土的浇筑。

（2）布料设备的选择应与混凝土泵相匹配；混凝土输送管道的内径宜与混凝土泵管道内径相同；布料设备的数量、位置应根据布料设备工作半径、施工作业面大小以及施工要求确定。

1—转盘；2—输送管道。
（a）移动式布料杆

1—输送管道；2—支柱；3—塔架；4—楼面。
（b）固定式布料杆

1—输送管道；2—附着框；3—软管；4—支承横梁。
（c）内爬折叠式布料杆

图 5-15 布料设备的几种形式

1—料斗和搅拌器；2—混凝土泵；3—Y形出料管；4—液压外伸支腿；5—水箱；
6—备用管段；7—输送管道；8—支承旋转台；9—驾驶室；10、13、15—折叠臂油缸；
11、14—臂杆；12—油管；16—软管支架；17—软管；18—操纵柜。

图 5-16 布料杆泵车

（3）布料设备应安装牢固，且应采取抗倾覆措施；布料设备安装位置处的结构或专用装置应进行验算，必要时应采取加固措施；布料设备范围内不得有阻碍物，并应有防范高空坠物的设施。

（4）应经常对布料设备的弯管壁厚进行检查，磨损较大的弯管应及时更换。

（5）混凝土的管道、容器、溜槽不应吸水、漏浆，并应保证输送畅通。输送混凝土时，应根据工程所处环境条件采取保温、隔热、防雨等措施。

5．泵送混凝土对材料的要求

（1）泵送混凝土要求水泥的用量适当。若水泥用量过少，混凝土的和易性差，泵送的阻力大；而水泥用量过大，既不经济，混凝土结硬时还会引起较大的收缩。施工规范规定，每立方米泵送混凝土的最小水泥用量为 300 kg。

（2）混凝土配合比要设置合理，使混凝土易于泵送，主要是提高砂率，限制石子的粒径，掺入减水剂和粉煤灰，限制坍落度。实践表明：含砂率要提高到 38%～45%；要限制石子的粒径（泵送高度在 50 m 以内时，最大粒径与管内径之比，碎石应小于 1∶3，卵石应小于 1∶2.5；泵送高度在 50～100 m 时，最大粒径与管内径之比应小于 1∶4；泵送高度在 100～200 m 时，最大粒径与管内径之比应小于 1∶5），且细骨料占比不应少于 20%；要掺入减水剂和粉煤灰；要限制坍落度（泵送高度在 50 m 以内时，混凝土拌合物的坍落度宜控制在 140～160 mm；泵送高度在 50～100 m 时，坍落度宜控制在 160～180 mm；泵送高度在 100～150 m 时，坍落度宜控制在 180～200 mm；泵送高度超过 150 m 时应按专项方案施工）。

6. 泵送混凝土注意事项

（1）泵送前应先进行泵水检查，并应湿润混凝土泵的料斗、活塞等直接与混凝土接触的部位；泵水检查后，应清除输送泵内积水。

（2）输送混凝土前，宜先输送水泥砂浆对混凝土泵和管道进行润滑，然后开始输送混凝土；输送混凝土应先慢后快，逐步加速，在系统运转顺利后再按正常速度输送；在输送过程中，应设置混凝土泵集料斗网罩，并应保证集料斗有足够的混凝土余量。若由于一时运输供应不上需要停混凝土泵时，应每隔几分钟开动一次；若预计间歇时间超过 45 min，或混凝土出现离析需重新搅拌，应先用高压水冲洗管道。

（3）若遇混凝土堵塞，可将混凝土泵的开关拨到"反转"位置，使泵反转 2～3 个冲程，再正转 2～3 个冲程，如此反复多次，可消除堵塞。若用此法也解决不了，就应查明堵塞的位置，拆开管道，清除堵塞后再继续泵送。

（4）泵送混凝土完成后，应先将料斗内的混凝土全部送完，排净混凝土泵内的混凝土，然后立即将混凝土泵和管道清洗干净，切断混凝土泵电源；也可用压缩空气来清洗管道，这时管道末端应有安全盖，且管道末端不得站人。

5.2.2 混凝土的施工缝

1. 施工缝的含义

按设计要求或施工需要分段浇筑混凝土，先浇筑混凝土达到一定强度后继续浇筑混凝土所形成的接缝称为施工缝。

施工缝的位置应预先确定；施工缝宜留设在结构受剪力较小且便于施工的位置；受力复杂的结构构件或有防水抗渗要求的结构构件，施工缝留设位置应经设计单位确认。

2. 水平施工缝留设位置

图 5-17 所示为柱子施工缝的位置，图 5-18 所示为箱形地下室墙体施工缝的位置。

图 5-17 柱子施工缝的位置

注：Ⅰ—Ⅰ、Ⅱ—Ⅱ为施工缝的适宜位置。

图 5-18　箱形地下室墙体施工缝的位置

注：1—1、2—2 为施工缝的适宜位置。

（1）柱（根）、墙（根）施工缝可留设在基础、楼层结构顶面，柱（根）施工缝与结构上表面的距离宜为 0～100 mm，墙（根）施工缝与结构上表面的距离宜为 0～300 mm。

（2）柱（顶）、墙（顶）施工缝也可留设在楼层结构底面，柱（顶）、墙（顶）施工缝与结构下表面的距离宜为 0～50 mm；当板下有梁托时，可留设在梁托下 0～20 mm。

（3）高度较大的柱、墙、梁及厚度较大的基础，可根据施工需要在其中部留设水平施工缝；当因施工缝留设改变受力状态而需要调整构件配筋时，应经设计单位确认。

（4）特殊结构部位留设水平施工缝应经设计单位确认。

3．竖向施工缝留设位置

（1）有主次梁的楼板施工缝应留设在次梁跨中 1/3 范围内（图 5-19）。

（2）单向板施工缝可留设在与跨度方向平行的任何位置。

（3）楼梯梯段施工缝宜设置在梯段板跨度端部 1/3 范围内。

（4）墙的施工缝宜设置在门洞口过梁跨中 1/3 范围内，也可留设在纵横墙交接处。

（5）特殊结构部位留设竖向施工缝应经设计单位确认。

1—柱；2—主梁；3—次梁；4—楼板。

图 5-19　有梁楼板的施工缝位置

4．施工缝处混凝土的浇筑

（1）施工缝的结合面应为粗糙面，并应清除浮浆、松动石子、软弱混凝土层。

（2）施工缝的结合面处应洒水湿润，但不得有积水。

（3）施工缝处已浇筑混凝土的强度不应小于1.2 MPa，才能开始浇筑后浇的混凝土。

（4）柱、墙水平施工缝水泥砂浆接浆层厚度不应大于30 mm，接浆层水泥砂浆应与混凝土浆液成分相同。

5.2.3 后浇带的施工

1．后浇带的含义

为适应环境温度变化、混凝土收缩、结构不均匀沉降等因素影响，在梁、板（包括基础底板）、墙等结构中预留的具有一定宽度且经过一定时间后再浇筑的混凝土带，称为后浇带。后浇带的留设位置和后浇带的混凝土强度等级及性能由设计确定，当设计无具体要求时，后浇带混凝土强度等级宜比两侧混凝土提高一级，并宜采用减少收缩的技术措施。

2．后浇带的位置和构造

后浇带的位置和构造由设计人员在施工图中确定，缝宽800～1000 mm，接缝形式有平接式、企口式和台阶式，建筑上多采用平接式。后浇带的构造如图5-20所示。后浇带侧面宜采用快易收口网作为侧模。

图 5-20　后浇带的构造

3．后浇带混凝土的浇筑

后浇带的钢筋与后浇带两侧结构的钢筋一起先绑扎好，后浇带的钢筋应采取防锈或阻锈等保护措施；后浇带两侧结构的混凝土先行浇筑，两个月后再浇筑后浇带混凝土（后浇带混凝土应按设计要求用强度等级较高的微膨胀混凝土）；浇筑后浇带混凝土前，新旧混凝土交界面必须剔凿并清理干净。

4．后浇带混凝土的养护

后浇带混凝土浇筑后应加强保湿养护，养护时间不应小于14天；后浇带及其两侧一定范围内的模板和支撑架，需待后浇带混凝土达到设计强度后才能拆除。

5.2.4 大体积混凝土的施工

基础混凝土浇筑

1. 大体积混凝土的含义

构件最小尺寸≥1000 mm，构件最大长度超过了规范对设伸缩缝的最大间距要求（称为超长结构），施工过程中预计水泥水化热使构件内外的温差>25℃，以上这3种情况的任何一种都属于 大体积混凝土，都需要按照大体积混凝土的施工要求去做。

2. 大体积混凝土施工的主要矛盾

水泥在水化过程中会发热，混凝土构件在凝结硬化过程中，构件表面散热快而构件内部散热慢，于是产生了内外温差。大体积混凝土由于体积大，各部分温差应力加上混凝土本身的收缩等因素综合作用，容易产生危及结构安全的裂缝。大体积混凝土施工中面对的主要问题就是 控制内外温差，防止混凝土开裂。

3. 大体积混凝土的专项施工方案

为了避免大体积混凝土在施工中产生裂缝，要根据具体工程情况，编制专项施工方案。专项施工方案包括混凝土的原材料、施工配合比、温度变化预测、浇筑顺序和浇筑方法、温度监测和控制手段、养护方法、相应的机械和仪器设备等内容。工程中按照批准的专项施工方案来施工。

4. 大体积混凝土的浇筑

（1）增加浇筑点，减慢浇筑速度，延长振捣的时间。采用混凝土泵浇筑时，混凝土输送管道间距不宜大于10 m，并宜由远及近浇筑；采用布料杆泵车输送浇筑时，应根据布料杆泵车工作半径确定布料点数量，各布料点浇筑速度应保持均衡。

（2）对基础宜先浇筑深坑部分再浇筑大面积部分；大体积混凝土宜采用 斜面分层法浇筑，也可采用 全面分层法、分段分层法浇筑（图5-21），层与层之间混凝土浇筑的间歇时间应能保证混凝土浇筑连续进行；混凝土分层浇筑应将混凝土自然流淌形成斜坡，并应沿高度均匀上升，分层厚度宜不大于500 mm；上层混凝土应在下层混凝土初凝之前浇筑完毕。

（a）全面分层法

（b）分段分层法
1—模板；2—混凝土。

（c）斜面分层法

图5-21 大体积混凝土浇筑方案

（3）超长结构混凝土的浇筑。

① 可留设施工缝分仓浇筑，分仓浇筑的间隔时间不应小于 7 天。

② 当留设有后浇带时，后浇带的封闭时间应按设计要求，且不应小于 14 天。

③ 超长整体基础中，若设有调节沉降的后浇带，应在差异沉降稳定后封闭后浇带，其

混凝土封闭时间应通过沉降监测确定。

（4）应及时排除积水或混凝土泌水。在混凝土浇筑后初凝前和终凝前，应分别对混凝土裸露表面进行多次抹面处理。

5. 大体积混凝土的养护

大体积混凝土养护时间和养护方法应根据设计要求和专项施工方案确定，养护期内应加强混凝土养护。基础混凝土，确定混凝土强度的龄期可取为60天（56天）或90天；当柱、墙混凝土强度等级不低于C80时，确定混凝土强度的龄期可取为60天（56天）。

5.2.5 混凝土的冬期施工

1. 冬期施工的含义

根据当地气象部门提供的资料，当室外日平均气温（日平均气温：每天2时、8时、14时、20时测得的，室外1.5 m高度处的百叶箱内的温度，累加后计算得到的平均温度）≤5℃时，应采取冬期施工措施；当室外日平均气温连续5天大于5℃时，可解除冬期施工措施。

2. 冬期施工措施

根据广东的气候情况，应尽量避免在冬期浇筑和养护混凝土；确实要做的，宜在浇筑和养护期间，采用暖棚法对相应部位进行人工局部加温保暖。

5.2.6 混凝土的雨期施工

1. 雨期施工的含义

雨期包括雨季和下雨天两种情况，都应按雨期施工要求采取措施。

2. 雨期施工措施

（1）雨期施工期间，水泥和拌合料应采取防水、防潮措施。

（2）应采用具有防雨水冲刷性能的模板脱模剂。

（3）混凝土搅拌、运输的设备和浇筑的作业面应采取防雨措施，并应加强施工机械的检查维修及接地接零的检测。

（4）小雨、中雨天气不宜进行混凝土露天浇筑，且不应进行大面积混凝土露天浇筑；大雨、暴雨天气不应进行混凝土露天浇筑。

（5）雨后应检查地基的沉降，并应对模板及其支架进行检查。

（6）应采取防止模板内积水的措施。当模板内和混凝土浇筑分层面出现积水时，应在排水后再浇筑混凝土。

（7）混凝土浇筑过程中，因雨水冲刷致使水泥浆流失严重的部位，应采取补救措施后再继续施工。

（8）雨天进行钢筋焊接时，应采取挡雨等安全措施。

（9）混凝土浇筑完毕后，应及时采取覆盖塑料薄膜等防雨措施。

（10）台风来临前，应对尚未浇筑混凝土的模板及支架采取临时加固措施；台风过后应检查模板及支架,已验收合格的模板及支架应重新办理验收手续。

5.2.7 混凝土的高温施工

1. 高温施工的含义

当日平均气温≥30℃时,应按高温施工要求采取措施。

2. 高温施工措施

(1)混凝土拌合物入模温度应小于35℃。混凝土输送管道应进行遮阳覆盖,并应洒水降温。

(2)混凝土浇筑宜在早间或晚间进行,且应连续浇筑。当混凝土水分蒸发较快时,应在施工作业面采取挡风、遮阳、喷雾等措施。

(3)混凝土浇筑前,施工作业面宜采取遮阳措施,并应对模板、钢筋和施工机具采取洒水等降温措施,但浇筑时模板内不得积水。

(4)混凝土浇筑完成后,应及时进行保湿养护;侧模拆除前宜采用带模湿润养护。

5.2.8 混凝土的缺陷及处理

1. 混凝土缺陷的分类

混凝土缺陷规范化处置

混凝土结构外观缺陷分为一般缺陷和严重缺陷两类。一般缺陷,指尺寸偏差超出规定范围,还未对结构性能和使用功能构成影响;严重缺陷,指尺寸偏差超出规定范围,已对结构性能和使用功能构成影响。混凝土结构外观缺陷分类见表5-7。

2. 处理程序

施工过程中发现混凝土结构外观缺陷时,应认真分析缺陷产生的原因。对一般缺陷,施工单位应报告监理单位,然后再进行修整;对严重缺陷,施工单位应制订专项修整方案,方案论证审批后再实施,不得擅自处理。

3. 对混凝土结构外观一般缺陷的处理

(1)露筋、蜂窝、孔洞、夹渣、疏松、外表缺陷,应凿除胶结不牢固部分的混凝土,清理表面,洒水湿润后用1∶2~1∶2.5水泥砂浆抹平。

(2)裂缝应进行封闭。

(3)连接部位缺陷、外形缺陷,可与面层装饰施工一并处理。

4. 对混凝土结构尺寸偏差的处理

(1)一般缺陷,可结合装饰工程进行处理。

(2)严重缺陷,应会同设计单位共同制订专项处理方案,结构处理后应重新检查验收。

表 5-7　混凝土结构外观缺陷分类

名称	现象	严重缺陷	一般缺陷
露筋	构件内钢筋未被混凝土包裹而外露	纵向受力钢筋有露筋	其他钢筋有少量露筋
蜂窝	混凝土表面缺少水泥砂浆而形成石子外露	构件主要受力部位有蜂窝	其他部位有少量蜂窝
孔洞	混凝土中孔穴深度和长度均超过保护层厚度	构件主要受力部位有孔洞	其他部位有少量孔洞
夹渣	混凝土中有杂物且深度超过保护层厚度	构件主要受力部位有夹渣	其他部位有少量夹渣
疏松	混凝土中局部不密实	构件主要受力部位有疏松	其他部位有少量疏松
裂缝	缝隙从混凝土表面延伸至混凝土内部	构件主要受力部位有影响结构性能或使用功能的裂缝	其他部位有少量不影响结构性能的裂缝
连接部位缺陷	构件连接处混凝土有缺陷及连接钢筋、连接件松动	连接部位有影响结构传力性能的缺陷	连接部位有基本不影响结构传力性能的缺陷
外形缺陷	缺棱掉角、棱角不直、翘曲不平、飞边凸肋等	清水混凝土构件有影响使用功能或装饰效果的外形缺陷	其他混凝土构件有不影响使用功能的外形缺陷
外表缺陷	构件表面麻面、掉皮、起砂、沾污等	具有重要装饰效果的清水混凝土构件有外表缺陷	其他混凝土构件有不影响使用功能的外表缺陷

5．对混凝土结构外观严重缺陷的处理

（1）露筋、蜂窝、孔洞、夹渣、疏松、外表缺陷，应凿除胶结不牢固部分的混凝土至密实部位，清理表面，支设模板，洒水湿润，涂抹混凝土界面处理剂，采用比原混凝土强度等级高一级的细石混凝土浇筑密实，养护时间不少于 7 天。

什么是混凝土裂缝

（2）裂缝的处理。

① 民用建筑地下室、卫生间、屋面等接触水介质的构件，均应注浆封闭处理。民用建筑不接触水介质的构件，可采用注浆封闭，也可采用聚合物砂浆或其他表面封闭材料进行封闭。

② 无腐蚀介质工业建筑的地下室、卫生间、屋面等接触水介质的构件，以及有腐蚀介质的所有构件，均应注浆封闭处理。无腐蚀介质工业建筑不接触水介质的构件，可采用注浆封闭，也可采用聚合物砂浆或其他表面封闭材料进行封闭。

【附注】压力灌浆法是注浆封闭的一种方法，对于影响结构承载力、影响结构耐久性或有防水防渗要求的裂缝，为了恢复结构的整体性，可以用压力灌浆的方法来修补。一般对宽度较大（≥0.5 mm）的裂缝，宜用压力灌水泥浆密封；对宽度较小（＜0.5 mm）的裂缝，宜用压力灌环氧树脂浆密封。在裂缝两端留压浆的出入口，将其余裂缝表面密封，用专门的压力灌浆器将浆液灌入。图 5-22 所示为压力灌浆法修补裂缝。

图 5-22 压力灌浆法修补裂缝

【任务实施】

实训任务：某工程泵送混凝土的施工考察。

【技能训练】

（1）选择某项泵送混凝土工程的施工过程作为考察的对象。

（2）学生现场实地考察某工程泵送混凝土的施工过程，注意收集工程概况、工程特点、使用设备及其布置情况、泵送工艺、人力组织、施工效率等资料。

（3）以小组为单位开展讨论。

（4）由学生整理成考察报告，作为课外作业。

工作任务 5.3　混凝土工程施工质量评定

5.3.1　混凝土的原材料质量检验

（1）水泥，检查其品种、等级、出厂时间、强度和稳定性。

（2）砂、石，检查其品种、规格、含泥量。
（3）外加剂，检查其品种、成分、出厂时间、质量。

5.3.2 构件的外观质量检验

（1）构件的位置、截面尺寸要准确，偏差要符合施工质量验收规范的规定。
（2）外观要均匀密实，无蜂窝、孔洞、麻面。

5.3.3 混凝土拌合物质量检验

（1）检查施工配合比的原始资料。
（2）用施工现场使用的混凝土拌合物，用标准方法制作试件，按标准条件养护 28 天后，检验试件的标准养护强度，要等于或大于设计强度才合格。

砼外观质量检查

5.3.4 构件实体混凝土强度的评定

1. 混凝土试件的制作、养护条件规定

在施工现场某类构件旁，取样制作试件，试件组数按施工质量验收规范规定（不宜少于 10 组，且不应少于 3 组），脱模后放在同类构件现场，采用与同类构件相同的养护条件养护 28 天后，检验其抗压强度，按《混凝土强度检验评定标准》（GB/T 50107—2010）规定的方法和公式来评定。

2. 混凝土试件组的构成和强度取值规定

每组混凝土试件由 3 个立方体试件组成，一般情况下，每组试件的强度按 3 个试件强度的算术平均值来确定；当一组内 3 个试件中强度的最大值或最小值与中间值之差超过中间值的 15%时，取 中间值 作为该组试件的强度代表值；当一组试件强度最大值和最小值与中间值之差均超过中间值的 15%时，该组试件 不作为强度评定依据。

3. 采用统计方法评定的条件和合格标准

设：设计的混凝土强度为 $f_{cu,k}$，同批混凝土试件的组数为 n，试件的强度为 $f_{cu,i}$，同批混凝土试件强度的最小值为 $f_{cu,min}$，同批混凝土试件强度的平均值为 $m_{f_{cu}} = \sum f_{cu,i} \div n$。

当同批混凝土试件组数 $n \geq 10$ 时，可采用统计方法评定。

试件强度的标准差按式（5-4）计算。

$$S_{f_{cu}} = [(\sum f_{cu,i}^2 - nm_{f_{cu}}^2) \div (n-1)]^{1/2} \qquad (5-4)$$

【附注】根据混凝土强度检验评定标准，当计算 $S_{f_{cu}} \leq 2.5$ MPa 时，取 $S_{f_{cu}} = 2.5$ MPa。

同批混凝土试件强度应同时满足式（5-5）和式（5-6）才算合格。

$$m_{f_{cu}} \geq f_{cu,k} + \lambda_1 S_{f_{cu}} \qquad (5-5)$$

$$f_{cu,min} \geq \lambda_2 f_{cu,k} \qquad (5-6)$$

式中的合格评定系数 λ_1 和 λ_2 的取值见表 5-8。

表 5-8 合格评定系数 λ_1 和 λ_2

试件组数 n	10～14	15～19	≥20
λ_1	1.15	1.05	0.95
λ_2	0.90	0.85	

4．采用非统计方法评定的条件和合格标准

当同批混凝土试件组数 $n<10$ 时，按非统计方法评定。

同批混凝土试件强度应同时满足式（5-7）和式（5-8）才算合格。

$$m_{f_{cu}} \geq \lambda_3 f_{cu,k} \tag{5-7}$$

$$f_{cu,\min} \geq \lambda_4 f_{cu,k} \tag{5-8}$$

式中的合格评定系数 λ_3 和 λ_4 的取值见表 5-9。

表 5-9 非统计方法合格评定系数 λ_3 和 λ_4

混凝土强度等级	<C60	≥C60
λ_3	1.15	1.10
λ_4	0.95	

5．同条件养护与标准养护的差异及其处理方法

由于同条件养护要比标准养护的环境差，试件养护后的强度也比标准养护的强度差，《混凝土结构工程施工质量验收规范》（GB 50204—2015）规定，应将同条件养护试件的试压值除以 0.88 后，再按上述方法和公式来评定。

6．混凝土成熟度与养护时间的关系

由于我国地域辽阔，各地气候条件差异很大，施工规范中对 28 天养护期的规定，是为了便于施工现场实际操作而定的大致时间，不是非常准确的标准。混凝土成熟度是根据大量试验数据统计研究，得到的一个较为准确的标准。混凝土成熟度是把养护期内每天的平均温度逐日累加至 600 ℃·d 时，所测定的混凝土试件强度，其与标准养护条件下龄期 28 天的强度基本相同（注意，平均温度为 0 ℃ 及以下的天数不计算，计算的天数不应小于 14 天，不宜大于 60 天）。因此《混凝土结构工程施工质量验收规范》（GB 50204—2015）建议，可取日平均气温逐日累计达到 600 ℃·d 时所对应的龄期作为等效的养护时间。

7．附则

由于粉煤灰混凝土比普通混凝土初凝后强度增长缓慢得多，对于掺有粉煤灰的预拌混凝土，其试件的龄期不能按照普通混凝土的 28 天，而应按《粉煤灰混凝土应用技术规范》（GB/T 50146—2014）规定，地上结构 60 天龄期，地下结构 90 天龄期来测定其强度。

【混凝土试件试验结果的强度评定案例】

已知：某混凝土分项工程，设计要求使用 C30 混凝土，施工单位提供了该分项工程某检验批同条件养护 50 组试件的强度实测值（已换算成标准养护条件下的数值）见表 5-10。

请按《混凝土强度检验评定标准》（GB/T 50107—2010）的规定进行质量评定。

表 5-10 试件组强度数据整理结果　　　　　　　　　　　　　　　　单位：MPa

序号	试件强度样本数据 $f_{cu,i}$				
1	39.8	37.7	33.8	31.5	36.1
2	37.2	38.0	33.1	39.0	36.0
3	35.8	35.2	31.8	37.1	34.0
4	39.9	34.3	33.2	40.4	41.2
5	39.2	35.4	34.4	38.1	40.3
6	42.3	37.5	35.5	39.3	37.3
7	35.9	42.4	41.8	36.3	36.2
8	46.2	37.6	38.3	39.7	38.0
9	36.4	38.3	43.4	38.2	38.0
10	44.4	42.0	37.9	38.4	39.5
$\sum f_{cu,i}$					1893.3

1. 计算质量评定的基本数据

（1）同批混凝土试件组数 $n=50$，试件组强度的最大值 $f_{cu,max}=46.2$ MPa，试件组强度的最小值 $f_{cu,min}=31.5$ MPa $>0.90 f_{cu,k}=0.90 \times 30=27$（MPa），所有数据符合规范要求，全部有效。

试件组强度的总和 $\sum f_{cu,i}=1893.3$ MPa，试件组强度的平均值 $m_{f_{cu}}=1893.3 \div 50 \approx 37.87$（MPa）。

（2）试件组强度的平方值和平方值之和见表 5-11。

表 5-11 试件组强度的平方值和平方值之和

序号	样本数据的平方值 $f_{cu,i}^2$				
1	1584.0	1421.3	1142.4	992.3	1303.2
2	1383.8	1444.0	1095.6	1521.0	1296.0
3	1281.6	1239.0	1011.2	1376.4	1156.0
4	1592.0	1176.5	1102.2	1632.2	1697.4
5	1536.6	1253.2	1183.4	1451.6	1624.1
6	1789.3	1406.3	1260.3	1544.5	1391.3
7	1288.8	1797.8	1747.2	1317.7	1310.4
8	2134.4	1413.8	1466.9	1576.1	1444.0
9	1325.0	1466.9	1883.6	1459.2	1444.0
10	1971.4	1764.0	1436.4	1474.6	1560.3
$\sum f_{cu,i}^2$					72171.2

（3）计算试件组强度的标准差。

$$nm_{f_{cu}}^2 = 50 \times 37.87^2 \approx 71706.8$$

据式（5-4）：$S_{f_{cu}} = [(\sum f_{cu,i}^2 - nm_{f_{cu}}^2) \div (n-1)]^{1/2}$

$= [(72171.2 - 71706.8) \div (50-1)]^{1/2}$

$= (464.4 \div 49)^{1/2}$

≈ 3.08（MPa）>2.50 MPa，有效。

2. 合格标准判别

（1）按式（5-5）判别如下。

$$m_{f_{cu}} = 37.87 \text{ MPa}, f_{cu,k} = 30 \text{ MPa}, \lambda_1 = 0.95, S_{f_{cu}} = 3.08 \text{ MPa}$$

$$f_{cu,k} + \lambda_1 S_{f_{cu}} = 30 + 0.95 \times 3.08$$

$$\approx 32.93 < m_{f_{cu}} = 37.87，判定为合格。$$

（2）按式（5-6）判别如下。

$$f_{cu,min} = 31.5 \text{ MPa}, \lambda_2 = 0.85$$

$\lambda_2 f_{cu,k} = 0.85 \times 30 = 25.5$（MPa）$< f_{cu,min} = 31.5$ MPa，也判定为合格。

3. 判别结论

根据上述两处判定，此检验批的混凝土强度合格。

【任务实施】

实训任务：根据某工程混凝土试验数据，分析判断此分项工程是否合格？

【技能训练】

教师提供某分项工程混凝土试块的试验数据，由学生根据规范标准，分析判断此分项工程是否合格，写成分析报告，作为课外作业。

工作任务 5.4　新型混凝土

混凝土作为一种传统的建筑材料具有悠久的历史，而随着科技和经济的发展，建筑的形式也在不断发展。高层、大跨度结构对建筑材料的要求越来越高，混凝土材料的品种不断增多，质量逐步提高，使用范围越来越广。根据性能的要求，在普通混凝土中添加材料并实施在工艺上，派生出名目繁多、性能特异、用途不一的新型混凝土，以下介绍几种新型混凝土在建筑工程领域中的应用。

1. 再生骨料混凝土

再生骨料混凝土是指将工地上或者施工过程中一些不用的废混凝土、废砖块、废砂浆经过破碎、清洗等步骤之后，再按照一定的比例与级配，部分甚至全部代替砂石等天然集料，再加入水泥、水等配制成新混凝土。

建筑工地的废混凝土、废砖块、废砂浆有两个来源：一是拆除旧建筑物产生，二是在输送和使用新供应混凝土的过程中产生。为了达到充分利用资源和节能环保这两个要求，应做好这两部分废弃混凝土的回收利用。

再生骨料混凝土可以用于基础垫层、底板、地面垫层、填充墙和非结构构件等部位。

2. 透水混凝土

透水混凝土是一种由骨料、水泥和水拌制而成的多孔轻质混凝土。作为一种新的环保型、生态型的材料，透水混凝土具备透气、透水以及质量轻等优点。透水混凝土在城市雨水管理和水污染防治等工作上有着不可替代的重要作用。

3. 清水混凝土

清水混凝土也叫作装饰混凝土，"素面朝天"是人们对它最常用的评价。清水混凝土的建筑具有厚重与清雅等优点，清水混凝土常应用于洗手池、花盆、混凝土音响、混凝土路由器等方面。

4. 彩色混凝土

彩色混凝土（又叫装饰混凝土）是一种防水、防滑、防腐的绿色环保地面装饰材料。施工中常在未干的水泥地面上加一层彩色混凝土，然后用专用的模具对水泥地面进行压制。彩色混凝土广泛运用于市政步道、园林小路、城市广场、高档住宅小区、停车场、商务办公大楼、户外运动场所（如羽毛球场馆、篮球场馆）等。

5. 生态混凝土

生态混凝土（又叫植被混凝土、绿化混凝土等）是采用一种特殊工艺制造出来的新型混凝土，主要适用于边坡治理（包括河流、湖泊、水库堤坝以及道路两侧的边坡治理）等方面。

6. 泡沫混凝土

泡沫混凝土（又叫轻质混凝土）是通过发泡机的发泡系统将发泡剂发泡成泡沫，并将泡沫与水泥浆均匀混合，然后经过发泡机的泵送系统进行浇筑施工，经自然养护所形成的一种含有大量封闭气孔的新型轻质保温材料。

泡沫混凝土广泛应用于泡沫混凝土屋面保温层、泡沫混凝土面块、泡沫混凝土轻质墙板、泡沫混凝土补偿地基等。

7. 玻璃混凝土

玻璃混凝土是在普通混凝土中加入碾碎的普通玻璃渣形成的混凝土。将废弃玻璃作为混凝土的矿物掺合料，可以把废弃玻璃的价值发挥到极致，使之循环再利用。

不过目前，玻璃混凝土还尚未达到工业化应用的地步。

除以上混凝土外，新型混凝土还有空气净化混凝土、自愈混凝土、碳纤维智能混凝土等。

【拓展讨论】

党的二十大报告提出，坚持人民城市人民建、人民城市为人民，提高城市规划、建设、治理水平，加快转变超大特大城市发展方式，实施城市更新行动，加强城市基础设施建设，打造宜居、韧性、智慧城市。

钢筋混凝土结构仍然是现在建筑的主要结构形式，结合本章内容，谈一谈如何使用钢筋混凝土打造宜居、韧性、智慧城市。

【本项目总结】

项目5	工作任务	能力目标	基本要求	主要支撑知识	任务成果
钢筋混凝土——混凝土工程施工	混凝土的类型	了解不同类型的混凝土	初步掌握	混凝土的分类	（1）施工配合比换算练习；（2）混凝土楼面施工方案编制；（3）混凝土施工质量验收评定练习
	混凝土施工配合比换算	能确定配制强度、进行施工配合比换算	初步掌握	设计强度与施工配制强度、配合比换算	
	混凝土施工机械选择运用	能选择适当施工机械	初步掌握	混凝土机械的种类、特点、适用性	
	混凝土楼面施工方案编制	能编制混凝土楼面施工方案	初步掌握	混凝土的工艺过程、施工顺序、施工方法	
	混凝土施工质量评定	能进行混凝土施工质量评定	初步掌握	混凝土施工质量评定的理论	

复习与思考

1. 混凝土施工过程在各不同阶段有哪些不同的特性？了解这些特性对施工生产有什么作用？
2. 什么叫作混凝土的实验室配合比、施工配合比？两者有什么相同点和不同点？
3. 用自落式搅拌机拌制混凝土时，投料的先后顺序是什么？为什么？
4. 对新拌制混凝土运输有什么要求？
5. 施工现场混凝土输送有哪些方式？需要用到哪些设备？
6. 交梁楼面当柱、梁和板混凝土设计强度等级不同时，应如何施工？
7. 新浇筑的混凝土为什么要养护？有哪些养护方法？各用在什么地方？
8. 什么是混凝土的标准养护强度、同条件养护强度、等效养护强度？
9. 什么是施工缝？施工缝留设有什么原则？
10. 什么是后浇带？后浇带的留设和封闭有什么要求？
11. 混凝土振捣常用的设备有哪些？各适用于什么范围？
12. 什么叫作大体积混凝土？它有哪些特点？施工时要注意哪些问题？
13. 如何确定某一混凝土构件强度是否合格？
14. 混凝土质量检查包括哪些内容？
15. 试述混凝土施工过程中要注意哪些安全方面的问题。
16. 某结构采用 C20 混凝土，实验室的配合比为 1∶2.12∶4.37，水灰比 $W/C = 0.62$，施工现场实测砂的含水率为 3%，石的含水率为 1%，其施工配合比是多少？若采用出料容量为 400 L 的搅拌机拌制，每立方米混凝土的水泥用量为 270 kg，则每立方米混凝土各种材料的用量是多少？
17. 已知一批混凝土试件，设计要求使用 C35 混凝土，实验室测得其强度如表 5-12 所示。判断这批试件是否合格。

项目5在线答题

表 5-12　混凝土试件强度　　　　　　　　　　　单位：MPa

序号	单值强度	序号	单值强度
1	33.2	5	46.5
	37.7		43.5
	32.9		51.3
2	54.0	6	40.7
	41.1		29.1
	52.1		33.4
3	51.4	7	41.6
	40.8		38.4
	39.7		37.6
4	42.1	8	42.8
	34.1		41.0
	45.8		45.5

项目6 预应力混凝土工程施工

本项目学习提示

为了解决普通混凝土结构存在的一些难于解决的问题，近几十年人们开发和应用了预应力混凝土结构。与普通混凝土相比，预应力混凝土抗裂性好、刚度大、材料省、自重轻、结构寿命长，为建造大跨度结构创造了条件。从单个预应力构件发展到整体的预应力混凝土结构，预应力混凝土不但应用于房屋建筑，还广泛应用于各类工程结构物中。预应力混凝土现在已经成为一门新技术，还在不断发展中，其中涉及的设计理论、施工方法、使用材料和机械设备都比较复杂。本项目学习预应力混凝土的基本原理、主要施工工艺。

能力目标

- 能认识预应力混凝土使用的材料。
- 能认识预应力混凝土施工用的机械设备。
- 能理解先张法、后张法预应力混凝土施工的生产工艺。
- 能理解后张自锚无黏结预应力混凝土新技术。

知识目标

- 了解为什么要开发利用预应力混凝土。
- 了解施加预应力的作用和目的。
- 了解先张法、后张法实现预应力的基本原理。
- 了解后张自锚无黏结预应力混凝土新技术的基本原理。

思维导图

工作任务 6.1　预应力混凝土基础知识

6.1.1　开发预应力混凝土的必要性

普通混凝土的一个缺点是过早开裂，构件带裂缝工作，因而影响到构件的耐久性；另一个缺点是自重大，使构件的跨度受到限制。预应力混凝土是针对普通混凝土的缺点研究开发的新品种，若给混凝土的受拉区预先施加上压应力，使构件在工作时，首先抵消这个预压应力，然后才有可能开裂，进而提高构件的抗裂性能；若构件使用高强钢丝和高等级混凝土来制作，就可以减小构件的截面，减轻结构自重，增加结构的跨度。我们祖先用木板和桶箍造水桶，就是利用桶箍给拼接起来的木板施加预压应力，使其成为能装水的木桶。现代预应力技术，已经发展成为一门实用技术。图 6-1 所示为普通混凝土梁的 3 种不同状况，图 6-2 所示为预应力混凝土梁的实际工况。

（a）无筋混凝土梁承载力很小　　（b）受拉区加入钢筋承载力增加　　（c）受拉区加入钢筋承载力增加，但受拉区仍容易开裂

图 6-1　普通混凝土梁的 3 种不同状况

（a）在梁的受拉区施加预压应力　　　　（b）梁受荷后承载力增加还不容易开裂

图 6-2　预应力混凝土梁的实际工况

6.1.2　预应力混凝土的分类

1. 按施加预应力的方法

预应力混凝土按施加预应力的方法分为先张法预应力混凝土（先张拉预应力钢筋，后浇筑混凝土）与后张法预应力混凝土（先浇筑混凝土，后张拉预应力钢筋）。

2. 按施加预应力的手段

预应力混凝土按施加预应力的手段分为机械张拉法预应力混凝土（常用）与电热张拉法预应力混凝土（现已不常用）。

3. 按预应力钢筋与混凝土之间有无黏结

预应力混凝土按预应力钢筋与混凝土之间有无黏结分为有黏结预应力混凝土与无黏结预应力混凝土。

4. 按施加预应力的程度

预应力混凝土按施加预应力的程度分为全预应力混凝土和部分预应力混凝土。

6.1.3 预应力混凝土的优缺点

1. 优点

（1）预应力混凝土能有效利用高强度钢筋和高等级混凝土的优良性能。

（2）预应力混凝土能有效提高构件的抗裂性、刚度和耐久性。

（3）预应力混凝土能减小构件截面，相应减轻结构的自重，从而节约材料。

（4）预应力混凝土适用于大跨度、大柱网、大型的结构构件。

2. 缺点

（1）与普通混凝土结构相比，预应力混凝土结构施工难度大，需要使用专门的施工设备和工具。

（2）预应力混凝土的技术含量高，设计和施工的要求高，需要有专门的理论和工艺指导。

（3）预应力混凝土构件遇到火灾时，由于构件受热伸长，施加的预压应力会减小甚至消失，从而造成结构或构件失效，所以要特别重视防火。

6.1.4 预应力混凝土常用的材料

1. 钢材

（1）预应力钢绞线（图 6-3），结构有 1×3、1×7，符号 ϕ^s，抗拉强度标准值 $f_{ptk}=1570 \sim 1860$ MPa。

D—钢绞线的直径；d—钢丝的直径；d_0—中心钢丝的直径。

图 6-3 预应力钢绞线

（2）消除应力钢丝，$d=4 \sim 9$ mm，符号 ϕ^H，抗拉强度标准值 $f_{ptk}=1570 \sim 1770$ MPa。

（3）热处理钢筋（图 6-4），$d=6 \sim 10$ mm，符号 ϕ^{HT}，抗拉强度标准值 $f_{ptk}=1470$ MPa。

（a）带纵肋的热处理钢筋　　　　　　　（b）无纵肋的热处理钢筋

图 6-4 热处理钢筋

2. 混凝土

（1）对预应力钢绞线和消除应力钢丝，应用 C40 及以上等级的混凝土。

（2）对于热处理钢筋，应用 C30 及以上等级的混凝土。

6.1.5 预应力混凝土的生产设备

1. 固定器具

固定器具为锚具或夹具，锚具用在固定端，夹具用在张拉端。这两者在预应力技术中地位都很重要，因为它们是预应力技术的关键部件，必须严格把好进场验收关，确保质量。不同的夹具和锚具如图 6-5～图 6-10 所示。

（a）装配图　　　　（b）夹片　　　　（c）套筒

1—套筒；2—夹片；3—预应力钢筋。

图 6-5　圆套筒三片式夹具

1—套筒；2—齿板；3—钢丝；4—锥塞。

图 6-6　钢质锥形夹具

1—垫片；2—镦头钢丝；3—承力板。

图 6-7　固定端镦头颈夹具

(a) 螺丝端杆

(b) 螺母　　(c) 垫板

图 6-8　螺丝端杆锚具

JM12 锚具

1—帮条；2—衬板；3—主筋。

图 6-9　帮条锚具

(a) 锚环

(b) JM12-6 夹片

图 6-10　JM 型锚具

2. 张拉设备

（1）用来张拉预应力钢筋的专用设备称为张拉设备。张拉设备包括电动螺杆张拉机、拉杆液压千斤顶、穿心液压千斤顶、锥锚液压千斤顶等几种类型。不论哪一种张拉设备，都要定期检测校验它的计量准确度，保证施力准确。

（2）电动螺杆张拉机（图6-11），用于先张法，只能拉单筋、单丝，行程800 mm，最大张拉力600 kN。

1—电动机；2—皮带；3—齿轮；4—螺母；
5—螺杆；6—顶杆；7—台座横梁；8—钢丝；
9—锚固夹具；10—测力计；11—推进螺纹；12—拉力架。

图6-11　电动螺杆张拉机

（3）拉杆液压千斤顶（图6-12），先张法、后张法都可以用，只能拉单筋，螺锚（螺丝端杆锚固），行程150 mm，最大张拉力600 kN。

1—主缸；2—主缸活塞；3—主缸进油孔；4—副缸；5—副缸活塞；
6—副缸进油孔；7—连接器；8—传力架；9—拉杆；10—螺母；
11—预应力钢筋；12—混凝土构件；13—预埋钢板；14—螺丝端杆。

图6-12　拉杆液压千斤顶

（4）穿心液压千斤顶（图6-13），先张法、后张法都可以用，对单筋可拉可锚，行程150 mm，最大张拉力600 kN。

（5）锥锚液压千斤顶（图6-14），先张法、后张法都可以用，对钢绞线、钢丝束可拉可锚，行程250 mm，最大张拉力850 kN。

（a）张拉钢筋

（b）锚固钢筋

1—预应力钢筋；2—台座；3—穿心夹具；4—弹性顶压头；5、6—油嘴；7—偏心夹具；8—弹簧。

图 6-13 穿心液压千斤顶

1—预应力钢筋；2—顶压头；3—副缸；4—副缸活塞；5—主缸；
6—主缸活塞；7—主缸拉力弹簧；8—副缸压力弹簧；9—锥形卡环；
10—楔块；11—主缸油嘴；12—副缸油嘴；13—锚塞；14—构件；15—锚环。

图 6-14 锥锚液压千斤顶

3. 台座

先张法需要台座，台座要有足够的强度、刚度、稳定性，制作时要能承受全部的张拉力，要方便钢筋张拉、混凝土的浇筑和养护，便于构件的起吊、运输。图 6-15 所示为槽式台座。

1—钢筋混凝土墙和柱；2—砖墙；3—下横梁；
4—上横梁；5—传力柱；6—柱垫。

图 6-15 槽式台座

6.1.6 预应力损失

1. 预应力损失的概念

因材料的特性和预应力施工张拉工艺等原因，从张拉钢筋开始，到整个预应力构件使用过程中，预应力钢筋本身的拉应力会慢慢降低，同时混凝土受到的预压应力也随之逐渐降低，所失去的预压应力就称为预应力损失。

2. 预应力损失的重要性

在预应力混凝土技术发展初期，许多次研制失败都是因为对预应力损失的认识不足。若对预应力损失估计过大，就要施加更大的预应力，材料不一定承受得了；若估计过小，构件使用时将会失去预应力的作用。所以，对预应力损失要有一个恰当的估计。

3. 预应力损失的种类

σ_{l1}——张拉端锚具变形和钢筋内缩引起的预应力损失，先张法、后张法都有。

σ_{l2}——预应力钢筋与管道壁之间摩擦引起的预应力损失，先张法、后张法都有。

σ_{l3}——混凝土蒸汽养护时由温差引起的预应力损失，只有先张法有。

σ_{l4}——钢筋的应力松弛引起的预应力损失，先张法、后张法都有。

σ_{l5}——混凝土收缩、徐变引起的预应力损失，先张法、后张法都有。

σ_{l6}——弧形钢筋由于混凝土与钢筋的挤压而引起的预应力损失，只有后张法有。

σ_{l7}——混凝土弹性压缩，先张法、后张法都有。

4. 施工各个阶段预应力损失的组合

（1）先张法，混凝土预压前预应力损失的组合，$\sigma_{lI} = \sigma_{l1} + \sigma_{l2} + \sigma_{l3} + \sigma_{l4}$；

混凝土预压后预应力损失的组合，$\sigma_{lII} = \sigma_{l5} + \sigma_{l7}$。

（2）后张法，混凝土预压前预应力损失的组合，$\sigma_{lI} = \sigma_{l1} + \sigma_{l2}$；

混凝土预压后预应力损失的组合，$\sigma_{lII} = \sigma_{l4} + \sigma_{l5} + \sigma_{l6} + \sigma_{l7}$。

【任务实施】

实训任务：认识预应力混凝土生产所使用的材料、生产用的机械设备和配件。

【技能训练】

（1）实地参观预应力混凝土生产所使用的材料。

（2）实地参观预应力混凝土生产所使用的机械设备和配件，了解它们的特性。

工作任务 6.2　先张法预应力混凝土施工

6.2.1 先张法预应力混凝土施工的工艺流程

先张法预应力混凝土施工的工艺流程如图 6-16 所示，其生产示意如图 6-17 所示。

图 6-16 先张法预应力混凝土施工的工艺流程

1—台座；2—横梁；3—台面；4—预应力钢筋；5—夹具；6—构件。

图 6-17 先张法预应力混凝土施工生产示意

6.2.2 先张法的设备

（1）固定器具，详见工作任务 6.1。
① 夹具：安放在张拉端，临时夹紧、固定预应力钢筋用。
② 锚具：安放在固定端，固定预应力钢筋用。
③ 固定器具只在生产过程中使用，不留在构件内，可以重复利用。
（2）张拉设备，详见工作任务 6.1。
（3）台座，详见工作任务 6.1。

6.2.3 先张法的生产工艺

1. 预应力钢筋的下料长度 L

L＝台座内的长度 L_o＋固定端的锚固长度 a＋张拉端的夹紧长度 b

2. 张拉数据的确定

（1）张拉控制应力（σ_{con}）应由设计确定，且应在下式范围内。
（2）对消除应力钢丝、钢绞线，此类钢材没有屈服点，以极限抗拉强度的标准值（f_{ptk}）来控制。

$$\sigma_{con} \leqslant 0.75 f_{ptk} \tag{6-1}$$

（3）对中强度预应力钢丝，此类钢材没有屈服点，以极限抗拉强度的标准值（f_{ptk}）来控制。

$$\sigma_{con} \leqslant 0.70 f_{ptk} \tag{6-2}$$

（4）对预应力螺纹钢筋，以屈服强度标准值（f_{pyk}）来控制。

$$\sigma_{con} \leqslant 0.85 f_{pyk} \tag{6-3}$$

（5）张拉力由式（6-4）确定。

$$F_p = m \cdot \sigma_{con} \cdot A_p \tag{6-4}$$

式中：A_p——预应力钢筋的截面面积；
　　　m——系数，与张拉方式有关，m＝1.05 或 m＝1.03，根据张拉方式确定，是为补偿钢筋应力松弛引起的预应力损失。

（6）张拉方式有两种。

第一种张拉方式：0→1.05σ_{con}→持荷 2min→σ_{con}。
第二种张拉方式：0→1.03σ_{con}。

（7）张拉端的伸长值 ΔL，因为

$$\varepsilon = \Delta L \div L = \sigma \div E_s = F_p \div (A_p \cdot E_s) \tag{6-5}$$

所以

$$\Delta L = (F_p \cdot L) \div (A_p \cdot E_s) \tag{6-6}$$

式中：ε——预应力钢筋应变值；
σ——张拉应力；
F_p——张拉力；
E_s——预应力钢筋的弹性模量。

3. 混凝土的浇筑

混凝土浇筑的施工要求与普通混凝土相同，可以自然养护，也可以用蒸汽养护；但不同的养护条件预应力损失是不一样的。

4. 预应力钢筋的放张

（1）放张的目的：施工时施加的预应力原来是由台座来承担的，现在通过放张把它转移到构件上，使混凝土构件真正受到预压应力。

（2）放张的时间：混凝土强度要达到设计强度的75%及以上。

（3）放张的要求：要让混凝土构件逐步、均衡受力。要有放张的方案，按照一定的顺序来进行。对于中心受压构件，可以同时放张；对于偏心受压构件，要先放张受力较小端，后放张受力较大端，由一端向另一端，分段、对称、交错地进行放张。

6.2.4 先张法的适用性

先张法适用于在混凝土预制构件厂生产中小型预应力混凝土预制构件。

【任务实施】

实训任务：实地参观先张法预应力混凝土构件的生产过程。

【技能训练】

（1）实地参观先张法预应力混凝土构件的生产过程。
（2）了解先张法预应力混凝土构件的生产工艺要求。
（3）了解先张法生产预应力混凝土构件的适用性。

工作任务 6.3　后张法预应力混凝土施工

6.3.1 后张法预应力混凝土施工的工艺流程

后张法预应力混凝土施工的工艺流程如图 6-18 所示，其生产示意如图 6-19 所示。

项目 6　预应力混凝土工程施工

图 6-18　后张法预应力混凝土施工的工艺流程

1—混凝土构件；2—预留孔道；3—预应力钢筋；4—千斤顶；5—锚具。

图 6-19　后张法预应力混凝土施工生产示意

6.3.2 后张法的设备

1. 固定器具

后张法的固定器具在制作时已留在混凝土构件内,因而不可重复使用,详见工作任务 6.1。

(1) 螺丝端杆锚具,适于单根钢筋,张拉端使用,代号 LM。

(2) 帮条锚具,适于单根钢筋,固定端使用。

(3) 墩头锚具,适于单根或多根钢筋,固定端使用。

(4) JM 型锚具,适于多根钢筋或钢绞线,张拉端使用。

2. 张拉设备

详见工作任务 6.1。

6.3.3 后张法的生产工艺

预埋波纹管法施工

1. 孔道留设方法

(1) 用钢管预埋,混凝土浇筑后 3~5 h 内把钢管抽出从而形成孔道。

(2) 用胶管充气或充水预埋,混凝土浇筑后 3~5 h 内先将气或水放掉,然后把胶管抽出从而形成孔道。

(3) 预埋金属波纹管,浇筑混凝土后将金属波纹管固定在混凝土内,从而形成孔道,这个方法现在用得最多。

2. 预应力钢筋的制作

(1) 对预应力钢丝束或钢绞线,因为是成盘供应,只需开盘、张拉、下料即可,但要注意不允许有接头。

下料长度

$$L = l + a + b \tag{6-7}$$

式中:a、b——两个端头的长度;

l——构件的长度。

(2) 对预应力钢筋,要考虑焊接、冷拉和回缩对下料长度的影响。

下料长度

$$L = [(l+a+b) \div (1 + 冷拉率 \delta - 回缩率 \delta_1)] + 接头数 n \times 每焊头损失 d \tag{6-8}$$

3. 预应力钢筋的穿孔工艺

预应力钢筋穿入孔道内的穿孔工艺分为先穿束和后穿束两种工艺。因为预应力钢筋可能锈蚀,因此后张法预应力钢筋穿入孔道时间不宜太长。在混凝土浇筑前先将预应力钢筋穿入管道内的工艺方法称为"先穿束",而待混凝土浇筑完毕后再将预应力钢筋穿入孔道的工艺方法称为"后穿束"。在一般情况下,先穿束会占用工期,而且预应力钢筋穿入孔道至张拉并灌浆的时间间隔较长,在环境湿度较大的南方地区或雨季容易造成预应力钢筋的锈蚀,进而影响孔道摩擦,甚至影响预应力钢筋的力学性能;而后穿束时预应力钢筋穿入孔道至张拉并灌浆的时间间隔较短,可有效防止预应力钢筋锈蚀,同时不占用结构施工工期,有利于加快施工进度,是较好的工艺方法。对一端为锚固端、另一端为张拉端的预应力钢筋,只能采用先穿束工艺;而对于两端张拉的预应力钢筋,最好采用后穿束工艺。这主要是考虑预应力钢筋在施工阶段的锈蚀问题,至于时间限制是根据国内外相关标准及我国工程实践经验提出的。

4. 混凝土的浇筑

后张法混凝土的浇筑与先张法相同。

5. 张拉控制应力和张拉力

(1) 张拉控制应力:

对消除应力钢丝、钢绞线　　$\sigma_{con} \leqslant 0.75 f_{ptk}$;

对中强度预应力钢丝　　　　$\sigma_{con} \leqslant 0.70 f_{ptk}$;

对预应力螺纹钢筋　　　　　$\sigma_{con} \leqslant 0.85 f_{pyk}$。

(2) 张拉力和张拉伸长值的计算同前先张法的生产工艺。

(3) 张拉的程序与先张法基本相同;不同之处是,当分批张拉时,后张拉的预应力钢筋对混凝土施压时,会引起前一批已经张拉且已锚好的预应力钢筋压缩变形而应力下降,为了避免这种损失,对先行张拉批的钢筋应补偿一个应力,其值为

$$\Delta \sigma = \alpha_E \times \sigma_{pc} = [(\sigma_{con} - \sigma_{l1}) A_p \div A_n](E_s \div E_c) \tag{6-9}$$

式中:α_E——预应力钢筋弹性模量与混凝土弹性模量的比值,$\alpha_E = E_s \div E_c$;

σ_{pc}——前一批已经张拉且锚好的预应力钢筋因后一批张拉引起的压缩变形产生的应力下降值,$\sigma_{pc} = (\sigma_{con} - \sigma_{l1}) A_p \div A_n$;

σ_{l1}——张拉端锚具变形和钢筋内缩引起的预应力损失;

A_p——预应力钢筋的截面面积;

A_n——净截面面积,即扣除孔道、凹槽等削弱部分以外的混凝土全部截面面积,以及纵向非预应力钢筋截面面积换算成混凝土的截面面积之和;对由不同混凝土强度等级组成的截面,应根据混凝土弹性模量比值换算成同一混凝土强度等级的截面面积。

6. 孔道灌浆

为了防止预应力钢筋生锈,增强预应力钢筋与结构的整体性和耐久性,要对孔道进行灌浆。用 M20、水灰比为 0.4 的水泥砂浆,可掺入不含氯的减水剂;用压力灌浆器往孔道内灌浆,为保证密实,分为两次灌;可以从一端灌,也可以从两端同时灌,但要增加通气孔,灌完要塞孔。

6.3.4　后张法的适用性

与先张法比,后张法工序多、工艺复杂,锚具留在结构内,不可重复使用。此法适用于大型、大跨度预应力混凝土构件的生产。

【任务实施】

实训任务:实地参观后张法预应力混凝土构件的生产过程。

【技能训练】

(1) 实地参观后张法预应力混凝土构件的生产过程。

(2) 了解后张法预应力混凝土构件的生产工艺要求。

(3) 了解后张法生产预应力混凝土构件的适用性。

工作任务 6.4　后张自锚无黏结预应力混凝土新技术

6.4.1　无黏结预应力混凝土概述

在后张法预应力混凝土中，预应力可分为有黏结和无黏结两种。预应力钢筋张拉后，对预留孔道进行压力灌浆，使预应力钢筋与构件混凝土紧密黏结，称为有黏结预应力；若预应力钢筋张拉后，不对预留孔道进行压力灌浆，预应力钢筋与其周围的混凝土没有黏结，可以发生相对滑动，称为无黏结预应力。

后张自锚无黏结预应力混凝土，是近年发展起来的一项新技术。其技术关键：先在预应力钢绞线外刷涂油脂，加塑料或薄钢波纹管外套制成商品（无黏结预应力钢绞线，其断面如图 6-20 所示），然后像铺设普通钢筋那样，将其铺在支好的模板内，再浇筑混凝土；待混凝土达到一定强度后，进行预应力钢筋张拉和锚固。这种方法属于后张法，无须预留灌浆孔，只靠两端的锚具来传递预应力，施工过程比有黏结预应力简便，预应力钢筋可以沿受拉区弯成多个波浪形的曲线，适用于大柱网、大跨度的现浇结构；但对锚具和张拉技术要求较高，对两个锚固端要进行密封处理。

1—塑料外套；2—钢绞线；3—防腐润滑油脂。

图 6-20　无黏结预应力钢绞线断面

6.4.2　无黏结预应力混凝土施工的工艺流程

安装梁或楼板的模板→放线→非预应力钢筋笼的绑扎→铺设无黏结预应力钢筋→绑扎定位→固定端和张拉端就位→绑扎定位→隐蔽工程检查验收→浇筑构件混凝土→养护→拆除模板→清理张拉端→张拉无黏结预应力钢筋→锚固→切除超长部分的预应力钢筋→封闭张拉端。

6.4.3　施工操作要点

1. 现场制作

（1）下料。无黏结预应力钢筋的下料长度应按设计位置经放样计算后确定，每根钢筋应连续配料，中间不得有接头，下料时应用砂轮锯切割。

（2）在特制的张拉器上制作固定端的挤压锚头，必须使钢绞线的轴线与垫块的承压面保持垂直状态。

（3）备齐张拉端配件、张拉端预留孔模块。

2. 构件的模板和普通钢筋安装

构件的底模如在建筑物的周边宜外挑，以便能早拆侧模。侧模应便于可靠地固定锚具和垫板。普通钢筋应先就位。

3. 无黏结预应力钢筋就位

（1）在普通钢筋安装后，对无黏结预应力钢筋进行放线定位。

（2）当构件的无黏结预应力钢筋设计位置比较复杂时，应事先研究制定铺放的顺序。

（3）穿入无黏结预应力钢筋，调整好各部分的位置后，用专设的架立钢筋固定好整条预应力钢筋的位置。

4. 端部节点安装

（1）固定端挤压式锚具的承压垫块，应与锚头紧贴并固定牢固。图 6-21 所示为嵌入式夹片锚具固定端构造。

（2）张拉端的承压板固定在预留孔模块的内侧，无黏结预应力钢筋外露一段。

1—钢绞线；2—夹片；3—承压垫块；4—螺旋筋；5—塑料外套。

图 6-21 嵌入式夹片锚具固定端构造

5. 浇筑构件混凝土

混凝土浇筑时，严禁踏压撞碰无黏结预应力钢筋及它们的支撑架和端部的预埋件。对两端部的混凝土尤应注意振捣密实。

6. 张拉预应力钢筋

（1）清理张拉端预留孔模块，应设法使张拉端垫块的承压面与钢绞线的轴线保持垂直状态。

（2）张拉前应办理隐蔽工程的验收手续。

（3）检查各种机械设备、仪表，进行校核标定。

（4）按设计要求的张拉顺序、张拉值和伸长值来进行施工控制。

（5）填写张拉记录表，办理签认手续。

7. 端部处理

（1）用液压切筋器切除多余的预应力钢筋。

（2）用微膨胀细石混凝土或高强度等级的水泥砂浆封堵张拉端预留孔。

（3）封堵后养护。

6.4.4 应用实例

1. 某预应力混凝土吊车梁的构造（图 6-22）

图 6-22 某预应力混凝土吊车梁的构造

2. 某预应力混凝土连续梁无黏结预应力钢筋的布置（图 6-23）

图 6-23 某预应力混凝土连续梁无黏结预应力钢筋的布置

3. 广东国际大厦标准层楼面（图 6-24～图 6-26）

图 6-24　标准层结构平面图

图 6-25　标准层预应力钢筋布置平面图

（a）单跨板的预应力配筋　　　　　　（b）带悬臂板的预应力配筋

图 6-26　楼面曲线配预应力钢筋示意图

【任务实施】

实训任务：实地参观后张自锚无黏结预应力混凝土构件的生产过程。

【技能训练】

（1）实地参观后张自锚无黏结预应力混凝土构件的生产过程。

（2）了解后张自锚无黏结预应力混凝土构件的生产工艺要求。

（3）了解后张自锚生产预应力混凝土构件的适用性。

【本项目总结】

项目 6	工作任务	能力目标	基本要求	主要支撑知识	任务成果
预应力混凝土工程施工	预应力混凝土基础知识	认识预加应力的必要性，使用的材料和设备	初步认识	预应力的原理、作用，对材料和生产设备的要求	对本项目的内容，只要求初步认识相关的基本概念、生产原理、使用的材料和施工设备
	先张法预应力混凝土施工	认识先张法的生产工艺	初步认识	先张法生产预应力构件的原理	
	后张法预应力混凝土施工	认识后张法的生产工艺	初步认识	后张法生产预应力构件的原理	
	后张自锚无黏结预应力混凝土新技术	认识后张自锚无黏结预应力混凝土的工艺	初步认识	后张自锚无黏结预应力混凝土新工艺的原理	

复习与思考

1. 什么叫预应力混凝土？
2. 预应力混凝土构件对预应力钢筋和混凝土各有什么要求？
3. 什么叫锚具？什么叫夹具？各用在什么地方？有什么要求？
4. 对混凝土施加预应力的方法有几种？其预应力是如何建立和传递的？
5. 什么叫先张法？什么叫后张法？请比较它们的异同点。
6. 预应力钢筋的张拉和钢筋的冷拉有什么不同？

7. 什么是"先穿束"工艺?什么是"后穿束"工艺?你认为哪种工艺较好?为什么?
8. 什么情况下只能采用"先穿束"工艺?什么情况下最好采用"后穿束"工艺?
9. 后张法为什么要预留孔道?预留孔道有几种方法?各适用于什么情况?
10. 预应力钢筋张拉后为什么要及时进行孔道灌浆?
11. 有黏结预应力混凝土与无黏结预应力混凝土的施工工艺有什么区别?
12. 对无黏结预应力钢筋有什么要求?

项目6在线答题

项目 7　装配式结构工程施工

本项目学习提示

　　装配式结构工程就是利用各种类型的起重机,将预先在工厂或施工工地制作的结构构件,包括混凝土结构、钢结构,按照设计图纸的要求在施工现场进行组装,以构成一栋完整的建(构)筑物的施工过程。

　　结构安装前,应拟定结构安装的施工方案,必要时,专业施工单位要根据设计文件进行深化设计,还要根据设计要求和施工方案进行必要的施工验算。主要是根据房屋的平面尺寸、跨度、结构特点、构件类型、质量、安装高度和现场条件,合理选择起重机,确定构件的吊装工艺、安装方法,起重机的开行路线,构件在现场平面上的布置等。目的是保证安全生产和工程质量,缩短工期,降低施工成本。

　　预制装配式建筑是建筑业的发展方向。现在一般的混凝土结构单层和多层工业厂房,钢结构的单层、多层和高层建筑,以及轻钢结构建筑,都大量使用预制装配的方法建造,已经分别形成专门的学科,本项目只学习其基本原理和主要的施工方法。

能力目标

- 能初步看懂装配式房屋建筑结构的施工图纸。
- 能根据装配式建筑结构的组成,选择安装机械。
- 能根据装配式建筑结构的特点,编制较简单的施工方案。
- 能根据装配式建筑结构的特点,组织现场施工。

知识目标

- 了解结构安装用起重机和附属设备的种类、作用和基本性能。
- 了解装配式混凝土建筑结构施工工艺要点。
- 了解钢结构单层工业厂房、多层和高层建筑的结构特点。
- 了解单层轻钢房屋的结构特点。

项目 7 装配式结构工程施工

思维导图

工作任务 7.1 装配式结构基础知识

7.1.1 装配式结构概述

现浇混凝土结构现场湿作业多，难以实现工业化施工；结构自重大，适应范围受到限制。人们一直在研究采用另一种方式，通过工厂预制现场装配的办法来解决上述问题。装配式结构具有工业化水平高、便于冬期施工、减少施工现场湿作业量、减少材料消耗、减少工地扬尘和建筑垃圾等优点，有利于实现提高建筑质量、提高生产效率、降低成本、实现节能减排和保护环境的目的。发展装配式结构是建筑行业意义重大的变革，而技术体系和标准规范是引领这场变革的重要技术支撑。

装配式结构是指将结构的部分或全部构件在工厂预制完成，然后运输到施工现场，将构件通过可靠的连接方式加以组装而建成的结构产品，主要有装配式混凝土结构、钢结构、现代木结构三种结构形式。装配式结构除应满足标准化设计、工厂化生产、装配化施工、一体化装修、信息化管理和智能化应用等全产业链工业化生产要求外，还应满足建筑全寿命周期运营、维护、改造等方面施工发展及特点的要求。

7.1.2 装配式结构施工特点

装配式结构施工方式区别于现浇的施工方式，通过标准化设计、工厂化生产、装配化施工、一体化装修、信息化管理和智能化应用，有效提高工程质量和安全，提高效率和缩短工期，降低资源能源消耗，减少建筑垃圾和扬尘噪声污染。其特点主要有以下几点。

1. 标准化设计，协同作业程度高

采用标准化设计，装配式混凝土结构的 PC 构件才能规模化生产与采购。同时，PC 构件的工厂化生产有一个重要前提就是设计必须精细化、协同化。装配式结构的建造模式倒逼设计深入、细化、协同，由此提高设计质量和建筑品质。

2. 工厂化生产，生产效率高

装配式结构采用一种集约生产方式，构件制作可以实现机械化、自动化和智能化，大幅度提高生产效率。

3. 装配化施工，精度要求高

由于工厂化生产，构件尺寸经预制不可改变，放线尺寸偏小会导致预制构件无法安装，偏大又会导致拼缝过大。标高测量也须更加准确，剪力墙的标高如果控制不好会造成叠合板不能平整安装，或者导致剪力墙与板间缝隙过大需重新支模。装配式混凝土结构预留预埋时，孔的位置和尺寸必须精准，否则重新开槽及洞口会给施工增加难度甚至影响结构安全。因此，装配式结构对放线及标高测量精度、预留孔位置要求高。

4．一体化装修，高质量集约化发展

建筑物的外立面通常采用预制外墙构件，构件本身在工厂加工时就已经完成涂刷、保温层安装、门窗安装等工作，危险性较高的外墙工作的工作量减少，也省去了涂刷材料和工具的堆放和搁置，更利于施工安全。

5．工人产业化升级，专业化程度高

装配式混凝土结构施工安装过程相对复杂，其建造过程对从业人员的工程实践经验以及技术水平、管理能力要求更高。施工人员不再是传统的施工现场农民工，而是以产业工人、技术操作工人为主，如构件装配工、构件制作工、预埋工、灌浆工、构件工艺员、信息管理员和构件质量检验员。

随着装配式结构施工阶段对相关人员在技术、管理等方面要求的变化，装配式结构从业岗位萌生出了新的技术、管理岗位，如施工工装设计师、施工方案设计师、吊装施工员。

6．信息化管理，施工质量高

1）施工现场组织及工序模拟

将施工进度计划写入 BIM 信息模型，将空间信息与时间信息整合在一个可视的 4D 模型中，就可以直观、精确地反映整个结构的施工过程，提前预知本项目主要的施工控制方法、施工安排是否均衡，总体计划、场地布置是否合理，工序是否正确，并及时进行优化。

2）施工安装培训

通过虚拟建造，安装和施工管理人员可以非常清晰地获知装配式结构的组装构成，避免二维图纸造成的理解偏差，保证项目如期进行。

3）施工模拟碰撞检测

通过碰撞检测分析，可以对传统二维模型下不易察觉的"错漏碰缺"进行收集更改。如预制构件内部各组成部分的碰撞检测，地暖管与电器管线潜在的交错碰撞检测。

4）复杂部位和关键施工节点的施工模拟

通过施工模拟，对复杂部位和关键施工节点进行提前预演，增加工人对施工环境和施工措施的熟悉度，提高施工效率。

7．构件体量大、类型多，运输设备要求高

装配式结构的预制构件是成批量的，所以数量多，单个构件的质量也大。以住宅类工程为例，大型的预制构件通常出现在山墙、楼梯间等部位。这一类的构件质量轻则 4～5 t，重则 6～7 t，因此对大型垂直运输设备的选择和布置提出更高要求。垂直运输设备的选择及布置在装配式建筑施工管理中是重难点之一。吊装时要依据构件的质量、安装高度、安装位置等选择垂直运输机械，保证预制构件的完整性，如安装强度超过构件可承受的最大强度，还要对预制构件采取加固措施。

7.1.3 装配式结构体系

装配式住宅施工

1．装配式混凝土结构体系

1）多层装配式混凝土结构

装配式混凝土结构是指由预制混凝土构件通过可靠的连接方式装配而

成的结构,包括装配整体式混凝土结构、全装配混凝土结构等。

装配整体式混凝土结构是指将预制混凝土构件通过可靠的方式进行连接并与现场后浇混凝土、水泥基灌浆料形成整体的装配式混凝土结构。其包含的结构类型主要有装配整体式剪力墙结构(图7-1)、装配整体式框架结构(图7-2)、装配整体式框架－现浇剪力墙结构等。

图 7-1　装配整体式剪力墙结构

图 7-2　装配整体式框架结构

全装配混凝土结构主要应用于多层建筑。其结构类型主要有多层装配式墙-板结构,这种结构的特点是全部墙、板采用预制构件,通过可靠的连接方式进行连接,采用干式工法施工。

2) 单层钢筋混凝土结构工业厂房

单层钢筋混凝土结构工业厂房(以下简称单层工业厂房)的结构形式主要有排架结构和刚架结构。排架结构属于超静定结构,刚架结构有静定结构和超静定结构两种。

(1) 排架结构。

排架结构(图 7-3)由屋架(或屋面梁)、柱和基础等组成,柱与屋架铰接,与基础刚接。根据厂房生产工艺和使用要求不同,排架结构可做成等高、不等高和锯齿形等多种形式。

项目 7 装配式结构工程施工

图 7-3 排架结构

排架结构的刚度较大，传力明确，构造简单，耐火性和防火性较好，施工也较方便，是目前大多数厂房所采用的结构形式。

（2）刚架结构。

单层工业厂房的刚架结构是梁柱刚接、柱与基础铰接的结构。刚架顶节点做成铰接的称为三铰刚架［图 7-4（a）］；做成刚接的称为两铰刚架［图 7-4（b）］。刚架亦可用于多跨厂房［图 7-4（c）］。

（a）三铰刚架　　　　（b）两铰刚架　　　　（c）多跨厂房

图 7-4 刚架结构

刚架结构将梁柱合一，构件种类少，制作较简单，且结构轻巧，当跨度和高度较小时（跨度不超过 18 m，檐口高度不超过 10 m），其经济指标稍优于排架结构。但其刚度较差，承载后会产生跨度位移，故不适于吊车吨位较大的厂房。

2. 装配式钢结构体系

钢结构重量轻，塑性韧性好，具有较好的抗震性能，且对于空间的布置较为灵活，与钢筋混凝土结构相比，其室内使用面积增大。装配式钢结构节约资源，减少施工现场的环境污染，如噪声、粉尘等；现场施工工作量少，施工速度快，受环境尤其是冬季施工等的影响较小，质量稳定。

目前主要的装配式钢结构体系有：钢框架结构体系，钢框架-支撑结构体系，钢框架-钢板剪力墙结构体系，钢框架-核心筒结构体系，模块化建筑结构体系，方钢管混凝土组合异形柱结构体系，钢管束组合剪力墙结构体系，多腔体钢板组合剪力墙结构体系，隐式框架-支撑（钢板墙）钢结构体系和冷弯薄壁型钢结构体系。

（1）钢框架结构体系（图7-5）研究较为成熟，工业化程度高，经济效应好，普遍适用于6层以下建筑。

图7-5　钢框架结构体系

（2）钢框架-支撑结构体系（图7-6）和钢框架-钢板剪力墙结构体系可以较大地提高建筑的抗侧刚度，改善钢框架结构体系的缺点，在国内应用较为广泛。

图7-6　钢框架-支撑结构体系

（3）钢框架-核心筒结构体系（图7-7）的核心筒浇筑作业量较大，且该体系破坏的后果较为严重，不利于装配化，在装配式钢结构建筑中应用较少。

图 7-7 钢框架-核心筒结构体系

（4）模块化建筑结构体系（图 7-8）装配率高，可以实现建筑、结构、设备及内装一体化建造，施工速度快，适用于临时搭建的救灾中心等。

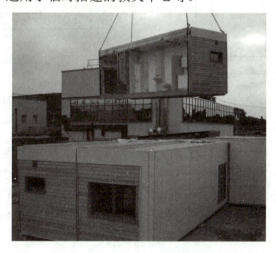

图 7-8 模块化建筑结构体系

（5）方钢管混凝土组合异形柱结构体系、钢管束组合剪力墙结构体系、多腔体钢板组合剪力墙结构体系是近年来新兴的装配式钢结构体系，其结构形式多样、平面布置灵活，解决了梁柱凸出问题，但施工工作量较大，同时具有成本较高的问题。

（6）隐式框架-支撑（钢板墙）钢结构体系采用标准化、工业化部品构件，布局灵活，室内无凸梁凸柱，构件二次加工量小，施工速度快，成本较低，具有良好的发展前景。

（7）冷弯薄壁型钢结构体系自重轻、装配化程度高，在低层建筑中具有良好的经济效益，研究与应用已经十分成熟，但在多高层领域中的研究与应用还较少，已成为近年来的研究重点。

7.1.4 吊装常用的机械设备

1. 起重机械

结构安装工程使用的起重机械，常用的有自行式起重机和塔式起重机两类。

（1）自行式起重机——由起重臂、机身、行走机构和回转机构组成。

① 履带式起重机（图7-9）：是结构安装最常用的起重机之一，其3个主要技术指标 Q（起重量，t）、H（起重高度，m）、R（起重臂的回转半径，又称起重半径，m）可以按需要选择，对地基要求较低，机动灵活，可负载行驶，但稳定性较差；常用于单层厂房各种构件吊装。

(a) 几何关系　　　　　　　　　(b) 稳定性验算的力学数据

图7-9　履带式起重机

② 汽车式起重机（图7-10）：移动速度快，车身长，转弯半径大，不能负载行驶，作业稳定性较差；常用于单层厂房中小构件吊装或塔式起重机现场安装。

③ 轮胎式起重机（图7-11）：可自行，全回转，稳定性比汽车式好，车身短，转弯半径小，移动比汽车慢，对路面要求较高；常用于单层厂房中小构件吊装。

图7-10　汽车式起重机　　　　　图7-11　轮胎式起重机

（2）塔式起重机——由起重臂、机身、行走机构、回转机构和爬升机构组成。塔式起重机在现场的安装过程如图7-12所示。

(a) 安装塔身和爬升架　　(b) 安装上部塔架　　(c) 安装平衡臂和起重臂

图 7-12　塔式起重机在现场的安装过程

① 轨道塔式起重机（图 7-13）：带有固定在地面的行走轨道，工作空间大，但装拆费时；常用于多层建筑的吊装。

图 7-13　轨道塔式起重机

② 固定附着自升塔式起重机（图 7-14）：要专用基座，靠液压顶升机构爬高或降低，每隔一段需与相邻的主体结构相连，稳定性好，工作空间大；常用于多层、高层建筑的施工；其自升过程如图 7-15 所示，基础如图 7-16 所示，附着装置如图 7-17 所示。

图 7-14　固定附着自升塔式起重机

（a）准备状态　　（b）顶升塔顶　　（c）推入塔身标准节　　（d）安装标准节　　（e）塔顶与塔身连成整体

图 7-15　固定附着自升塔式起重机的自升过程

③ 固定内爬升塔式起重机（图 7-18）：可安装在在建的建筑物内，每隔 2～4 层爬升一次，不占外围空间，工作的活动空间大；要专用设备装卸；常用于多层、高层和超高层建筑的施工。

图 7-16 固定附着自升塔式起重机的基础

1—塔身套箍；2—撑杆；3—柱套箍。

图 7-17 固定附着自升塔式起重机的附着装置

（a）套架提升前　　　　（b）提升套架　　　　（c）提升塔身

图 7-18 固定内爬升塔式起重机

2. 附属设备

（1）卷扬机。

卷扬机是用于起重吊装、钢筋张拉、钢提升架的动力设备。种类有单筒快速、双筒快速、双筒慢速；手动（图 7-19、图 7-20）、电动等。主要技术指标有额定牵引力、钢丝绳容量、电动机功率和固定方式。

（2）滑轮组。

动滑轮是为了省力，但不省功；定滑轮是为了改变力的方向。

（3）钢丝绳。

结构形式：6T×31WS+IWR-32-1770，6 是指 6 股，T 是指每根钢丝是梯形、是面接触钢丝绳，31WS 表示每股由 31 根丝组成、钢丝精细排列不同、最外层是瓦林吞式、内层是西鲁式，IWR 表示是钢芯的，32 指钢丝绳直径为 32 mm，1770 是指钢丝绳抗拉强度为 1770 MPa。

1—转轮；2、3—制动盘；4—传动齿轮；5—制动轴；
6—螺母；7—卡爪；8—手柄。

图 7-19　手动卷扬机　　　　　　图 7-20　手动绞盘

（4）吊具：吊装所必需的辅助工具。

① 卡环（图 7-21）：供吊索之间的连接用。

② 吊索（图 7-22）：绑扎构件和起吊用。

图 7-21　卡环　　　　　　图 7-22　吊索

③ 横吊梁：对一些较长的构件需要加横吊梁才便于吊装。图 7-23 所示为钢板横吊梁，图 7-24 所示为钢管横吊梁。

图 7-23　钢板横吊梁

（5）千斤顶、手拉葫芦。图 7-25 所示为手动螺旋千斤顶，图 7-26 所示为液压千斤顶。

项目 7 装配式结构工程施工

图 7-24 钢管横吊梁

1—棘轮组；2—小伞齿轮；3—升降套筒；
4—锯齿形螺杆；5—铜螺母；6—大伞齿轮；
7—单向推力球轴承；8—主架；9—底座。

图 7-25 手动螺旋千斤顶

1—顶帽；2—螺母；3—调整丝杆；4—外套；
5—活塞缸；6—活塞；7—工作液；8—油泵芯子；
9—油泵套筒；10—皮碗；11—油泵皮碗；12—底座。

图 7-26 液压千斤顶

【任务实施】

实训任务：考察固定附着自升塔式起重机的安装、拆卸过程，对照设备产品说明书核对其工作性能曲线。

【技能训练】

通过实地考察，了解固定附着自升塔式起重机的工作性能、装拆过程。

工作任务 7.2 装配式混凝土结构施工

装配式混凝土结构安装需要做好施工前的准备工作、确定构件吊装方案、制订安装方案、选择起重机机型、设计吊装施工平面图等。

7.2.1 施工前的准备工作

（1）应拟订结构安装的施工方案，根据设计要求和施工方案进行必要的施工验算，必要时，专业施工单位要根据设计文件进行深化设计。深化设计和施工验算应该根据施工规范和国家有关现行标准进行。主要是根据房屋的平面尺寸、跨度、结构特点、构件类型、构件质量、安装高度和现场条件，合理选择起重机机型，确定构件的吊装工艺、安装方法、起重机的开行路线，构件在平面上的布置等。

（2）场地清理、平整压实，使场地能承受构件运输车辆和起重机吊装行走的荷载；做好场地的排水工作。

（3）构件运输进场，按照吊装施工平面图确定的位置堆放。

（4）检查构件的数量、质量、外形尺寸、预埋件；对构件进行弹线和编号。

（5）准备好钢丝绳、吊具、滑车、电焊机、电焊条，配备挂梯、垫铁、木楔等。

7.2.2 混凝土结构连接技术

现行《装配式混凝土结构技术规程》（JGJ 1—2014）中，对于预制构件受力钢筋的连接方式，推荐采用钢筋套筒灌浆连接技术和钢筋浆锚搭接连接技术。

1．钢筋套筒灌浆连接技术

钢筋套筒灌浆连接技术目前主要用于柱、剪力墙等竖向构件的受力钢筋连接。

1）工作机理

钢筋套筒灌浆连接是指在预制混凝土构件内预埋的金属套筒中插入带肋钢筋并灌注水泥基灌浆料而实现的钢筋连接方式。

2）连接形式

水平构件的钢筋连接采用全灌浆套筒，如图7-27所示，套筒两端的连接均在现场完成。竖向构件的钢筋连接采用半灌浆套筒，如图7-28所示。

图7-27　全灌浆套筒　　　　　图7-28　半灌浆套筒

2. 钢筋浆锚搭接连接技术

钢筋浆锚搭接连接技术适用于直径较小钢筋的连接,具有施工方便、造价较低的特点。

1) 工作机理

钢筋浆锚搭接连接技术是指在预制混凝土构件中预留孔道,在孔道中插入需要搭接的钢筋,并灌注水泥基灌浆料而实现的钢筋搭接连接方式。

2) 连接形式

目前国内普遍采用的连接构造包括螺旋箍筋约束浆锚搭接连接和金属波纹管浆锚搭接连接,如图 7-29 所示。

(a)螺旋箍筋约束浆锚搭接连接　　(b)金属波纹管浆锚搭接连接

图 7-29　螺旋箍筋约束浆锚搭接连接和金属波纹管浆锚搭接连接

7.2.3　构件运输及存放

1. PC 构件装车及运输

(1) 预制桩、梁、叠合板、隔台板、楼梯,宜采用平面堆放式运输,预制墙板采用斜卧式或立式运输,异型构件采用立式运输。

(2) 构件运输可采用重型半挂牵引车或专用运输车,装卸构件时应考虑车体平衡,避免造成车体倾覆。

(3) 车辆的载重量、车体的尺寸要满足构件要求,超大型构件(如超大外墙板)构件的运输主要采用载重车和拖车。装载构件后,货车总宽度不应超过 2.5 m,总高度不超过 4.0 m,总长度不超过 15.5 m,总质量不超过允许载重且不超过 40 t,特殊构件经过公路管理机构批准并采取措施后,总宽度不超过 3.3 m,总高度不超过 4.2 m,总长度不超过 24 m,总载重不超过 48 t,运输细长构件时应根据需要设置水平支架。

(4) 采用靠放架直立堆放的墙板对称靠放、饰面朝外,倾斜角度不宜小于 80°,应采取防止构件移动或倾倒的绑扎固定措施。

(5) 预制混凝土梁、柱构件运输时平放不宜超过 3 层,板类构件叠放不宜超过 6 层,叠合板、空调板码放,板底直设通长垫木,6 层为一组,不影响质量安全的可到 8 层。

（6）堆放时按尺寸大小堆叠，叠合板垫木放置在钢筋桁架侧边，板两端（至板端 200 mm）及跨中位置垫木间距经计算确定，垫木应上下对齐。空调板距板边 1/5 处设置，阳台板最下面一层支垫应通长设置，叠放层数不宜大于 4 层。楼梯宜采用水平方式运输，端部设置防碰撞垫木；码放高度不宜大于 2 层，层与层之间设置垫木，且长度大于两个踏步长度，距板边 1/5～1/4 放置。

2．PC 构件现场存放

1）存放方式

PC 构件存放方式有平放和竖放两种，原则上墙板采用竖放方式，楼面板、屋顶板和柱构件可采用平放或竖放方式，梁构件采用平放方式。

2）存放标准

（1）预制柱构件存储宜平放，且采用两根垫木支撑，堆放层数不宜超过 1 层。

（2）桁架叠合楼板存储应平放，以 6 层为基准，在不影响构件质量的前提下，可适当增加 1～2 层。

（3）预应力叠合楼板存储应平放，以 8 层为基准，在不影响构件质量的前下，可适当增加 1～2 层。

（4）预制阳台板和空调板构件存储宜平放，且采用两根垫木支撑，堆放层数不宜超过 2 层。

（5）预制楼梯构件存储宜平放，且采用两根垫木支撑，堆放层数不宜超过 6 层。

7.2.4 构件安装

预制墙体

1．预制剪力墙安装

预制剪力墙安装是指建筑物中剪力墙带保温及钢筋混凝土外页板在工厂进行预制，运抵施工现场直接吊装至相应位置，在灌浆套筒里注入灌浆料拌合物，通过拌合物硬化而实现钢筋的传力及对接连接。按灌浆套筒的排数，可分为单排灌浆套筒连接和双排灌浆套筒连接。

工艺流程：起吊前准备→墙板起吊→墙板对位→安装临时支撑→墙板校正→摘钩→灌浆。

吊装要点如下。

构件的检查与弹线 1

（1）墙板与钢丝绳的夹角小于 45°，或墙板上有 4 个或者超过 4 个吊钉的，应采用加钢梁吊装。

（2）在作业层混凝土顶板上，弹设墙体 200 mm 水平位置控制线、作业层 500 mm 标高控制线和套筒中心位置线。测量放线示意图如图 7-30 所示。

构件的检查与弹线 2

图 7-30　测量放线示意图

（3）每块预制墙板下部在 4 个角的位置各放置一处垫片调整标高。垫片找平如图 7-31 所示。

图 7-31　垫片找平

（4）起吊至距地面约 1000 mm 处时静停，检查墙板状态且确认吊具安装连接无误后方可继续起吊，起吊要求缓慢匀速。

（5）墙板距离安装面 500 mm 左右时停顿 30 s，安装人员可以手扶墙板，控制墙板下落方向；墙板距离安装面约 300 mm 时，应由安装人员辅助轻推墙板根据定位线进行初步定位；墙板距离安装面约 100 mm 时，应慢速调整，安装人员应使用搭钩将溜绳拉回，用缆风绳将墙板拉住，使墙板缓速降落至安装位置。图 7-32 所示为墙板对位。

图 7-32　墙板对位

（6）斜支撑安装时，先固定下部支撑点，再固定上部支撑点。上部支撑点安装高度在墙板 2/3 位置处，如图 7-33 所示。

图 7-33　斜支撑安装

2. 预制柱安装

工艺流程：起吊前准备→预制柱吊装→柱安装及校正→灌浆施工。

吊装要点如下。

（1）预制柱在吊装之前，需要把结合层清理干净，并进行相应的凿毛处理。混凝土表面和钢筋表面不得有混凝土残渣、油污、灰尘等。

（2）弹出柱轴线、边线和 200 mm 控制线，采用钢筋限位框，对预留插筋进行位置复核，确保预制柱连接的质量。预制柱起吊前准备如图 7-34 所示。

图 7-34　预制柱起吊前准备

（3）预制柱起立之前，在预制柱起立的地面下垫橡胶地垫，用来防止构件起立时造成破损，如图 7-35 所示。

（4）用起重机缓缓将预制柱吊起，待预制柱的底边升至距地面 300 mm 时略作停顿（30 s），利用手拉葫芦将预制柱调平，再次检查吊挂是否牢固。确认无误后，继续提升使之慢慢靠近安装作业面。

（5）在距作业层上方 500 mm 左右略作停顿，安装人员可以手扶预制柱，控制预制柱下落方向，待到距预埋钢筋顶部 20 mm 处，预制柱两侧挂线坠对准地面上的控制线，用镜子确保钢筋对孔准确，预制柱底部套筒位置与地面预埋钢筋位置对准后，将预制柱缓缓下降，使之平稳就位，如图7-36所示。

图7-35 预制柱起立　　　　　　　　图7-36 预制柱就位

（6）利用可调式支撑将预制柱与楼面临时固定，每个预制柱每两个方向的临时支撑不宜少于2道，其支撑点距离柱底不宜小于柱高的2/3，且不应小于柱高的1/2，确保斜支撑安装后预制柱与楼板平面成90°。使用靠尺进行检查，确保预制柱稳定后方可拆除吊钩。

（7）灌浆作业完成后24 h内，预制柱和灌浆连接处不能受到震动或冲击作用。预制柱灌浆如图7-37所示。

图7-37 预制柱灌浆

3. 叠合梁安装

工艺流程：起吊前准备→叠合梁吊装→就位落钩→校正取钩。

吊装要点如下。

（1）每根叠合梁下夹具不得少于2个，夹具距梁端不得小于600 mm。长度大于4 m的叠合梁的底部支撑应不少于3个。叠合梁的底部支撑如图7-38所示。

图7-38 叠合梁的底部支撑

（2）叠合梁吊装宜遵循先主梁、后次梁，慢起、快升、缓降的原则。

（3）吊索的水平夹角一般不得小于45°。如使用吊环起吊，必须同时拴好保险绳。当采用兜底吊运时，必须用卡环卡牢。挂好钩绳后缓缓提升，绷紧钩绳，离地1000 mm左右时静停10～30 s，认真检查吊具是否牢固，拴挂是否安全可靠，确认无误方可吊运就位。

（4）吊装至距离楼面500 mm时，停止降落，安装人员稳住叠合梁，参照柱顶、墙顶垂直控制线和下层板面上的控制线，引导叠合梁缓慢降落至柱头支点上方。

4．叠合板安装

叠合板可分为桁架叠合板和预应力叠合板。

工艺流程：安装前准备→叠合板起吊→就位落钩→叠合板校正→摘钩。

吊装要点如下。

（1）吊装叠合板，不得采用兜底吊运、多块吊运，应按吊点位置，采用多点同步、单块起吊的方式吊运，吊运过程中不得冲撞预制底板。

（2）起吊时要先试吊，先吊起至距离地面500 mm处略作停顿，检查钢丝绳、吊钩的受力情况，使叠合板保持水平，然后吊至作业层上空。

（3）叠合板起吊时，要尽可能减小在非预应力方向因自重产生的弯矩，吊索水平夹角不宜小于60°且不应小于45°。

（4）叠合板校正顺序：先调水平位置，再调标高。叠合板校正如图7-39所示。

图7-39　叠合板校正

5．预制楼梯安装

预制楼梯可分为锚入式预制楼梯和搁置式预制楼梯。

工艺流程：安装前准备→楼梯梯段吊装→楼梯梯段校正→摘钩→水泥砂浆封堵。

吊装要点如下。

（1）楼梯梯段采用水平吊装，吊装时用3根同长钢丝绳4点起吊。吊点设置如图7-40所示。构件吊装前必须进行试吊，先吊起至距地1000 mm处静停1 min，检查钢丝绳、吊钩的受力情况，使楼梯保持水平。

（2）吊装时，应使踏步平面呈水平状态，便于就位。就位时楼梯梯段要从上垂直向下下落，在吊装至作业层上空300 mm处时静停，安装人员手扶楼梯梯段调整方向，将楼梯梯段的边线与梯梁上的安放位置线对准，放下时要停稳慢放，严禁快速猛放。

项目 7 装配式结构工程施工

图 7-40 楼梯梯段吊点设置

7.2.5 单层工业厂房的安装

单层工业厂房的结构吊装有分件吊装法和综合吊装法两种。

1. 结构的吊装方法

1) 分件吊装法

分件吊装法是指起重机在车间内每开行一次，只完成一种或两种构件的吊装。第一次吊装全部的柱子，经校正后固定；第二次吊装吊车梁、连系梁和柱间支撑；第三次逐个节间安装屋架、屋面支撑和屋面板。其特点是：可充分发挥起重机的作用，构件组装容易，校正也容易；但起重机开行的路线长，停机点多，不能及早为后续工作提供工作面。

【附注】图 7-41 中的号码表示构件吊装顺序：1～12 为柱子；13～32 奇数为吊车梁，偶数为连系梁；33、34 为屋架；35～42 为屋面板。

图 7-41 分件吊装法的构件吊装顺序

2) 综合吊装法

综合吊装法是指起重机在车间内开行一次，分节间把所有类型的构件安装完。起重机每停一次位置，要把一个开间内所有的构件吊装完毕。当分件吊装法不宜用时，才考虑用综合吊装法。其特点是：起重机的开行路线短，停机点少，可以及时为后续工作提供工作面；但吊装工作复杂多变，校正较困难。

【附注】图7-42中的号码表示构件吊装顺序：1~4为第一跨柱子，5、7为第一跨吊车梁，6、8为第一跨连系梁，9、10为第一跨两屋架，11~18为第一跨屋面板，19~27为第二跨构件，具体可参照第一跨构件。

图7-42 综合吊装法的构件吊装顺序

2．构件的安装方法

（1）混凝土柱：单层工业厂房混凝土柱的特点是构件长，质量大，起吊不高，只需插入杯口内即可，混凝土柱就位校正后固定如图7-43所示。当自重在130 kN及以内时，用一点绑扎起吊（图7-44）；当自重超过130 kN时，用两点绑扎起吊（图7-45）；用旋转法吊装时，要求绑扎点、柱脚和杯口三点共圆（图7-46）；用滑行法吊装时，要求绑扎点与杯口两点共圆，滑行法吊装工作过程和平面布置如图7-47所示。

1—钢管；2—头部摩擦板；3—底板；4—转动手柄；5—钢丝绳；6—卡环。

图7-43 混凝土柱就位校正后固定

(a)立放柱起吊　　　　　(b)平放柱起吊

图 7-44　一点绑扎起吊

图 7-45　两点绑扎起吊

(a)工作过程　　　　　　　　　(b)力学数据

1—平放时的柱；2—柱起吊途中；3—柱吊至直立；M—杯基础中心点；K—柱下端；R—柱吊装点。

图 7-46　旋转法吊装要求三点共圆

(a)工作过程　　　　　　　　(b)平面布置

图 7-47　滑行法吊装工作过程和平面布置

(2)吊车梁：采用两点绑扎，构件起吊要保持水平（图 7-48），就位后要做临时固定，然后经过校正，再行固定，图 7-49 和图 7-50 分别为用轴线平移法和通线法校正吊车梁。

1—经纬仪；2—标志；3—柱；4—柱基础；5—吊车梁。

图 7-48　吊车梁吊装　　　　　　图 7-49　用轴线平移法校正吊车梁

1—通线；2—支架；3—经纬仪；4—木桩；5—柱；6—吊车梁；7—圆钢。

图 7-50　用通线法校正吊车梁

（3）屋架：体形薄而长，侧向稳定性差；质量不大，但吊得较高；起吊和临时固定有一定难度。通常当跨度在 18 m 及以内时，可直接用两点或四点绑扎起吊；当跨度在 18 m 以上时，需加横吊梁四点绑扎才能起吊（图 7-51）。不论是什么跨度，屋架均为平放，要先扶正（图 7-52）、画线、加固，随后起吊就位，然后临时固定与校正（图 7-53），才能最终固定。屋架起吊高度计算如图 7-54 所示。

（a）两点绑扎起吊　（b）加横吊梁四点绑扎起吊（一）　（c）四点绑扎起吊　（d）加横吊梁四点绑扎起吊（二）

图 7-51　屋架的绑扎起吊

图 7-52　屋架的扶正

（a）临时固定　　　　　　　　　　（b）校正
1—柱；2—屋架；3—缆风绳；4—工具式支撑；5—屋架垂直支撑；
6—卡尺；7—经纬仪。

图 7-53　屋架的临时固定与校正　　　　图 7-54　屋架起吊高度计算

（4）屋面板：尺寸和质量都不大，但吊得高。起吊和就位都得平放，通常利用它自身的吊环四点起吊，如图 7-55 所示。安装时自檐口两侧轮流向跨中间铺设，就位后立即调平，焊接固定。

（5）如果有天窗架，需待其两侧的屋面板都已安装完毕才吊装，最后才吊装天窗架上的屋面板。

图 7-55　屋面板吊装

7.2.6　起重机的选择

根据 7.1.4 节的介绍选择起重机型号。起重机最小臂长的计算如图 7-56 所示。

（a）数解法　　　　　　　　　　（b）图解法

图 7-56　起重机最小臂长的计算

$$L = l_1 + l_2 = \frac{h}{\sin\alpha} + \frac{b+g}{\cos\alpha}$$

式中：L——起重臂的长度，m；

h——起重臂底铰至构件安装支座的高度，m，$h = h_1 - E$（E 为起重机臂底铰至停机面的距离，可查所选起重机的构造参数）；

b——起重钩需跨过已吊装好构件的水平距离，m；

g——起重臂轴线与已安装好的构件的水平距离，m，至少取 1m；

α——吊装时起重臂的仰角。

起重机的开行路线和停机位置，与构件的尺寸、构件在平面上的布置等有关，用作图法或计算法确定，在选择起重机型号时一并考虑，图 7-57 所示为起重机的开行路线和停机位置选择。

图 7-57　起重机的开行路线和停机位置选择

7.2.7　吊装施工平面图

吊装施工平面图是整个安装方案在建筑场地平面上的综合反映。它表明建筑的基础位置，各种构件在现场预制时的位置，扶正准备吊装时的摆放位置，场外制作构件进场摆放位置，吊装时起重机的停机位置和开行路线等。图 7-58 所示为某工业厂房吊装施工平面图。

【任务实施】

实训任务：现场参观装配式混凝土结构施工。

【技能训练】

（1）实地考察混凝土预制剪力墙的吊装施工。

（2）实地考察混凝土预制柱的吊装施工。

（3）实地考察混凝土叠合梁的吊装施工。

（4）实地考察混凝土叠合板的吊装施工。

（5）实地考察混凝土预制楼梯的吊装施工。

（6）实地考察混凝土单层工业厂房安装中的分件吊装法或综合吊装法。
（7）实地考察履带式起重机在吊装中的工作过程和开行路线。
（8）编制某装配式混凝土结构吊装方案。

图 7-58　某工业厂房吊装施工平面图

工作任务 7.3　装配式钢结构施工

7.3.1　钢结构建筑施工概述

钢结构建筑是用钢板或各种型钢，通过焊接连接、螺栓连接或铆钉连接（现已不常用）组装成结构骨架的建筑。钢构件的 3 种连接方法如图 7-59 所示。

（a）焊接连接　　　　　（b）螺栓连接　　　　　（c）铆钉连接

图 7-59　钢构件的 3 种连接方法

1. 钢结构建筑的特点

（1）与其他结构建筑相比，钢结构建筑优点很多：钢材近似均质，强度高、韧性好，有利于抗震，理论计算与实际最接近；用钢材轧制的各种理想断面可使构件轻巧；构件连接构造简单，可建造大跨度、大空间建筑；结构占用面积小；符合绿色、环保的理念；便于机械化、工厂化制作，再现场安装，施工周期短，质量较高。

（2）钢结构建筑的缺点也很明显：薄壁杆件多，容易发生整体或局部失稳；构件相互连接的节点多，容易产生次应力；易锈蚀，不耐火，需要定期维护；高层立柱有较大的压缩变形。

（3）国际上早已推广使用钢结构，我国过去在经济短缺时期的政策是节约用钢，所以发展缓慢；20 世纪 90 年代后，随着经济实力增强，我国钢的年产量已能满足建设需要，现在的用钢政策已改为"合理用钢"，钢结构发展前景很好。

2. 钢结构建筑的材料

（1）型材：要求强度高，有明显的屈服点，可焊，大量用 Q235 普通碳素结构钢和 Q345 普通低合金高强度结构钢，有 H 型钢、工字钢、槽钢、角钢、钢板和各种冷弯薄壁型钢等。图 7-60 和图 7-61 分别为热轧型钢和冷弯薄壁型钢的各种断面。

图 7-60　热轧型钢的各种断面

图 7-61　冷弯薄壁型钢的各种断面

（2）附材：适用于手工焊的 E43 和 E50 焊条，适用于自动焊的焊丝和焊剂；普通螺栓、高强螺栓和锚栓等。

（3）其他配套材料：压型钢板（图 7-62）、轻质墙板、各种幕墙等。

图 7-62　压型钢板

7.3.2　单层钢结构厂房的安装

单层钢结构厂房由混凝土基础、钢柱、柱间支撑、吊车梁、屋架、上下弦支撑、檩条、屋面板和墙体骨架等组成。

（1）准备工作。单层钢结构厂房安装前的准备工作大体同混凝土单层厂房。由于钢构件尺寸大而长，但截面薄，为了保证在安装过程中的稳定，常需增设临时支撑；钢柱脚与混凝土基础大多用地脚螺栓连接（图 7-63），连接前需要先对连接件和连接面进行全面检查和预处理。

（2）柱子安装。先将柱子吊装就位，检查调整，初步螺栓固定；待吊车梁和屋架安装后，再进行总体检查调整，然后拧紧螺栓，灌入无收缩细石混凝土做最后固定；柱间支撑应在柱子校正后进行安装。

（3）吊车梁安装。应在柱子第一次校正后进行，从柱间支撑的跨间开始吊装。吊车梁就位后先做临时固定，待屋面系统安装完毕，再对吊车梁进行校正、焊接固定。图 7-64 所示为吊车梁的吊装和校正。

图 7-63 钢柱脚与混凝土基础的连接

（4）屋面系统的安装。屋架吊装应在柱子校正后进行，第一、第二榀屋架及连接件先形成结构单元，作为后续结构安装的基准；钢屋架的吊装和校正、临时固定及屋架工具式支撑的构造分别如图 7-65～图 7-67 所示。垂直、水平支撑和檩条应在屋架校正后进行。屋面板和天沟的安装，除注意连接牢固外，尤应注意保证屋面平整，坡度符合要求，保证天沟纵向排水坡度。

（5）围护结构的安装。围护结构应在主体结构安装和调整完成后进行。

图 7-64 吊车梁的吊装和校正

图 7-65 钢屋架的吊装和校正

(a) 吊装　　(b) 校正

1—柱子；2—屋架；3—临时稳定拉绳；4—屋架工具式支撑；5—屋架垂直支撑。

图 7-66 钢屋架的临时固定

图 7-67 屋架工具式支撑的构造

7.3.3 多层和高层钢结构的安装

多层和高层钢结构安装的关键：定位轴线和标高的传递和控制，选择起重机械和吊装方法，做好构件间的连接。

（1）定位轴线和标高的传递应逐层进行，多次互相复核。

（2）起重机械多选择固定附着自升塔式起重机或固定内爬升塔式起重机；要求有足够的起重能力，吊臂长度应能覆盖全部工作面，钢丝绳长度要满足最大起吊高度的要求，若多台起重机作业则需错开高度、限制每台起重机的摆动范围，保证运转安全。

（3）吊装方法多采用综合吊装法，从中间某个节间开始，以一个节间的柱网作为一个吊装单元，先吊柱，后吊梁，然后往四周发展。图 7-68 所示为钢结构柱、主梁的吊装顺序，垂直方向自下而上，组成稳定的结构后，分层次安装楼板等次要构件；一个节间一个节间、一层楼一层楼地完成安装，这样有利于消除安装误差和焊接变形；图 7-69 所示为钢结构的焊接顺序。

图 7-68　钢结构柱、主梁的吊装顺序

注：1、2、3 等为钢柱安装顺序，（1）、（2）、（3）等为钢梁安装顺序。

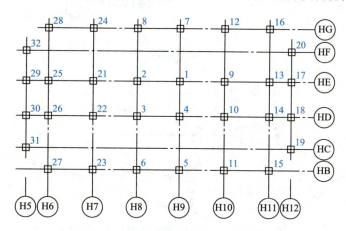

图 7-69　钢结构的焊接顺序

（4）柱子多为 3～4 层一个吊装节间，吊装前将操作用的爬梯、挂篮固定在柱子边上；首节柱吊装前应对基础面上的地脚螺栓加保护套防碰撞，柱子就位应缓慢进行，就位后先进行初校，安装临时螺栓，在第一节框架就位后校正、调整，紧固螺栓，柱底清理，灌浆固定，养护。如此逐节向上发展。

（5）钢梁吊装前检查柱牛腿标高和柱子间距，主梁吊装就位，先安装一侧螺栓，后安装另一侧螺栓，检查、校正、调整，拧紧螺栓，节点焊接，最后进行质量检验。

（6）主骨架完成后，安装楼层柱间支撑、压型钢板，楼板配钢筋，浇筑楼面混凝土和养护。主体结构完成。

7.3.4 轻型钢结构的安装

（1）安装前的准备工作，可参照混凝土单层厂房结构和钢结构建筑的做法，因构件细、长、轻，安装过程中很容易引起弯折、失稳、变形，要有防止构件扭曲的措施。

（2）从靠近山墙有柱间支撑的两榀刚架开始，先安装主刚架，接着安装吊车梁、檩条、横向水平支撑、隅撑、柱间斜支撑，检查和调整各构件的垂直度，拧紧连接螺栓，使之成为几何不变的单元；然后依照同样顺序，安装其余节间的构件，每个单元安装好后，先检查调整，后拧紧连接螺栓，发展几何不变单元，最后形成完整的结构骨架。吊装顺序如图 7-70～图 7-74 所示。

图 7-70　吊装顺序一

图 7-71　吊装顺序二

项目 **7** 装配式结构工程施工

图 7-72 吊装顺序三

图 7-73 吊装顺序四

图 7-74 吊装顺序五

（3）立钢柱，调整柱基预埋螺栓，加临时稳定索和柱间斜支撑，校正垂直度和标高；在地面上组装好钢梁、隅撑，起吊就位，与柱子连接；吊装刚架横梁，以及钢柱之间的连接端板，插入高强螺栓，加入楔片垫使端板接触面平直，拧紧高强螺栓，形成完整刚架。

轻钢厂房主刚架的吊装过程如图 7-75 所示。

图 7-75　轻钢厂房主刚架的吊装过程

（4）检查牛腿标高，弹出定位基准线，安装吊车梁，用挂线和经纬仪测量、校正，焊接固定。

（5）安装钢檩条和钢墙梁，因为它们是冷弯薄壁构件，就位时应加临时木撑防止弯曲变形，与焊接在钢梁上的檩托板对位，穿入螺栓，校正、初拧，安装拉条、张紧螺母，拧紧檩条螺栓。

（6）屋面板和围护板安装。先装屋面板，自下而上，逆主导风向自一边至另一边，让屋面板就位，用自攻螺钉在波峰上直接与檩条固定。再装檐口板，然后是墙面板，直接装到地面的矮墙上。注意做好屋脊线、檐口线、窗口线处的泛水和包边，用防水抽芯铆钉固定，具体构造、就位、连接及做法如图 7-76～图 7-82 所示。

图 7-76　山墙与屋面板交接处的构造

图 7-77 屋面压型钢板的滑升就位

（a）自攻螺钉连接

（b）压板隐蔽式连接

（c）圆形咬合连接（隐蔽式）

（d）360°咬边连接（隐蔽式）

（e）180°咬边连接（隐蔽式）

图 7-78 屋面压型钢板的连接

（a）外露连接

（b）隐蔽连接

图 7-79 外墙板与檩条的连接

图 7-80 屋脊处压型钢板的连接

（a）外排水檐口

（b）外排水天沟檐口

（c）内排水天沟

图 7-81 檐口及内排水天沟做法

(a)彩板天沟节点　　　　　　　(b)钢板天沟节点

图 7-82　外排水天沟做法

（7）安装过程中凡用过火焰、焊接的地方，必须清理干净，补刷油漆防腐；全面清扫屋面，尤其要清理天沟内各种金属屑和垃圾，避免对房屋构件的损坏。

【工程案例】

广州远洋商务大厦位于广州市区庄立交的远洋宾馆旁，楼高30层，总高103 m，采用钢-混凝土组合结构，钢框架主要承受垂直荷载，水平力基本上由钢骨混凝土剪力墙承受；增大了框架的柱距，减少了柱子数量，提高了楼层的实用率。它的节点构造是：当柱和梁是刚性连接时，翼缘用剖口焊接、腹板用高强螺栓连接；当柱和梁是铰接时，腹板用高强螺栓与柱连接；墙内的钢骨柱与主梁均用铰接。钢结构主框架的用钢量为1480 t，平均为70.5 kg/m^2。

【拓展讨论】

党的二十大报告提出，推动经济社会发展绿色化、低碳化是实现高质量发展的关键环节。加快推动产业结构、能源结构、交通运输结构等调整优化。实施全面节约战略，推进各类资源节约集约利用，加快构建废弃物循环利用体系。

装配式建筑因其质量好、节能环保、缩短工期、节约人力等优点，目前备受关注，结合装配式建筑，谈一谈如何推动建筑业绿色化、低碳化发展。传统施工方式对环境可能造成哪些不利影响。

【任务实施】

实训任务：实地考察单层钢结构厂房的构造和施工过程。

【技能训练】

（1）实地考察单层钢结构厂房使用的各类材料。

（2）实地考察单层钢结构厂房的结构和构造。

（3）实地考察单层钢结构厂房的施工安装过程。

（4）编制某单层钢结构厂房的施工安装方案。

项目 7　装配式结构工程施工

【本项目总结】

项目7	工作任务	能力目标	基本要求	主要支撑知识	任务成果
装配式结构工程施工	装配式结构基础知识	熟悉装配式结构的定义、施工特点和结构体系；了解起重机械的特性，能选择运用	初步了解	装配式结构体系和结构安装用起重机械的性能、选择和运用的知识	(1) 初步选择起重机械；(2) 编制装配式混凝土结构的吊装施工方案；(3) 编制单层钢结构厂房的安装方案
	装配式混凝土结构施工	熟悉装配式混凝土结构构件的吊装工艺；了解单层工业厂房安装过程，能编制吊装方案	初步了解	预制剪力墙、预制柱、叠合梁、叠合板、预制楼梯构件的吊装，单层工业厂房分件吊装法和综合吊装法的原理	
	装配式钢结构施工	了解轻型钢结构安装过程，能编制吊装方案	初步了解	单层钢结构厂房的组成和组装的原理	

复习与思考

1. 对比现浇混凝土结构，装配式结构有什么特点？装配式结构需要解决哪些问题？
2. 单层工业厂房常用哪些结构体系？各类构件怎样划分？构件如何制作？
3. 多层装配式混凝土结构有哪些类型？各类构件怎样划分？构件如何制作？
4. 单层钢结构厂房常用哪些结构体系？各类构件怎样划分？构件如何制作？
5. 多层和高层钢结构建筑常用哪些结构体系？各类构件怎样划分？构件如何制作？
6. 单层轻型钢结构工业厂房常用哪些结构体系？各类构件怎样划分？构件如何制作？
7. 本项目涉及的几种装配式结构，怎样根据其不同的特点选择起重机械的类型？
8. 装配式结构安装施工前要做好哪些准备工作？
9. 装配式结构安装施工方案应包括哪些内容？怎样拟定结构安装施工方案？
10. 单层工业厂房有哪些构件？各自应用什么方法安装？
11. 什么叫分件吊装法、综合吊装法？各有什么特点？各适用于什么情况？
12. 多层装配式混凝土框架结构怎样进行安装施工？
13. 装配式钢结构建筑有什么特点？为什么有很好的发展前景？
14. 请简述单层钢结构厂房的安装过程。
15. 请简述多层和高层钢结构建筑的安装过程。
16. 请简述单层轻型钢结构工业厂房的安装过程。

项目7 在线答题

项目 8　砌筑工程施工

本项目学习提示

　　砌筑工程是利用砌筑砂浆将砖、石、砌块等块状材料组砌成设计要求的柱或墙，作为建筑结构或分隔墙。砌体结构是一种古老的传统结构，从古到今一直被广泛使用。这种结构就地取材，施工简便，造价较低，防火隔热；但自重大，抗震能力较差，全靠手工操作，劳动强度大，难以工业化施工，黏土砖与农业争地，烧制过程不环保。改革开放后，广东已逐渐淘汰砖混结构，大量使用混凝土框架或框架-剪力墙结构，砌体作用从结构承重变成围护分隔，出现了混凝土空心小砌块、蒸压灰砂砖、蒸压粉煤灰砖、泡沫混凝土砌块和轻质内墙板等多种新型墙体材料。由于这些新型墙体材料与传统的黏土实心砖在材料性能、砌筑工艺上有许多不同，施工时尤要注意，才能保证工程质量。

　　本项目主要讲述砌体材料的分类、要求和选取，砌筑工艺，新型墙体材料应用和墙体防裂措施等几个方面的问题。

能力目标

- 能识别各类墙体材料。
- 能编制常用墙体砌筑的施工方案。
- 能组织墙体、圈梁和构造柱的施工。
- 能进行墙体砌筑工程的质量验收和安全管理。

知识目标

- 了解各种墙体材料的特点和基本性能。
- 掌握各类墙体的组砌工艺原理。
- 了解墙体裂缝产生原因和防治的知识。
- 掌握砌筑工程质量标准的知识。

项目 8　砌筑工程施工

思维导图

工作任务 8.1　砌筑工程基础知识

8.1.1　砌体的作用

对砖混结构来说，砌体墙既是承重构件，又是围护和分隔构件；对混凝土框架结构、框架-剪力墙结构来说，墙砌体只是围护和分隔构件。理论研究和实际试验都证明，砖混结构自重大，整体性、延性较差，抗震能力较弱，容易出现各种墙体裂缝；加设混凝土圈梁、构造柱后整体性、延性和抗裂性都有所提高，但建筑高度仍受到限制。改革开放后，各地大量建造多层和高层建筑，使用的大多为混凝土结构，已经形成逐渐淘汰砖混结构之势，砌体作用从结构承重变成围护分隔；烧结黏土砖已经禁止使用，全国都在推广使用各种新型墙体材料。

8.1.2　砌体结构的特点

（1）砖砌体抗压性能好，施工中平缝较容易密实，要充分利用这一点；抗拉、抗弯性能很差，头缝质量不能保证，要注意尽量使头缝密实。

（2）砖砌体的温度反应比混凝土差（混凝土的线膨胀系数约为 $1\times 10^{-5}/℃$，是砖砌体的 2 倍），如遇温度变化，砖砌体与混凝土两者变形不协调，接合处容易开裂，需要用结构措施来防止开裂。

（3）因头缝质量不保证，抗剪能力差，墙体容易出现阶梯形的裂缝，需要用结构措施来预防。

（4）砌筑时，因砖砌体自身含水率变化和水平灰缝因压实而收缩，都会产生水平裂缝。要通过控制砖砌体的含水率、限制每天砌筑的高度来避免出现水平裂缝。

（5）砌体的力学性能与砌筑质量有很大关系，砌体的砌筑靠人的手工操作，因此要特别强调遵守工艺规程，确保施工质量。

8.1.3　砌体按组成材料分类

（1）毛石、块石（石砖、石条），主要用在山区的低层建筑或挡土墙。

（2）黏土砖、灰砂砖，包括实心砖、空心砖；已禁用烧结黏土砖，现在主要使用蒸压灰砂实心砖。我国标准砖块的尺寸为 240 mm×115 mm×53 mm；当砌体块体主规格的长度、宽度或高度中有一项以上分别大于 365 mm、240 mm 或 115 mm 时称为砌块；主规格的高度大于 115 mm 而又小于 380 mm 的砌块称为小砌块；主规格高度为 380～980 mm 的砌块称为中砌块；主规格高度大于 980 mm 的砌块称为大中砌块。

（3）目前广泛推广使用小型混凝土砌块，包括普通混凝土、轻集料混凝土和蒸压加气混凝土三类小砌块；墙板，主要发展内隔墙用的轻质墙板。

8.1.4 砌筑砂浆

1. 砌筑砂浆的主要作用

砌筑砂浆的主要作用是胶结墙体材料和传递压力,是墙体的一部分,起粘接、保温、隔热的作用。

2. 砌筑砂浆的基本要求

砌筑砂浆的基本要求是施工时要有良好的塑性、保水性,结硬后能与墙体材料牢固黏合,具有一定的强度。

(1) 塑性指标是"稠度"(cm),表示砂浆的流动性,用标准锥体沉入刚拌制的砂浆内,以其沉入的深度来表示。

(2) 砌筑砂浆按 28 天抗压强度(MPa)划分为 M2.5、M5.0、M7.5、M10、M15、M20 这 6 个等级。

(3) 据现行国家建设行业标准《建筑砂浆基本性能试验方法标准》(JGJ/T 70—2009),砂浆的强度等级,就是砂浆立方体抗压强度的标准值。

标准值就是在下列标准条件下试验得出的数值。

① 统一的钢试模尺寸(70.7 mm×70.7 mm×70.7 mm 的立方体)。

② 统一取样和成型的方法。

③ 统一养护条件(温度 20℃±2℃,相对湿度 90%以上的标准养护室中;从搅拌加水开始计时,标准养护龄期为 28 天)。

④ 统一试验仪器、试验方法和加荷速度。

⑤ 统一对试压极限抗压强度的取值方法,得出具有 95%以上保证率的强度等级值($f_{cu,k}$),用 M××(MPa)表示。

3. 砌筑砂浆的原材料

(1) 水泥,要求质量合格,在 3 个月有效期内。常用品种的水泥均可以制备砂浆。水泥的强度等级可以根据设计要求的砂浆强度进行选择,水泥砂浆所用水泥的强度等级不宜超过 32.5 级,混合砂浆所用水泥的强度等级不宜超过 42.5 级。

(2) 石灰膏,用块状生石灰熟化期不小于 7 天,经过筛网过滤,不含未熟化的颗粒和其他杂质;也可用经充分熟化的磨细生石灰粉配制。

(3) 洁净的中、粗砂,含泥量应小于 5%。

(4) 不含有害物质的洁净水。

(5) 塑化剂,按设计要求选配和使用。

(6) 过去有些地方在拌制砂浆时掺入黏土,因为黏土与水泥、石灰都不发生化学反应,砂浆中掺入黏土只能作为填充材料、增加砌筑时的黏性,但使用中容易吸收水分变软,对砌体强度不利,对与抹灰层的粘接不利。故从 20 世纪 90 年代起,行业内已经明确规定,不允许在砂浆中掺入黏土。

4．砌筑砂浆常用的品种

（1）水泥砂浆：用于地下砌体、毛石砌体。

（2）水泥石灰混合砂浆：用于地上各种砌体。

（3）石灰砂浆：用于地上砖砌体。

（4）掺入其他塑化剂的水泥砂浆、水泥石灰混合砂浆：用于有特殊要求的砌体。

5．砌筑砂浆的要求

（1）砂浆品种和强度等级按设计要求，经试配和试验确定。

（2）施工时要按质量配合比配制，宜用机械搅拌，拌和时间不得小于 1.5 min；拌制后应尽快运到使用地点，一般应在 2～3 h 内用完。

（3）为节约材料、有利于环保，提倡使用预拌（干混）砂浆，成袋供应，在工地直接加水搅拌后使用。

【任务实施】

实训任务：认识各种砖、石、砌块等墙体材料的品种、规格、尺寸和已经组砌成的墙体。

【技能训练】

组织在实训场或建筑工地实地参观考察，为后续课程做准备。

工作任务 8.2 砖石砌体施工

8.2.1 毛石砌体的施工

1．毛石砌体的特点

（1）用不规则的石块和半干硬性的水泥砂浆，按照一定的操作规程组砌而成。

（2）就地取材，经久耐用，造价便宜，有一定的可靠性。

（3）构造上要充分利用其抗压好的优点，避免出现拉、弯、剪的受力状态。

2．原材料要求

（1）毛石要选择石质坚硬的，以花岗岩、玄武岩为最好。

（2）用于房屋建筑的石材，进场前应进行放射性检验，应据检验结果按规范规定等级和适用场合使用。

（3）块体大小以人手能搬动为准，大中小配套混用。

（4）水泥砂浆选用半干硬性。

3．砌筑技巧和基本要求

（1）分层卧砌（每层约 30 cm 高），竖缝错开，丁顺交替，内外搭砌，每砌筑一层应先铺砂浆，摆放石块，然后用小石子填塞平稳。毛石基础和毛石墙分别如图 8-1 和图 8-2 所示。

（2）混凝土压梁、沉降缝按设计要求。
（3）每天只允许砌 1.2 m 高。
（4）毛石砌体适用于低层建筑的基础，高差不大的护坡式挡土墙或重力式挡土墙。
（5）石砖（如粤西的雷州半岛）、条石（如粤东的潮汕地区）的砌筑与毛石砌筑基本相同，但要比毛石砌体可靠。

图 8-1 毛石基础

图 8-2 毛石墙

8.2.2 标准砖砌体的施工

1. 标准砖砌体的特点

（1）标准砖砌体咬合力强，施工方便，可组砌成各种形状的墙体或柱子，抗压性能较好，有一定的抗弯和抗剪能力。

（2）标准砖砌体容重大，消耗黏土，与农争地；用煤烧制，污染环境；手工操作，工序烦琐，工业化程度低，质量差异大。现在已禁止使用烧结黏土砖，许多地方改用同样规格的蒸压灰砂砖或蒸压粉煤灰砖。

2. 标准砖砌体使用的材料

（1）标准砖规格为 240 mm×115 mm×53 mm，强度等级有 MU7.5、MU10、MU15 等；要特别注意，现在市面上有些砖不符合标准规格，尺寸要比标准小，使用时要进行体积折算，灰缝和砂浆的使用量都会大些。

（2）砂浆，地面以上砌体用水泥石灰混合砂浆，地面以下砌体用水泥砂浆。

3. 组砌方法

（1）按砖块组成砌体的稳定和强度综合考虑，需上下错缝，左右搭接；按施工速度考虑，顺砌（平行于墙体方向砌筑）速度快，丁砌（也叫顶砌，垂直于墙体方向砌筑）速度慢；两者结合就派生了多种组砌形式，如图 8-3 所示。

（2）施工中最常使用"三一砌砖法"，即一铲灰、一块砖、一挤揉，顺势将挤出的多余砂浆刮去，完成一块砖的砌筑，整套动作干净利索，没有任何多余动作。

三一砌筑施工

（a）一顺一丁　　（b）三顺一丁　　（c）梅花丁　　（d）180墙　　（e）120墙

图 8-3　砖墙的组砌形式

（3）240 mm 厚的实心承重墙普遍使用一顺一丁或三顺一丁的砌法；240 mm 厚的填充墙可用五顺一丁或空斗的砌法；180 mm、120 mm 厚的墙没有丁砖，只有顺砖；砖柱，每皮砖不允许出现有上下位置完全相同的半截砖的独立填芯块。不论何种砌法，门窗洞口和台阶的最上一皮砖，都要用丁砖。

（4）砖墙大放脚基础按设计要求组砌，通常有两种方式，如图 8-4 所示。

（a）等高大放脚　　　　（b）不等高大放脚

图 8-4　标准砖砌体砖墙基础

模型砖墙的组砌形式

4. 施工工艺

（1）找平→弹线→放样→立皮数杆→铺灰→砌筑→清理，具体相关操作如图 8-5～图 8-9 所示。

（2）各楼层由轴线和标高控制，按设计位置留洞口。

1—百格网；2—砖。

图 8-5　用百格网检查灰浆饱满度

砖砌体施工工艺

（3）注意至少应保证一面墙面平整，另一面墙面尽量做到平整。

1—墙轴线；2—墙边线；3—龙门板；
4—墙轴线标志；5—门洞位置标志。

图 8-6　墙身弹线

图 8-7　盘角挂线（放样）

1—皮数杆；2—准线；3—竹片；4—圆钉。

图 8-8　立皮数杆

（a）墙面垂直　（b）墙面倾斜
1—托线板；2—线锤。

图 8-9　用托线板及线锤检查垂直度

5. 质量要求

（1）横平竖直，灰缝饱满，错缝搭接，接槎可靠。横平，就是要将每块砖摆平，每皮砖保持在同一水平面上；竖直，就是要使墙面垂直平整；灰缝饱满，用百格网（图8-5）检查，水平缝和头缝的饱满度均应在 80% 及以上，缝厚度应在 8～12 mm；错缝搭接，是指应使上下皮砖的竖缝相互错开至少 1/4 的砖长，不得出现通缝；接槎可靠，是指墙体转角或纵横墙交接处应同时砌筑，使砖块容易相互咬合牢固；当需要施工停顿留下接口时，不得留上下垂直的连接口（称为直槎），要留一级一级逐步向下的连接口（称为斜槎），如图 8-10 所示，以便于后续施工时，直接在斜槎上砌筑。

（2）砖要提前 1～2 天浇水湿润，让水分渗入砖内 10 mm 左右为宜，砌筑时应表面干、内部湿；太干燥的砖会吸收砂浆中的水分而影响砂浆的黏结力；太湿的砖不好操作，会使砌好的墙体走样或滑动。

（3）为了保证每天新砌筑的墙体能自立稳定，每天只允许砌 1.8 m 以内高度。

（4）两种墙材交接处，应嵌入钢筋加强，如图 8-11 所示。

图 8-10　砖墙交接处应留斜槎　　　　图 8-11　两种墙材交接处嵌入钢筋加强

（5）对于框架填充墙，要注意做好与混凝土梁、柱的紧密连接。框架住宅内一块不到 3 m 高的墙体，通常需分三次完成，第一天约砌一个人的高度，第二天砌至梁下约 200 mm 处，然后间歇 14 天，待下部砌体充分结硬后，再用立砖斜砌顶紧，并用砂浆将缝隙封堵密实。

8.2.3　蒸压粉煤灰砖、蒸压灰砂砖砌体的施工

禁止使用烧结黏土砖后，代之为新型节能墙体材料，如蒸压粉煤灰砖、蒸压灰砂砖等。由于这些块体材料与烧结黏土砖的生产工艺不同，工程性质也有差异，因此施工工艺上也应有所不同。

1. 蒸压粉煤灰砖、蒸压灰砂砖（非烧结砖）的特点

（1）干缩量为 0.3～0.6 mm/m，比烧结黏土砖大得多，干缩主要发生在出窑后的头 30 天内。

（2）抗剪强度只有烧结黏土砖的 80%，且受含水率的影响较大，干燥（$W≤3\%$）时较低（抗剪强度为 0.09 MPa），自然状态（$W≈7.25\%$）时较高（抗剪强度为 0.14 MPa），饱和状态（$W≈16.2\%$）时又会降低（抗剪强度为 0.12 MPa）。

（3）耐候性、耐久性和表面抗氧化性都比烧结黏土砖差。

（4）蒸压粉煤灰砖和蒸压灰砂砖的表面光滑，不利于与抹灰层粘接。

（5）若不了解上述特点，使用中便会出现问题，主要是墙体裂缝、抹灰空鼓剥落。

2. 应采取的技术措施

（1）因蒸压粉煤灰砖和蒸压灰砂砖成型后早期干缩量大，28 天以后体型才逐步趋于稳定，故产品出窑后应停放 1 个月，待干缩稳定后再出厂；运至工地后，最好再存放 7 天才能砌墙。

（2）砌筑前 1～2 天应浇水洇砖，砌筑砂浆强度不应低于 M5，用"三一砌砖法"，注意保证平缝和头缝饱满，砌筑时要随时注意墙面的垂直平整，砌筑后不能用敲击的方法来纠正偏差。

（3）蒸压粉煤灰砖和蒸压灰砂砖不能用于长期高温、急冷急热交替、有酸碱介质的部位。对于基础干湿交替的部位，应用 MU15 以上的一等砖，并在表面抹上水泥砂浆保护。

（4）砌筑墙体后不能马上抹灰，应有不少于 7 天的干缩和落载期。抹灰前墙面先清理干净，然后用 108 环保建筑胶加水泥的浆体，对所有要抹灰的墙、柱、梁表面刮糙，并待其完全干燥后再行抹灰；每层抹灰的厚度宜薄，间隔时间不得少于 1 天。

（5）其余做法和要求与标准砖砌体基本相同。

【任务实施】

实训任务：实地考察砖砌体的施工工艺。

【技能训练】

（1）考察 240 mm 厚标准砖墙三顺一丁或五顺一丁的实操工艺过程。
（2）考察 240 mm 厚标准砖墙直拐角、丁字形拐角和留槎的实操工艺过程。
（3）考察 240 mm 厚标准砖墙上留窗洞口的做法。
（4）考察砖砌台阶的实操工艺过程。

工作任务 8.3　混凝土小砌块砌体施工

8.3.1　混凝土空心小砌块

1. 混凝土空心小砌块的材料

材料可以为细石混凝土、陶粒混凝土、煤渣混凝土等，为了减少干缩变形量，砌块须达到 28 天龄期后才可以正式使用。

框架结构及填充墙

2. 混凝土空心小砌块的强度等级

砌块强度等级有 MU20、MU15、MU10、MU7.5，对应使用混凝土的强度等级为 C25、C20、C15、C10。

3. 混凝土空心小砌块的规格（表 8-1）

表 8-1　混凝土空心小砌块的规格

类型	规格/mm			使用地点
	长	宽	高	
190 系列	390、290、190、90	190	190	建筑外墙
140 系列		140	190	分户内隔墙
90 系列		90	190	内隔墙

注：承重墙应用普通混凝土砌块；非承重墙可用普通混凝土、轻集料混凝土和蒸压加气混凝土三类砌块。

4. 混凝土空心小砌块砌体用的砂浆

一般用水泥石灰混合砂浆，强度等级常用 M10、M7.5、M5。

8.3.2 混凝土空心小砌块的特点

(1) 混凝土空心小砌块（以下简称砌块）有保温隔热作用，容重较轻（承重型为 1300 kg/m³，非承重型为 900 kg/m³），利用工业废料制作，不需要烧制，符合环保要求。

(2) 砌块制作时为了方便脱模，芯孔上下的尺寸大小不一样，有意造成一头较大另一头较小。砌筑时要将上下芯孔对齐，并且应将大孔朝下（即小孔朝上，让砂浆可以铺放多一些，使得水平缝粘接得好一些）；在上下对齐的芯孔内可加入横、竖两向钢筋，竖筋相当于构造柱，横筋就是灰缝内的锚固钢筋，并用混凝土填芯，增强砌体纵横向的整体性。

(3) 砌块砌体的头缝与平缝长度比约为 1∶2，而标准砖约为 1∶4，即砌块砌体头缝的比例大，所以抗剪能力差，容易因收缩开裂，需要用构造措施来补救。

(4) 一块标准砌块（K_{4A}）相当于 9 块标准砖的体积（图 8-12 和图 8-13），质量约为 15 kg，适宜于手工操作，可减轻砌筑工人的弯腰次数，但仍然难于工业化，砌筑工艺与普通砖有些不同。

图 8-12 混凝土空心小砌块的尺寸系列

图 8-13 标准砌块（K_{4A}）的全貌图

8.3.3 混凝土空心小砌块施工注意事项

（1）砌块进场堆放，场地应平整清洁，不积水；要防止砌块粘上油污；为保证砌块完整，装卸时应小心轻放，严禁翻斗倾卸；按品种、规格、强度等级分别堆码整齐，高度不宜超过 1.60 m。

（2）不得使用龄期不足 28 天、破裂、不规整、浸过水和表面已被污染的砌块。

（3）砌块块体一般不宜切割，砌筑前应当先进行排砖设计（图 8-14），在排列图上标明门窗洞口位置；墙体砌块先用主规格块体（K_{4A}），然后用辅助规格（除 K_{4A} 以外）来填充。

图 8-14 框架填充小砌块墙体砌块的排列图

（4）砌筑时要错缝、芯孔尽量对齐，大孔朝下反砌，以保证水平灰缝饱满；应做到横平竖直，灰缝饱满，均匀密实；竖缝应随砌随灌缝，严禁先干砌后再灌缝；已砌好的墙体不得随意撬动，不得任意打洞凿槽；纵横墙的交接处要留斜槎，不要留直槎（图 8-15）。

图 8-15　纵横墙体交接处的斜槎

（5）外墙门窗洞口周边 200 mm 范围内应用实心砌块砌筑，若用空心砌块就要用 M5 的砌筑砂浆或 C15 的细石混凝土填实。厨房、卫生间的隔墙，最下面的一皮空心砌块也应用 M5 的砌筑砂浆或 C15 的细石混凝土填实。

（6）每天砌筑高度，190 mm 厚的墙不宜超过 1.8 m；90 mm 厚的墙不宜超过 1.4 m。

（7）框架填充墙砌体必须紧靠混凝土柱面起砌，填满砂浆，并将柱上预留的锚固钢筋展平砌入水平灰缝中；砌体砌至距梁或板底约 200 mm 处时，至少需间隔 7 天，待下部砌体变形稳定后再砌筑，最上一皮不要平砌，应采用辅助的实心小砌块或实心砖块斜砌挤紧，空隙处用砂浆填密实。

（8）砌体内不得留脚手架眼；工人不得站在刚砌筑的墙上砌筑和行走，必须站在脚手架上砌筑和行走。

（9）雨天施工应防止雨水直接冲淋墙体；不得使用被雨水湿透的砌块；对未砌的砌块和已砌的墙体应做好遮雨措施；当雨量较大又无遮盖时，应停止砌筑。在大风、大雨情况下，对已砌好但未达到设计强度的墙体或稳定性较差的墙体，应加设临时支撑保护。

（10）在砌体内装管埋线，应用电锯开槽，不得打洞凿槽。

8.3.4　蒸压加气混凝土砌块砌体施工

1．蒸压加气混凝土砌块使用的材料

蒸压加气混凝土砌块，是以水泥、石灰、矿渣、粉煤灰、铝粉等材料，经磨细、配料、搅拌、浇制、发气膨胀、静停切割、蒸压养护等工艺制成的砌块；具有多微孔、轻质、保温、防火的特点，可锯、可割；一般用在无防水要求的非承重内隔墙上。

2. 蒸压加气混凝土砌块的规格（表 8-2）

表 8-2　蒸压加气混凝土砌块的规格

砌块公称尺寸/mm			砌块制作尺寸/mm		
长度（L）	宽度（B）	高度（H）	长度（L_1）	宽度（B_1）	高度（H_1）
600	100、125、150、200、250、300	200、250、300	$L-10$	B	$H-10$
	120、180、240				

注：常用的强度等级有 A3.5、A5.0、A7.5、A10；容重为 300~800 kg/m³。

3. 蒸压加气混凝土砌块的施工注意事项

（1）由于蒸压加气混凝土砌块的尺寸较大，砌筑前应仿照混凝土空心小砌块墙体的做法先排砖。

（2）由于蒸压加气混凝土砌块制作后的干缩变形量较大，需使用龄期超过 28 天的砌块砌筑；不同密度、不同强度的砌块不能混用在同一墙体上。

（3）砌块进场后应妥善保管，不得被雨水淋湿；干燥的砌块应提前 1~2 天适当淋水，砌筑时能保持面干内湿的状态。

（4）砌筑用砂浆应黏结性能良好，拌和均匀。最好用由 108 环保建筑胶拌制的水泥砂浆砌筑，且随拌随用。

（5）每天砌筑高度不宜超过 1.5 m。

（6）砌块可用专门工具切锯，但不得任意用刀斧砍劈。

（7）现浇混凝土养护时，或其他情况下，注意不要让墙体长时间受水浸泡。

（8）雨天不宜砌筑，并需对已砌墙体遮盖保护。

4. 蒸压加气混凝土砌块如无有效措施不得用在下列部位

（1）建筑物的±0.000 以下部位。

（2）长期浸水或经常受干湿交替的部位。

（3）受酸碱化学物质侵蚀的部位。

（4）表面温度在 80℃及以上的部位。

（5）屋面女儿墙。

【任务实施】

实训任务：绘制某框架填充墙混凝土空心小砌块的排列图。

【技能训练】

（1）熟悉 A 学院第 13 号住宅楼其中一面框架填充墙及其混凝土空心小砌块的具体尺寸。

（2）熟悉混凝土空心小砌块的尺寸系列。

（3）绘制此墙体混凝土空心小砌块的排列图，为编制施工方案做准备。

工作任务 8.4 墙体裂缝及其防治

8.4.1 墙体裂缝产生的原因

（1）材料因素：墙体材料自身有收缩、干缩的问题；墙体与混凝土结构相接处，两种材料对温度变化的反应有较大的差异。

（2）环境因素：常年环境温度、湿度的反复变化。

（3）设计因素：设计上未有专门的防裂措施。

（4）施工因素：施工工艺不规范，灰缝不密实，搭接处理不当。

8.4.2 主要处理措施

（1）墙体裂缝属于"常见病""多发病"，成因复杂，要综合治理；主要采用构造措施，预防为主，补救为辅。

（2）要使用足 28 天龄期的砌块，砌块间的灰缝尤其是头缝要饱满，砌体周边与混凝土梁柱相接处要砌筑紧密，并加连接钢筋拉结。

（3）在两种材料相连接容易开裂处的墙面上加挂钢丝网后再抹灰。

（4）加混凝土构造柱、圈梁，把大块的墙体划分为小块，加强对墙体变形的约束。这属于设计措施，按照设计要求来做；应先砌墙，埋入钢筋，后浇构造柱。

（5）对空心小砌块墙体，还可以利用其上下贯通的芯孔，先插入钢筋，后用混凝土将孔洞灌实，成为"芯柱"，结合水平圈梁或在水平灰缝内加拉结钢筋，加强对墙体变形的约束。

8.4.3 圈梁和构造柱的施工

（1）圈梁和构造柱都是混凝土受拉构件，它们的共同作用如同用绳子纵横把砖混结构的建筑物绑扎起来，能够增强砌体结构的整体性和延性，提高其抗震性能；还能减少和限制混凝土与砖砌体之间的温度变形差，以减少和避免砖混结构的墙体开裂。

（2）圈梁设在基础顶面、各楼层的楼面板以下、屋面板以下；对于层高较高的墙体，圈梁设在各层窗上口并兼作过梁；构造柱设在房屋的拐角、楼梯的四大角和楼梯平台梁的两端、纵横墙的交叉处等位置。圈梁和构造柱通常由设计人员根据结构类型、平面形状、抗震要求等在图纸上标明其位置和构造，如图 8-16 所示。

图 8-16　圈梁和构造柱的位置和构造示意图

（3）圈梁和构造柱都应按照混凝土结构施工的一般要求进行施工，其钢筋需按受拉构件的构造要求，采用搭接或焊接接头。

（4）构造柱的施工顺序为绑扎钢筋、砌砖墙、支模板、浇筑混凝土构造柱、养护、拆模。先绑扎构造柱钢筋，在砌砖的同时压入墙体的拉结钢筋；除按等截面柱留出构造柱的截面位置外，每隔 300 mm 高度还向墙内再凸 120 mm（称为马牙槎），马牙槎进退的尺寸为 60 mm，而且应该先退后进、对称砌筑，设置马牙槎的目的是增强墙与构造柱的连接；待一层墙体砌好后再支模板，然后浇筑构造柱的混凝土。不能先浇筑构造柱的混凝土后砌墙，这样做会使墙和构造柱的连接不够紧密。

【任务实施】

实训任务：实地考察砌体结构中圈梁和构造柱的做法和施工过程。

【技能训练】

（1）考察某砌筑工程的概况，说明砌体结构的位置、尺寸。
（2）考察圈梁的构造和施工过程。
（3）考察构造柱的构造和施工过程。
（4）结合本课程内容，讨论圈梁和构造柱的作用。

工作任务 8.5　砌筑工程的质量和安全

8.5.1　砌筑工程的质量要求

（1）石材、砖、砌块的尺寸、外观质量、强度等级应符合设计要求。
（2）砌筑砂浆的品种、配合比、强度等级、稠度应符合设计要求。
（3）砌体应做到横平竖直、砂浆饱满、错缝搭接、接槎可靠。

(4) 填充墙砌体的尺寸允许偏差应符合规范规定（表 8-3）。

表 8-3　填充墙砌体的尺寸允许偏差

项次	项目		允许偏差/mm	检验方法
1	轴线位移		10	用尺检查
2	垂直度	≤3 m	5	用 2 m 靠尺或吊线、尺检查
		>3 m	10	
3	表面平整度		8	用 2 m 靠尺和楔形塞尺检查
4	门窗洞口高、宽（后塞口）		±5	用尺检查
5	外墙上、下窗口		20	用经纬仪或吊线检查

(5) 填充墙砌体的砂浆饱满度应符合规范规定（表 8-4）。

表 8-4　填充墙砌体的砂浆饱满度

砌体分类	灰缝	饱满度及要求	检验方法
砖砌体	水平	≥80%	用百格网检查块材底面的砂浆黏结痕迹面积
	垂直	填满砂浆，不得有透明缝、瞎缝、假缝	
各类砌块砌体	水平、垂直	≥80%	

8.5.2　砌筑工程的安全技术

（1）操作之前必须检查操作环境是否符合安全要求，道路是否畅通，机具是否完好，安全防护设施是否齐全，确认符合安全要求后方可施工。

（2）在坑槽内砌筑时应注意检查坑壁土质变化情况，砌块应离开坑槽边堆放。

（3）砌筑高度超过 1.20 m 时，应搭设楼层内的临时脚手架。

（4）严禁站在已砌墙体上操作；不准用不稳定的工具或物体垫高来作业。

（5）需要砍砖时，应面向墙面进行，砍完后应即时清理碎块，防止掉落伤人。

（6）每天限砌高度：砖砌体 1.80 m 内；190 mm 厚的小砌块砌体 1.8 m 内，90 mm 厚的 1.40 m 内；加气混凝土砌块 1.5 m 内。

（7）下雨时不应砌筑，砌好的墙体应加遮盖保护防止雨淋。

（8）运送砖和砂浆的垂直运输机具应经常检查，保证正常运行，不得超载。

【砌体施工事故案例】

2005 年 4 月 9 日，广州市灵山镇某厂在建 3 号厂房的一面 70 多米长的外纵墙，在无风无雨的情况下突然倒塌，死 5 人、伤 2 人。经调查，这是一幢轻钢结构单层工业厂房，在未完成厂房主体骨架之前，就将施工外墙（180 mm 厚的砖墙）砌至 10 m 高，并且竟然没有采取任何保证墙体稳定、安全的措施。实际施工中，应先完成房屋的整个钢骨架，包括屋面檩条、屋面水平支撑、墙梁、柱间支撑等，才能砌筑墙体。

项目 8 砌筑工程施工

【拓展讨论】

党的二十大报告提出，人与自然是生命共同体，无止境地向自然索取甚至破坏自然必然会遭到大自然的报复。我们坚持可持续发展，坚持节约优先、保护优先、自然恢复为主的方针，像保护眼睛一样保护自然和生态环境，坚定不移走生产发展、生活富裕、生态良好的文明发展道路，实现中华民族永续发展。

砌体结构有悠久的历史，其材料也在不断发展，谈一谈砌体结构材料的发展变化。并结合国家对黏土砖等材料的相关政策，说一说怎样做可以像保护眼睛一样保护自然和生态环境。

【任务实施】

实训任务：根据本书附录的 A 学院第 13 号住宅楼主要施工图，编制此工程墙体的施工方案和保证质量、安全的技术措施。

【本项目总结】

项目8	工作任务	能力目标	基本要求	主要支撑知识	任务成果
砌筑工程施工	砌筑工程基础知识	熟悉砌体的材料和墙体构造	初步掌握	砌体材料和墙体构造的知识	编制某墙体的施工方案
	砖石砌体施工	能组织砖石砌体的施工	初步掌握	砖石砌体的组成原理	
	混凝土小砌块砌体施工	能组织混凝土小砌块砌体的施工	初步掌握	混凝土小砌块砌体的组成原理	
	墙体裂缝及其防治	能组织圈梁和构造柱的施工	初步掌握	圈梁和构造柱的构造和作用原理	
	砌筑工程的质量和安全	能编制墙体的施工方案	初步掌握	墙体的质量标准和防治裂缝措施	

复习与思考

1. 砌体结构有什么作用？有什么特点？
2. 常用砌筑砂浆有哪些品种？砌筑砂浆对原材料有哪些要求？
3. 常用砌块有哪些品种？砌块对原材料有哪些要求？
4. 请简述毛石砌体的砌筑工艺和质量要求。
5. 请简述蒸压灰砂砖砌体的砌筑工艺和质量要求。
6. 请简述混凝土小砌块砌体的砌筑工艺和质量要求。
7. 请简述蒸压加气混凝土砌块的砌筑工艺和质量要求。
8. 请简述墙体裂缝产生的原因和预防措施。
9. 什么是圈梁？什么是构造柱？它们和一般的混凝土梁、框架柱有什么不同？
10. 圈梁和构造柱施工时有什么要求？
11. 请简述砌筑工程的质量标准。
12. 请简述砌筑工程的安全技术要求。

项目8在线答题

项目 9　建筑防水工程施工

本项目学习提示

  建筑防水工程，初看起来不像主体结构那样重要，不会影响到建筑的安危，也不像装饰装修工程那样直接影响美观。但经过实地调查就会发现不是那么回事，建筑防水工程质量的好坏，既影响使用、美观，更影响建筑的安危。目前来看，建筑十有九漏，存在的问题相当严重。随着我国经济的快速发展，建筑层数逐渐增加，体量越来越大，使用功能增多，要求越来越高，建筑防水问题更加突出，单纯依靠沥青油毡满足不了新的需要。我国通过引进学习、研究开发和实际应用，在防水方面从防水材料、设计理念到施工手段都有了很大进步，已经有了国家和地区性的技术规范，初步形成了建筑防水的专项技术，而且防水技术还在不断发展变化中。

  本项目主要讲述防水材料的分类及其特点，建筑防水的基本理论，哪些部位需要防水，怎样设防，施工中应注意什么问题。

能力目标

- 能根据建筑各部分对防水的要求，选择适当的防水材料。
- 能按照施工图纸和规范的要求，制订相应的防水施工方案。
- 能组织一般建筑防水工程的施工。
- 能对防水施工的工程质量和安全进行监控。

知识目标

- 了解建筑防水工程的性质、作用和重要性。
- 了解建筑哪些地方需要做防水和防水的原理。
- 熟悉常用建筑防水材料分类的知识。
- 掌握防水施工的原理、质量标准和安全知识。

项目 9 建筑防水工程施工

思维导图

工作任务 9.1　建筑防水工程基础知识

9.1.1　建筑渗漏与防水工程

1. 建筑渗漏及其危害

（1）建筑渗漏需要有 3 个条件：一要有渗漏的物质（雨水、地下水、给排水）；二要有渗漏的通道（有裂缝、孔隙存在）；三要有促使水移动的动力（水的表面张力、毛细管的吸附作用、局部范围内外的气压差、风的作用等）。只要这 3 个条件同时在某个位置存在，就会引起渗漏。

（2）渗和漏是两个程度不同的概念。渗是指一定面积范围内被水渗透、扩散，出现水印或处于潮湿状态。漏是指某一部位一定面积范围内或局部区域内被较多的水渗入，从孔、缝中滴出来，呈现滴漏，甚至出现涌水的现象。

（3）渗漏给建筑的安危和正常使用带来很大的影响。雨水、地下水或给排水管线渗漏的水渗透到建筑的内部，会使地基土的承载能力降低、变形加大，特别是会对湿陷性黄土、膨胀土地基造成重大的安全事故；使钢构件或混凝土内钢筋锈蚀，导致构件承载力和耐久性逐渐降低；楼板或墙体渗水，破坏了室内良好的使用环境。

2. 建筑需要做防水的部位

（1）屋面的上表面。
（2）地下室的外表面。
（3）有防水要求的房间（如住宅的厨房、卫生间）的楼地面和墙面。
（4）外墙的外表面。
（5）水池的内表面。

3. 建筑防水工程的性质和内容

建筑防水工程是建筑工程技术的重要组成部分，属于功能保障性的专项新技术，专门解决建筑渗漏问题。根据建筑的性质、结构和使用要求，选用适当的具有防水功能的材料，采取专门的技术措施，保证建筑的某些部位不受水的侵蚀，使建筑在整个使用期内，保持良好的使用环境。

4. 建筑防水的基本要求

（1）按照建筑不同的类别、重要性、使用功能、建筑的部位和渗漏造成危害的大小来确定防水的等级、耐久年限及防水层的类别、层数和厚度等要求。

（2）南方地区的气候特点是常年潮湿多雨、气温高、夏季时间长、台风多；而北方地区则干燥少雨、气温低、冬季时间长、常有冰冻。要求在各种自然因素的作用下，在设计耐久年限内，防水层不会因老化而损坏。

（3）在防水构造上，要求在人们的正常使用过程中产生的各种冲击、振动、磨损等作用下，防水层不会损坏。

（4）投入使用后，要求物业能进行正常的维护管理，发现小毛病能及时进行一般的维修，也是建筑防水达到规定年限内能正常使用的必备条件。

9.1.2 防水工程的特点和现状

1. 防水工程是一个系统工程

大量工程实践表明，防水工程质量的好坏，不是某一个环节的问题，而是涉及设计、施工、材料和维护等因素，要全面重视、密切配合才能做好。在这些诸多因素中，材料是基础，设计是前提，施工是关键，维护是保证。

2. 防水工程应遵循的原则

（1）基本目标是 4 个字：稳妥（稳妥是指采取的物质、技术措施稳妥），可靠（可靠是指达到要求的目标）。

（2）设计要求是 4 句话。

① 防排结合，迎水面设防（防水和排水都非常重要，将积水排走是及时清除渗漏的物质基础，在迎水面设置防水层，把水挡在外面）。

② 材料防水与构造防水相结合（既要充分利用材料的防水性能，又要有适当的构造措施让这些性能发挥出来）。

③ 刚柔共济、多道设防（按目前的物质、技术条件，既要有刚性防水层，又要有柔性防水层，设置多道防线）。

④ 整体密封、互不制约（各部分既要协同工作，让需要防水的部位做到整体密封，又要能够有适当的活动余地）。

（3）施工要求抓好 4 个方面：要把好材料质量关，要按照科学的施工顺序来做，要遵守施工工艺规程，要控制好施工过程中的技术间歇时间。

3. 目前我国建筑防水技术的现状

（1）近几十年我国建筑防水技术有了很大发展，抛弃了过去沿用很久的以石油沥青纸胎油毡为单一防水的手段，改变了防水材料质量差、不耐久、不环保的落后状况；各种不同档次、适应不同要求的防水材料大量涌现；建筑防水理论研究不断深入，工程实践卓有成效，初步改变了有建筑几乎就有渗漏的现象，一些工程能达到防水目标要求。

（2）与国际上先进水平相比差距还很大，防水材料品种多，但质量差别大；有些设计人员防水专业培训少，认识不足，没有按具体建筑的特点来确定有针对性的措施，防水设计没有详细而明确的要求；有些施工人员专业素质差，未经培训就上岗，施工马虎、潦草，达不到质量要求；有些项目业主或开发商在利益的驱动下，将防水标准尽量降低，只求通过验收，不求达到规定的使用年限；建筑投入使用后，物业管理工作跟不上，防水层受损后不能及时维修，从小毛病变成大病，难以修复。因此目前建筑渗漏的现象还比较普遍。

9.1.3 防水材料的分类和特点

1. 柔性防水材料

（1）防水卷材：一般属于高分子合成材料，呈柔软的薄片状，成品厚度为 2~3 mm，宽度为 1000 mm，每 15 m² 或 20 m² 为一卷，成卷供应。用重叠粘贴的方法，在结构表面形成连续密封的防水层，适宜用在地下室、屋面做防水层；因防水卷材长期受水浸泡后有可能会分解失效，不适宜用在常受水作用、面积小、体形复杂的卫生间做防水层。

① 高档的：合成高分子防水卷材（如 EPDM——三元乙丙橡胶防水卷材等），由合成橡胶加入助剂、填充料，经塑炼、压延成为无胎的柔软片状材料，拉伸强度高，断裂伸长率大，耐热性好（100℃以上），具低温柔性（-20℃），抗酸碱腐蚀，耐老化（耐久年限达到 50 年以上），是高档、弹性的防水卷材。

② 中档的：高分子聚合物改性沥青防水卷材（如 SBS——热塑丁苯橡胶防水卷材、APP——无规聚丙烯防水卷材等），是在石油沥青中加入高分子聚合物进行改性的，具有改进温感、增强弹性和耐老化的优点（耐久年限约 30 年），是现在全世界都在广泛使用的普通型防水产品。

③ 低档的：沥青防水卷材，是石油沥青经过氧化工艺改善性能，制成的成卷材料，是过去用的防水传统产品，抗老化性能差（耐久年限小于 10 年），对环境有污染，现在已经淘汰。

④ 防水卷材的胶黏剂、胶黏带：对应上述不同档次的配套用品。

（2）防水涂料：属于高分子合成材料，呈液体状，成罐供应，多为双组分、反应固化型，经现场混合用涂刷方法立即使用，在空气中凝固后形成完整的薄膜状，其厚度与涂刷的次数有关。一般防水涂料适用于地下室、屋面的防水；水泥基渗透结晶型防水涂料适用于外墙面、厨房、卫生间的防水。

① 高档的：合成高分子防水涂料，最好是硅橡胶防水涂料（军用转民用产品），其次是非焦油型聚氨酯防水涂料（911 防水涂料）和丙烯酸酯防水涂料。

② 中档的：水泥基渗透结晶型防水涂料（21 世纪研制推广的品种），高分子聚合物改性沥青防水涂料。

③ 低档的：沥青基防水涂料。

2. 刚性防水材料

刚性防水材料以提高混凝土或砂浆自身防水能力为目的，在混凝土或砂浆拌合料中加入无机或有机成分，施工后与混凝土或砂浆混成一体，形成刚性不透水的整体，但会随主体结构一起开裂。其不分档次，分为两类。

1）防水混凝土

（1）普通混凝土掺入防水复合液，破坏混凝土内部的毛细管道，达到终止渗漏的效果；适用于地下室主体结构自防水；方便、价廉、耐久，但呈现脆性、易随主体结构一起开裂的现象，现在发达国家已不用。我国还在用，但要求刚柔结合。

（2）UEA 补偿收缩混凝土，通过局部产生自压应力，达到防渗漏的目的，适用于地下室主体结构的自防水和后浇带的混凝土施工。

2）防水砂浆（现在发达国家已经不再使用）

（1）聚合物水泥防水砂浆。

（2）掺外加剂或掺合料的水泥防水砂浆。

3. 特殊用途的防水材料

特殊用途的防水材料用在局部有特殊构造要求的地方，部分是有机产品，部分是无机产品，也分高中低档次。

（1）嵌缝材料：用在变形缝、伸缩缝处，填缝密封。

（2）密封材料：用于幕墙板缝、门窗与墙体交接处的密封处理。

（3）堵漏材料：一般用于背水面对渗漏点的堵漏处理。

（4）灌浆材料：对结构裂缝，用压力灌浆的方法，让浆液渗入缝内，进行封堵处理。

（5）止水材料：用在有反复变形又需要密封防漏处。

4. 已经淘汰的产品

防水层的耐久性是一个重要的问题，住房和城乡建设部已经明令在建筑工程中淘汰质量差、不耐久、不环保的下列防水材料：石油沥青纸胎油毡、再生橡胶改性沥青防水卷材、高聚物改性沥青防水卷材、焦油型聚氨酯防水涂料、焦油型冷底子油、乳化沥青防水涂料、焦油聚氯乙烯密封油膏、改性聚氯乙烯密封胶条等。

9.1.4 防水施工的基本要求

1. 程序性要求

（1）要用专业队伍施工，程序化管理；施工企业要有防水施工的专项资质，施工人员要经过防水技术的专门岗位培训。

防水工程质量管控

（2）认真做好施工前的准备工作：学习和会审图纸，理解设计意图；制订符合实际的施工方案；选择合格的防水材料和相配套的辅助材料；使用相应的机械设备；合理配备施工人员；配备劳动保护和防火安全用品；有完善的自检、互检制度；完工后要经过专门的蓄水试验且达到合格标准；全过程都应留有完整的施工技术档案。

（3）防水工程施工要求严格细致、一丝不苟，宜在 5～30 ℃的晴天进行，雨雪天和五级及以上大风时不得施工；应设法保证施工时的小环境能通风和干燥；反应型和溶剂型涂料不宜在大雾天气中施工；雨季进行防水混凝土和防水层施工时应采取有效防雨措施。

（4）按我国现行《建设工程质量管理条例》，防水施工的保修期不应少于 5 年。

2. 技术性的要求

1）卷材防水施工的几种方法

（1）自粘法：利用卷材底层附着的自粘性的胶黏剂进行粘贴。

（2）冷粘法：利用与卷材相匹配的专用胶黏剂粘贴，现在用得最多。

（3）热风焊接法：利用热风焊机的焊枪发出高温热风将热塑型、热熔型卷材的搭接边熔化后进行粘贴。

（4）热熔法：利用火焰喷枪烘烤热熔型卷材的底面和基层，使底层表面的热熔型改性沥青胶熔化，边烘烤边铺贴。

（5）冷热结合粘接法：卷材与基层之间用冷粘法，而卷材与卷材之间的搭接采用热熔法或热风焊接法。

2）涂料防水的施工

防水涂料是黏稠状的流淌型材料，通过手工或机械喷涂的方法，在基层上固化成涂膜防水层，涂膜防水层每层的厚度较薄，通常要涂刷4～6遍才能达到设计的厚度，有时还要增贴无纺布来提高防水层的强度和耐变形的能力。

3）复合防水层的施工

对于重要的工程，一般设计上都要求做刚柔结合的复合防水层，这是多道设防、互相补充的合理组合。施工时应将耐老化、耐穿刺的防水材料放在最外层。

3．防水工法包括的内容

防水工法包括工程特点、适用范围、施工程序、操作要点、机械使用、质量标准、组织管理、安全事项、技术经济指标等。

【任务实施】

实训任务：认识各种防水材料。

【技能训练】

由教师提供各种防水材料的样品和简要说明，学生通过实地观察，初步认识其产品的名称、属性、外观、基本性能和适用场合。

工作任务 9.2　屋面防水施工

9.2.1　屋面防水的特点

屋面在建筑物的最顶部，负荷最轻，受温度变化影响最大、最直接，直接承受雨水冲击，面积有大有小。有些是平屋面，有些是坡屋面；有上人的屋面，也有不上人的屋面；还分有隔热层或无隔热层的屋面。其中以平屋面最不利，排水不畅，容易积水，节点部位多，容易造成变形开裂；用有机材料造成的防水层容易老化；但屋面较容易维修保养。

屋面防水的基本原则是：防排结合、板块分格、刚柔共济、互不制约、多道设防、整体密封。

9.2.2　混凝土屋面的防水等级和防水要求

混凝土屋面的防水等级和防水要求见表9-1。

表 9-1　混凝土屋面的防水等级和防水要求

防水等级	建筑类别	设防要求
Ⅰ级	重要建筑和高层建筑	两道防水设防
Ⅱ级	一般建筑	一道防水设防

9.2.3　混凝土平屋面的防水构造措施

屋面工程包括保温层、找平层、卷材防水层、细部构造 4 个分项工程。混凝土平屋面的防水构造措施如图 9-1～图 9-10 所示。

1—防水层；2—附加防水层；3—卷材；
4—泡沫棒；5—混凝土压顶；6—保护层；
7—隔热层；8—泡沫板；9—密封材料。

图 9-1　平屋面变形缝

1—找平层；2—防水层；3—卷材；4—泡沫棒；
5—泡沫板；6—金属板；7—固定密封；8—附加防水层；9—保护层；10—隔热层；11—密封材料。

图 9-2　高低跨处变形缝

（a）管道处理　　　　（b）管道处理（加套管）

1—刚性保护层；2—密封材料；3—附加涂膜防水层；4—套管；
5—柔性防水层；6—找平层；7—细石混凝土；8—套管内填发泡聚氨酯。

图 9-3　伸出屋面管道处理

1—滴水线；2—防水处理；3—混凝土压顶；4—防水层。

图 9-4　压顶处理

（a）檐沟构造　　　　　　（b）细部构造

1—涂膜防水层；2—附加增强层；3—找平层；4—卷材防水层；5—金属压条；6—保护层。

图 9-5　檐沟构造（一）

（a）檐沟构造　　　　　　（b）细部构造

1—刚性防水层；2—涂膜防水层；3—溢水口；4—密封材料；5—保护层；6—找平层；7—背衬材料。

图 9-6　檐沟构造（二）

1—找平层；2—柔性防水层；
3—涂膜附加增强层；4—隔热保温层；5—保护层。

图 9-7 阴角构造（一）

1—隔离层；2—刚性防水层；3—密封材料；
4—涂膜附加增强层；5—隔热保温层；
6—找平层；7—背衬材料。

图 9-8 阴角构造（二）

（a）落水口构造　　　　　　（b）细部构造
1—找平层；2—密封材料；3—防水层；4—直式落水口；5—止水环。

图 9-9 直式落水口构造

（a）落水口构造　　　　　　　　　（b）细部构造
1—找平层；2—密封材料；3—涂膜增强层；4—防水层；5—横式落水口。

图 9-10 横式落水口构造

（1）平屋面宜采用结构找坡，屋面坡度不宜小于 3%；天沟、檐沟的纵坡不宜小于 1%；雨水口周围 250 mm 宽度范围内的坡度不应小于 5%。

（2）雨水立管的管径不应小于 ϕ100 mm；一根雨水管负责的排水面积不应大于 150 m²。

（3）天沟、檐沟不得流经变形缝。

（4）找平层、柔性防水层上的刚性保护层均应设置分格缝，分格缝纵横向的间距不应大于 6 m。

（5）屋面的天沟、檐沟、檐口、泛水、女儿墙、雨水口、伸出屋面的管道、变形缝等都是防水的重点部位，要刚柔结合、多道设防、达到整体密封。

9.2.4　卷材平屋面施工

（1）卷材平屋面施工前，混凝土基层必须找平，所有细部拐角需抹成弧形；基层需清洁、充分干燥，涂刷表面处理剂。

（2）施工方向和施工顺序：防水层施工时，先做好节点、附加层和屋面排水比较集中部位的处理，然后由屋面的最低处向上施工；铺贴天沟、檐口时，宜顺天沟、檐口方向。

（3）卷材屋面的施工方法根据卷材的性质不同，可采用冷粘法、热熔法和自粘法等几种。

① 冷粘法铺贴卷材的工艺流程（图 9-11）。

基层清理→基层干燥程度检查→节点附加增强层铺贴→定位弹线试铺→胶黏剂称量、搅拌→涂基层处理剂→基层卷材涂胶黏剂→铺贴卷材→辊压排气贴实→接缝处涂刷胶黏剂→辊压排气黏合→接缝处卷材末端收头→节点密封→检查修整→验收→保护层施工。

② 热熔法铺贴卷材的工艺流程。

基层清理→基层干燥程度检查→涂基层处理剂→节点附加增强层铺贴→定位弹线试铺→熔化热熔型改性沥青胶→涂刮热熔型改性沥青胶→滚铺卷材并展平→辊压排气贴实→刮挤出胶→接缝处卷材末端收头→节点密封→检查修整→验收→保护层施工。

③ 自粘法铺贴卷材的工艺流程。

基层清理→基层干燥程度检查→涂基层处理剂→节点附加增强层铺贴→定位弹线试铺→揭去卷材底面隔离纸→铺贴卷材→辊压排气贴实→粘贴接缝处→辊压排气黏合→接缝处卷材末端收头→节点密封→检查修整→验收→保护层施工。

（4）卷材的铺贴顺序：先平面后立面，从下而上，转角处应松弛不得拉紧；卷材应平整顺直，搭接尺寸准确，不扭曲、无皱折、不松弛；粘接牢固。找平层的分格缝处 100 mm 宽度内宜空铺；因卷材每卷只有 20 m²，连接处都需要相互搭接不小于 100 mm，搭接缝要错开；平行于屋脊的接缝应顺流水方向搭接，垂直于屋脊的接缝应顺当地年最大频率风向搭接。

图 9-11 冷粘法铺贴卷材的工艺流程

9.2.5 涂膜平屋面施工

（1）基层必须找平，所有细部拐角需抹成弧形；基层需清洁、充分干燥，然后才能进行防水层的施工。表面先均匀涂刷一层稀释后的涂料；以后每刷一层都要保持涂层均匀，需等上一层涂料充分干燥后再进行下一层涂刷施工，如图 9-12 所示。

（2）施工前应根据设计要求的厚度，先进行试验以确定达到规定厚度应涂刷的遍数和单位面积涂料用量。

（3）涂膜防水冷涂法的工艺流程。

基层清理→基层干燥程度检查→找平层分格缝密封→节点附加增强层处理→涂料计量与搅拌→第一遍涂刷→铺贴胎体增强材料→第二遍涂刷→涂料干燥成膜→第 n 遍涂刷→检查修整→验收→保护层施工。

（4）水泥基渗透结晶型防水涂料的工艺流程。

基层清理、修整基层→喷水湿润基层→涂刷水泥基渗透结晶型防水涂料→喷雾状水湿润养护→验收。

图 9-12　涂膜平屋面的施工示意图

【防水工程案例】

某高校第一教学楼屋面防水自下至上做法：现浇混凝土屋面板，20 mm 厚 1∶2 水泥砂浆加 3%防水剂找平，3 mm 厚 APP 无规聚丙烯防水卷材，30 mm 厚挤塑聚苯乙烯保温板，无纺布一层，40 mm 厚 C20 细石混凝土（配 $\phi 4@150$ 双向钢筋网），每隔 6 m 留 20 mm 宽的通缝，填充防水嵌缝膏，20 mm 厚 1∶4 干硬性水泥砂浆，面层铺地面砖。

【任务实施】

实训任务：编制 A 学院第 13 号住宅楼的屋面防水施工方案。

【技能训练】

（1）学习该项目的施工图纸，了解屋面防水的设计做法和要求。
（2）对照本课程的学习内容，参考学习广东省标准《建筑防水工程技术规程》。
（3）通过小组讨论，拟定防水施工方案。
（4）学生自行编写书面的防水施工方案。

工作任务 9.3　地下室防水施工

9.3.1　地下室防水的特点

地下室在建筑的最下部，受到的荷载最大，要求有一定的耐变形能力；其外部常年受地下水作用，要求全封闭、抗水压、耐腐蚀；地下室底部与地基土相接，底板不能维修；外露或有土覆盖的地下室顶板防水按屋面防水要求处理。

9.3.2 地下室的防水等级和防水要求

地下室的防水等级和防水要求见表 9-2。

表 9-2 地下室的防水等级和防水要求

防水等级	Ⅰ级	Ⅱ级	Ⅲ级	Ⅳ级
建筑类别	防水要求高的建（构）筑物	防水要求较高的建（构）筑物	防水要求一般的建（构）筑物	防水要求不高的建（构）筑物
设防标准	不允许渗水，结构表面无湿渍	不允许漏水，偶见有少量湿渍	有少量漏水点，不得有线流和漏泥砂。任意 100 m² 防水面积的漏水点或湿渍不超过 7 处，单个漏水点最大漏水量不大于 2.5 L/d。单个湿渍最大面积不大于 0.3 m²	有漏水点，不得有线流和漏泥砂。整个工程平均漏水量不大于 2.0 L/(m²·d)。任意 100 m² 防水面积的平均漏水量不大于 2.0 L/(m²·d)
适用范围	人员长期停留的场所	人员经常活动的场所	人员临时活动的场所	对渗漏无严格要求，且不致影响周边环境的场所
防水措施	结构自防水，加迎水面设两道防水层，一高档一中档	结构自防水，加迎水面设一至两道防水层，至少一高档	结构自防水，加迎水面设一道高档防水层	结构自防水，加迎水面设一道中档防水层

9.3.3 混凝土结构自防水施工

（1）混凝土结构自防水以工程结构本身混凝土的密实性来实现防水功能，把结构承重和防水合为一体，其工序简单，施工方便，造价较低。防水混凝土有普通防水混凝土、掺外加剂防水混凝土、膨胀性防水混凝土 3 类。

（2）防水混凝土的品种、强度、抗渗等级和厚度应由结构设计确定，迎水面钢筋保护层厚度不应小于 50 mm，钢筋间距不宜大于 150 mm，施工缝处应加钢板止水带，后浇带内钢筋宜用焊接连接，所有穿墙管道应在混凝土浇筑前预埋。

（3）严格按照相应品种混凝土的技术要求来施工，各种原材料必须符合规范标准，经过检验试验合格；严格按照确定的施工配合比投料和搅拌，浇筑过程细致认真，经充分养护，拆模后外观检查应均匀密实，无蜂窝、麻面、孔洞、露筋等缺陷，若发现有局部渗漏，需用压力灌浆的方法进行修补，直至各部位无渗漏现象；留有隐蔽工程的验收记录和混凝土强度、抗渗性能检测合格报告。

（4）为了保证混凝土墙面的厚度和墙模板的稳定，通常在模板安装后要装上穿墙对拉螺栓，拆模后螺栓长期留在混凝土内，此螺栓是个渗漏的渠道，若在螺栓中段（就是混凝土的墙中）焊上一小块薄钢板（称为止水环），就能破坏渗漏的渠道，这是一个必备的防渗漏措施，如图 9-13 所示。

1—模板；2—混凝土墙体；3—止水环；4—穿墙对拉螺栓；5—固定模板螺栓。

图 9-13　防水混凝土墙面对拉螺栓的防水措施

9.3.4　地下室柔性防水层施工

（1）柔性防水层应铺设在混凝土结构的迎水面上，从地下室底板垫层至外墙外侧和顶板上侧，在外围形成封闭的防水罩。柔性防水层可使用防水卷材或防水涂料，按设计规定的品种、厚度施工。

（2）用防水卷材做柔性防水层，有两种施工方法：外防外贴法（图 9-14）和外防内贴法（图 9-15）。一般情况下宜采用外防外贴法，当施工条件受限制时才采用外防内贴法。

① 外防外贴法，是指地下室基坑开挖后，地下室四周留有足够的施工工作面，在外墙混凝土浇筑完，拆除模板后，先用水泥砂浆对外墙的外表面做找平、抹灰，再在其表面粘贴防水卷材，加上保护膜（墙），最后回填不透水的黏性土。

② 外防内贴法，是指地下室基坑若用地下连续墙（或排桩）做支护，在墙内直接建造地下室，地下连续墙（或排桩）内侧没有留出施工空间，则在基坑做完后先用水泥砂浆对地下连续墙的内表面做找平、抹灰，然后在墙的抹灰面上铺贴防水卷材，再浇筑地下室混凝土墙体。

（3）通常在地下室底板混凝土垫层上做柔性防水层和防水保护层，然后做防水混凝土底板，等到做墙面时再用外防外贴法或外防内贴法来做墙面防水层。

桩头的防水构造如图 9-16 所示。

（4）地下室顶板防水层的做法同混凝土平屋面防水层的做法。

1—结构墙体；2—柔性防水层；3—柔性保护层；
4—柔性附加防水层；5—防水层搭接部位保护；
6—防水层搭接部位；7—保护墙；
8—柔性防水加强层；9—混凝土垫层。

图 9-14 外防外贴法

1—结构墙体；2—砂浆保护层；
3—柔性防水层；4—砂浆找平层；
5—保护墙；6—角部柔性防水层；
7—混凝土垫层。

图 9-15 外防内贴法

1—结构底板；2—底板防水层；3—细石混凝土保护层；
4—聚合物水泥防水砂浆；5—水泥基渗透结晶型防水涂料；
6—桩的锚固钢筋；7—遇水膨胀橡胶止水条；8—混凝土垫层；9—基桩。

图 9-16 桩头的防水构造

（5）柔性防水层都有一定的厚度，地下室的水平底（面）板与垂直墙面相交处是应力集中的地方，为了保证防水层不被损坏，不能做成直拐角，要做成圆弧形拐角，此处的防水层还要加强。

【任务实施】

实训任务：组织实地参观地下室防水施工。

【技能训练】

通过实地参观，详细了解使用的防水材料、地下室各部分的防水做法、施工工艺等，进一步加深对课程内容的理解。由学生写出参观报告。

工作任务 9.4　外墙面防水施工

9.4.1　外墙面防水的特点

外墙面是指建筑物围护外墙的外表面,包括女儿墙面、各向墙体面、门窗洞口外周边、阳台栏板、突出墙面的腰线、檐口等。这些部位主要起装饰作用,不承受荷载,受气候影响大,热胀冷缩反复出现,不同材料交接面多,较容易产生裂缝和渗漏,维修保养相对较容易。

过去因为建筑物普遍不高,体量普遍不大,外墙面渗漏的问题不明显,人们往往对外墙面防水重视不够。现在建筑物又高又大,外墙面渗漏问题已比较突出。据调查,外墙面高度在 24 m 及以上的公共建筑,10 层及以上的住宅,墙材为空心砖、轻质砖、多孔材料,饰面为墙面砖,当地的基本风压大于 0.6 kPa 的建筑物,外墙面渗漏现象较多,已经引起业内人士的重视。广东自 20 世纪 90 年代起,编制和公布的地方性防水技术规程中,已专门列有外墙面防水的部分。

9.4.2　外墙面的防水等级和防水要求

外墙面的防水等级和防水要求见表 9-3。

表 9-3　外墙面的防水等级和防水要求

防水等级		Ⅰ级	Ⅱ级
防水层合理使用年限		15 年	10 年
建筑物类别		(1) 轻质、空心砖外墙,混凝土外墙 (2) 高度≥24 m 的建筑 (3) 用条形砖饰面 (4) 当地基本风压≥0.6 kPa	(1) 高度＜24 m 的建筑 (2) 低层砖混结构外墙 (3) 当地基本风压＜0.6 kPa
找平层	抗裂要求	下列抗裂措施复合使用	
找平层	抗裂措施	(1) 不同材质交接处挂钢丝网 (2) 外墙面满挂钢丝网 (3) 找平层掺抗裂合成纤维或外加剂	
防水层	设防要求	一至两道防水层	一道防水层
防水层	防水措施	(1) 防水层:聚合物水泥砂浆 5～8 mm、聚合物水泥防水涂料 1～1.2 mm (2) 防水保护层:外墙涂料或面砖	(1) 防水层:聚合物水泥砂浆 3～5 mm、聚合物水泥防水涂料 0.8～1 mm (2) 防水保护层:外墙涂料或面砖

9.4.3 外墙面防水构造和施工要求

（1）突出墙面的腰线、檐板、窗楣的上部都应做防水处理，设置不少于 5% 的向外排水坡，下部应做滴水线，板面与墙面交接处应做成 50 mm 的圆角。保温外墙防水构造如图 9-17 和图 9-18 所示。

1—墙体；2—找平层；3—防水层；
4—保温层；5—抹面层（带玻纤网）；6—饰面层。

图 9-17　保温外墙防水构造（一）

1—墙体；2—找平层；3—第一道防水层；
4—保温层；5—抹面层（带玻纤网）；
6—第二道防水层；7—饰面层。

图 9-18　保温外墙防水构造（二）

（2）空心砌块外墙的门窗洞口周边 200 mm 内的砌体应用实心块体或用混凝土填实；外墙上的空调口、通风口等各种洞口，其底面应向室外倾斜，坡度≥5%，或采取防止雨水倒灌的措施。

（3）外墙上各类预埋件、安装螺栓、穿墙套管都应预留预埋，不得后装；其与外墙的交接处应预留凹槽并填入密封材料。窗楣和窗台的细部构造如图 9-19 和图 9-20 所示。

1—找平层；2—防水层；3—饰面层；
4—滴水线；5—密封材料；6—窗框。

图 9-19　窗楣细部构造

1—密封材料；2—封底砌块；3—防水层；
4—饰面层；5—窗框；6—内窗台；7—灌浆材料。

图 9-20　窗台细部构造

模型窗楣细部构造

模型窗台细部构造

（4）外墙上若有变形缝，必须做防水处理，外墙沉降缝或抗震缝、外墙伸缩缝可按图9-21、图9-22所示进行处理。

1—金属板材盖板；2—卷材防水层；3—射钉或螺栓固定；
4—钢板网；5—饰面；6—混凝土墙或柱；7—背衬材料。

图 9-21　外墙沉降缝或抗震缝

1—金属板材盖板；2—卷材防水层；3—射钉或螺栓固定；
4—钢板网；5—饰面；6—混凝土墙或柱；7—背衬材料。

图 9-22　外墙伸缩缝

（5）女儿墙宜采用现浇钢筋混凝土，若用砌体，应设混凝土构造柱和压顶梁；女儿墙及阳台栏板上表面应向内侧找坡，坡度不小于 6%。

（6）外墙面的找平层应按表 9-3 所列的抗裂措施施工，同时还应注意：水泥砂浆强度不应小于 M7.5，与墙面的黏结强度不应小于 0.6 MPa，宜用聚合物水泥砂浆；若墙面光滑，应先刷一道聚合物水泥砂浆再做找平层；应留分格缝，竖向间距不大于 6 m，水平间距不大于 4 m，可留在楼层或洞口、柱边，缝宽 8～10 mm，缝内填耐候密封胶。

（7）外墙面的防水层应按表 9-3 所列的防水措施施工，同时还应注意：用聚合物水泥砂浆做防水层时，应按找平层对应处做法施工和设分格缝；采用憎水性的外墙涂料时，表面不得再做其他饰面；门窗洞口四周宜用不小于 5 mm 厚的聚合物水泥砂浆做防水增强层。

（8）外墙面的饰面层，若贴墙面砖应用非憎水的黏结力强的水泥砂浆或其他特种砂浆；应按照找平层和防水层的相应位置设置分格缝和进行密封处理；宜用聚合物水泥砂浆或专用砂浆勾缝。

（9）外墙上的窗台的最高点应比内窗台低不少于 10 mm，且应向外排水；窗框的内缘应高出内窗台面不少于 30 mm；窗框不应外平安装，而应居中或缩进 50 mm 以上安装，框与窗洞之间宜用灌浆材料灌满密实。

（10）外墙面的抹灰功能已经从以往的保护墙体、装饰增加到防水密封的要求。总结多年的实践经验发现，如果找平层采用含有黏土的砂浆，黏土在施工时可增加砂浆黏稠度，结硬后并不起任何化学反应，但使用后却有很强的吸水性，使外墙长期处于湿润状态，水分会通过墙体渗入室内造成渗漏。故广东省住房和城乡建设厅从 1993 年起已明令不许在砂浆中掺入黏土，2020 年修订新一代《建筑防水工程技术规程》时，还特别强调外墙用的抹灰砂浆应从按体积配合比控制改为按强度等级控制。

9.4.4　外墙面防水施工的工艺流程

墙面清理、修整→水泥砂浆填平补齐→养护→按设计要求铺挂加强网→安装门窗框→用聚合物水泥砂浆嵌填饱满→墙面充分湿润→找平层抹聚合物水泥砂浆→抹第一层聚合物水泥砂浆（厚度不大于 3 mm）→抹第二层聚合物水泥砂浆（厚度不大于 3 mm）→贴外墙饰面砖或面层抹灰→分格缝嵌填密封材料→检查修整→养护→验收。

【任务实施】

实训任务：组织实地参观建筑外墙面防水工程施工。

【技能训练】

通过实地参观，详细了解建筑外墙面使用的防水材料，外墙面各部分的防水做法、施工工艺等过程，进一步加深对课程内容的理解。由学生写出参观报告。

工作任务 9.5　厨房、卫生间防水施工

9.5.1　厨房、卫生间防水的特点

住宅的厨房、卫生间面积小、功能多、设备多、管道多、平面形状复杂，往往紧靠卧室，负荷不大，经常与水接触，处于高湿环境，防水要求较高，如果处理不好会影响上下层住户或相邻房间的正常使用。广东省的《建筑防水工程技术规程》专门对此提出了具体要求。

其他建筑物有防水要求的生产车间、实验室等的楼地面和墙面大体上可参照下述做法。

9.5.2　厨房、卫生间的防水等级和防水要求

厨房、卫生间的防水等级和防水要求见表 9-4。

表 9-4 厨房、卫生间的防水等级和防水要求

防水等级	Ⅰ级	Ⅱ级
防水层合理使用年限	15 年	10 年
建筑类别	重要公共建筑、重要民用建筑和高层建筑的厨房、卫生间	一般民用建筑的厨房、卫生间
防水层的层数	两道防水层	一道防水层
地面防水措施	选择下列刚性、柔性各一道措施： ①≥2mm，②≥2mm，③≥7mm， ④≥0.8mm，⑤≥40mm，⑥≥20mm	选择下列中的一道措施： ①≥1.5mm，②≥1.5mm，③≥5mm， ④≥0.8mm，⑤≥40mm，⑥≥15mm
墙面防水措施	找平层：⑥≥20mm 防水层：②≥2mm，或③≥5mm	找平层：⑥≥15mm 防水层：②≥1.5mm，或③≥5mm

注：表中符号代表的材料为①合成高分子防水涂料；②聚合物水泥防水涂料；③聚合物水泥防水砂浆；④水泥基渗透结晶型防水涂料；⑤细石防水抗裂混凝土；⑥掺外加剂或掺合料防水砂浆。

9.5.3 厨房、卫生间防水构造和施工要求

（1）厨房、卫生间的楼板应采用现浇混凝土结构，楼板混凝土应一次浇筑、振捣密实，比室内的地面低出不少于 150 mm；先在结构表面做找平层，然后做防水层；地面应有 1%～3% 的排水坡度，坡向地漏口，地漏口不能距墙根太近，宜净间距 50～80 mm，标高应比相邻地面低 5～20 mm；穿过厨房、卫生间楼板的管道需预埋套管，套管内径应比管道外径大 10～20 mm，套管上口应比完成后的地面高出 20～50 mm，管道安装后管与管套之间的间隙先用阻燃密实材料填充，然后用防水密封胶封边，管套周边应加大排水坡度。

（2）厨房、卫生间的地面防水层，应采用符合环保要求的合成高分子防水涂料、聚合物水泥防水涂料、聚合物水泥防水砂浆、水泥基渗透结晶型防水涂料，不宜用聚合物乳液型防水涂料（长期泡水会分解失效）和防水卷材（厨房和卫生间面积小、管道多，用卷材接缝过多，收口困难）。厨房、卫生间的墙面防水层，宜采用与饰面砖能良好结合的聚合物水泥防水涂料、聚合物水泥防水砂浆等刚性材料，不应采用合成高分子防水涂料和防水卷材（不吸水、非水泥基材料，饰面砖贴不牢）。下沉式厨房、卫生间防水排水构造如图 9-23 所示。

（3）厨房、卫生间的防水要求较高，墙面防水的设防高度不应低于 1.8 m，宜设防到墙顶；地面应全部设防，且地面防水层应压过墙面防水层 200 mm 以上，以便对拐角处进行加强；地面和墙面的防水和装饰应采用水硬性材料（如水泥砂浆等），不得采用气硬性材料（如石灰砂浆等），更不能掺有黏土。安装完成后先试水，确认管道接口、卫生器具接口不漏水，才做装饰表面。厨房、卫生间的地面防水构造及相关部位的防水构造如图 9-24～图 9-28 所示。

项目 9 建筑防水工程施工

1—下沉式箱体；2—找平层；3—防水层；4—填充层；5—混凝土找平层；
6—饰面层；7—箱底排水管；8—密封材料；9—地面排水管。

图 9-23 下沉式厨房、卫生间防水排水构造

图 9-24 厨房、卫生间地面刚性防水构造

图 9-25 厨房、卫生间地面柔性防水构造

图 9-26 厨房、卫生间管道防水构造

图 9-27 厨房、卫生间地漏防水构造

图 9-28　厨房、卫生间墙面防水构造

（4）厨房、卫生间内安装设备用到的固定件、钉孔，是最容易渗漏的部位，需采用高性能的浅色的密封材料做密封处理；厨房、卫生间的门窗长期处于潮湿环境，其与墙体、地面的连接部位须进行密封处理，其余外露部分也应进行防水密封（如木门需油漆）。

（5）厨房、卫生间面积小，施工期间通风较差，而部分防水材料在施工阶段可能会挥发较多的有害物质，但成膜后有害挥发物含量大为下降。因此，施工时需特别注意加强通风，保障施工人员的身体健康。

【任务实施】

实训任务：组织实地参观住宅厨房、卫生间防水工程施工。

【技能训练】

通过实地参观，详细了解住宅厨房、卫生间的墙面和地面使用的防水材料，各部分的防水做法、施工工艺等过程，进一步加深对课程内容的理解。由学生写出参观报告。

工作任务 9.6　建筑水池防水施工

9.6.1　建筑水池防水的特点

这里的建筑水池通常是指建筑物内的水池，通常是供建筑物内部给水和消防使用，有些埋设在地下，有些设在楼层内或屋顶，容量都不大。水池一般用自防水混凝土做结构层，容量较小的水池常用普通混凝土做结构层，池内壁都要做刚性防水层，埋设在地下的水池还应仿照地下室做外表面的防水层。

9.6.2　水池的防水等级和设防要求

水池的防水等级和设防要求见表 9-5。

项目 9 建筑防水工程施工

表 9-5 水池的防水等级和设防要求

防水等级	Ⅰ级	Ⅱ级
防水层的合理使用年限	15 年	10 年
建筑物类别	重要民用建筑、高层建筑的生活水池、游泳池、消防水池	一般工业、民用建筑的生活水池、游泳池、消防水池
混凝土抗渗等级	≥P8	≥P6
水池内表面防水措施	①≥7 mm，②≥1 mm，③≥2 mm，④≥20 mm	①≥5 mm，②≥0.8 mm，③≥1.5 mm，④≥15 mm
水池外表面防水措施	①≥6 mm，②≥0.8 mm，④≥15 mm	

注：表中符号代表的材料为①聚合物水泥防水砂浆；②水泥基渗透结晶型防水涂料；③聚合物水泥防水涂料（Ⅱ型，指常在水环境工作）；④掺外加剂或掺合料防水砂浆。

9.6.3 水池防水构造和施工要求

（1）埋入地下的水池，应按表 9-5 和地下室防水要求施工。套管式管道防水构造如图 9-29 所示。

（2）生活水池还应符合《生活饮用水输配水设备及防护材料的安全性评价标准》（GB/T 17219—1998）、《生活饮用水卫生标准》（GB 5749—2022）的要求。

1—管道；2—套管；3—止水环或胶条；4—密封材料；5—背衬材料；
6—石棉水泥灰；7—沥青麻丝；8—柔性防水层；9—附加防水层；10—保护层。

图 9-29 套管式管道防水构造

（3）建筑物内的水池使用的防水材料应具有良好的耐水性、耐腐蚀性、耐久性和耐菌性，一般采用防水混凝土结构层，迎水面加聚合物水泥防水砂浆、聚合物水泥防水涂料、水泥基渗透结晶型防水涂料。

【任务实施】

实训任务：组织实地参观建筑物内的水池使用的防水材料和水池防水工程的施工。

【技能训练】

通过实地参观，详细了解建筑物内的水池使用的防水材料，各部分的防水做法、施工工艺等过程，进一步加深对课程内容的理解。由学生写出参观报告。

【本项目总结】

项目9	工作任务	能力目标	基本要求	主要支撑知识	任务成果
建筑防水工程施工	建筑防水工程基础知识	初步了解建筑防水材料	初步了解	建筑防水工程的基本理论知识	（1）编制一般屋面防水施工方案或地下室防水施工方案； （2）其他任务视实际条件安排
	屋面防水施工	能组织一般屋面防水施工	熟练掌握	屋面防水的理论和施工工艺知识	
	地下室防水施工	能组织一般地下室防水施工	熟练掌握	地下室防水的理论和施工工艺知识	
	建筑其他部位防水施工	初步了解建筑其他部位防水施工要点	初步了解	建筑其他部位防水的理论和施工工艺知识	

复习与思考

1. 建筑物为什么会出现渗漏？渗漏有什么危害？怎样才能克服渗漏现象？
2. 建筑物哪些地方需要做防水？建筑防水属于什么性质的工程？
3. 建筑防水工程要达到哪些要求？
4. 为什么说建筑防水工程是一个系统工程？
5. 建筑防水设计应遵守哪些基本原则？
6. 建筑防水施工应遵守哪些程序？怎样体现"稳妥、可靠"？
7. 什么叫柔性防水材料？包括哪些类型的产品？
8. 什么叫刚性防水材料？包括哪些类型的产品？
9. 什么叫特殊用途的防水材料？哪些地方需要用特殊用途的防水材料？
10. 目前防水材料的应用需注意什么问题？
11. 从防水的角度看，屋面防水有什么特点？
12. 混凝土平屋面防水怎样分级？不同等级分别采取怎样的防水措施？
13. 请简述卷材平屋面防水施工的要点。
14. 请简述涂膜平屋面防水施工的要点。
15. 从防水的角度看，地下室防水有什么特点？
16. 地下室防水怎样分级？不同等级应分别采取怎样的防水措施？
17. 请简述地下室结构自防水施工的要点。

18. 请简述地下室柔性防水层施工的要点。
19. 从防水的角度看,建筑物外墙面防水有什么特点?
20. 外墙面防水怎样分级?不同等级分别采取怎样的防水措施?
21. 请简述外墙面防水的构造要求和施工要点。
22. 从防水的角度看,厨房、卫生间防水有什么特点?
23. 厨房、卫生间防水怎样分级?不同等级分别采取怎样的防水措施?
24. 请简述厨房、卫生间防水的构造要求和施工要点。
25. 请简述建筑水池防水的构造要求和施工要点。

项目 10　建筑装饰装修工程施工

本项目学习提示

建筑装饰装修工程，是指用各类面层材料，对建筑的墙、柱、地面、顶棚、门窗等表面进行修饰处理，以满足人们对建筑空间功能和视觉效果的要求所做的一系列工作。通过装饰施工，将建筑结构、建筑设备和装饰饰面形成一个统一的整体，达到适用、安全、美观的效果。

随着我国国民经济的发展和社会进步，人们对工作、生活环境的质量要求越来越高，建筑装饰已成为有很好发展前景的新兴行业。

按行业惯例，土建工程公司主要负责建筑内外表面的基本装修，进一步的精装修属于专门的装饰设计工程公司的工作。本项目主要讲述墙柱面、楼地面、门窗和幕墙、吊顶等装修使用的材料、施工工艺、质量要求等。

能力目标

- 能选择室内外饰面工程使用的材料和施工机具。
- 能编制一般装饰装修工程的施工方案。
- 能组织一般装饰装修工程的施工。
- 能进行一般装饰装修工程的施工质量监控和安全管理。

知识目标

- 掌握建筑装饰装修工程的作用、施工特点和基本要求。
- 掌握一般抹灰工程的施工原理和质量标准。
- 掌握一般墙柱面饰面、楼地面工程的施工原理和质量标准。
- 掌握常用门窗安装的施工原理和质量标准。

思维导图

工作任务 10.1 建筑装饰装修工程施工基础知识

10.1.1 建筑装饰装修工程在建筑中的作用

(1) 通过附加的装饰表层,保护主体结构,延长建筑寿命。

(2) 通过附加的装饰表层和专门处理,增强和改善建筑的某些使用功能(如防水、保温、隔热、隔声、防潮等)和外观效果,延长建筑寿命。

(3) 通过附加装饰表层的形状、色彩,美化室内外环境,创造良好的生产、生活空间,增强造型的美感。

(4) 通过附加的装饰表层,综合协调、处理好建筑、结构与设备之间的关系,使之共同成为一个有机的整体,既满足建筑的空间功能和结构的需要,又使各种设备系统充分发挥各自的作用。

10.1.2 建筑装饰装修工程施工的特点

(1) 建筑装饰装修工程工作量大,项目繁多且不断变化更新;需要的人(用工)、财(造价)、物(材料)、施工工期都不少。

(2) 目前施工过程以手工操作为主,辅以各种小型电动或风动机具,生产效率低,质量差异大;而建筑装饰装修工程施工质量的优劣,直接影响到建筑的使用功能、使用寿命和使用效果。

(3) 准备工作的质量,施工时的周围环境,工序之间的先后顺序和技术间歇时间,对工程质量的好坏有很大的影响。

(4) 施工工序繁多,操作人员包括水、电、暖、卫、木、玻璃、油漆、金属等多个工种。许多工程往往需要工序交叉、轮流或配合作业,哪一个环节做不好,或是影响质量,或是影响进度和安全,各个环节都需要精心组织,合理安排。

(5) 建筑装饰装修工程大多以饰面为最终效果,施工过程中凡有预埋件、连接件、紧固件,防火、防腐、防水、防潮、防虫、绝缘、隔声处理的,都必须先验收合格,最后才做装饰遮盖面层,避免留下质量或安全隐患。

(6) 美观、美感的问题尤其突出,美观、美感是建筑装饰装修工程验收的一项重要内容。

10.1.3 建筑装饰装修工程施工的基本要求

(1) 应在主体结构和装饰基层施工完成,并经质量验收合格后,才能做建筑装饰装修工程的施工。

(2) 原材料的花色、品种、规格、质量和环保等指标必须先验收合格,才能使用;弄清各种材料、工艺对施工环境的不同要求，力求在适合的环境下施工。

（3）必须按照设计图纸和国家规范进行施工，严禁擅自改动建筑的主体结构和各种设备管线；一般应先做样板（称为"样板墙"），取得各方认可后，才能正式施工。

（4）整个施工过程都要注意做好对成品、半成品的保护。

（5）施工过程要特别注意防火、防毒和安全生产（指临时用电、进入受限空间、高处作业、动火和检修易燃易爆设备等）、劳动保护、环境保护等。

（6）全部工程完成后，按规定还要进行整体效果（指功能、格调、色彩和气氛）的检查和环保验收。

10.1.4 建筑装饰装修工程的施工顺序

（1）待主体结构完成并验收后，装饰装修工程按自上而下的顺序，从顶层逐层依次进行施工，这样房屋的主体结构有一定的沉降时间，可减少沉降对装饰工程的影响；屋面防水先施工，可以防止雨水和施工用水的渗漏损坏装饰面层；减少主体与装饰的交叉施工。

（2）对高层建筑，为了加快进度，采取一定的成品保护措施后，可以竖向分段，按段由上而下施工。

（3）对于室内外工程的安排顺序，为了避免因为天气而影响工期，缩短脚手架的使用时间，通常先做室外后做室内的装饰施工；在雨季可根据当天天气情况灵活安排。

（4）各分项工程的施工顺序如下。

① 抹灰、饰面、吊顶等分项工程的施工，应待隔墙、门窗框、暗装的管线等完工后进行。

② 门窗油漆涂刷、玻璃安装，一般应在抹灰等湿作业完成后进行，如需要提前进行，需采取专门的保护措施。

③ 吊顶、墙面和地面的装饰施工，常先做墙面的基层抹灰，然后做地面面层，最后做吊顶和墙面抹面层，这样有利于保证各项相关工程的质量，完工后的清理工作较少；若先将墙面和吊顶做完，最后才做地面，墙根容易被污染。

④ 室内装饰工程施工以具备施工条件，不被后续工程损坏、污染为前提。

10.1.5 我国建筑装饰装修工程施工技术的发展

改革开放以来，由于社会经济发展很快，推动了我国建筑装饰装修工程施工技术的飞速发展，主要体现在如下几个方面：从传统的抹、刮、刷、贴的施工工艺和常规的装饰材料，发展到许多新的先进工艺技术和新型的装饰材料，各种饰面装饰花样繁多，技艺丰富、新颖；从利用各种电动、风动机具，改善装饰现场环境和节省劳动力考虑，逐渐向工厂化预制、装配化现场安装的工艺技术方向发展；幕墙干挂法的广泛应用摆脱了现场的湿作业，免漆饰面使现场取消油漆；从建筑物的内外装饰附属于土建工程，发展到以装饰设计、装饰施工、装饰材料为内容组成的独立的装饰行业。

工作任务 10.2 抹灰工程施工

10.2.1 抹灰工程概述

抹灰工程是装饰工程中最基本的一种做法。
(1) 按施工工艺不同,抹灰工程分为一般抹灰和装饰抹灰。
(2) 按施工方法不同,抹灰工程分为普通抹灰和高级抹灰。
(3) 按施工空间位置不同,抹灰工程分为内抹灰和外抹灰。

一般抹灰是将水泥、砂、石灰膏、若干添加物和水,经过混合搅拌成为抹灰砂浆,直接分若干层涂抹在建筑物表面的施工做法。抹灰砂浆层结硬后在施工表面形成一个连续、均匀的硬质保护膜,直接作为装饰面使用,或作为下一步再装饰的基面。装饰抹灰的底层和中层同一般抹灰,只是面层根据不同装饰效果的要求,有各种不同的做法。

10.2.2 抹灰砂浆

1. 组成材料

(1) 水泥,强度等级不一定要很高,但一定要合格;石灰,应充分熟化,经过过滤无未熟化的颗粒。
(2) 骨料:砂要干净。颗粒大小:作底层或中层时粒径应小于 2.5 mm,作面层时粒径应小于 1.25 mm。
(3) 外加剂:按不同的需要有塑化剂、防水剂、膨胀剂和增韧剂等。

2. 抹灰砂浆的种类和使用的位置

(1) 水硬性的水泥砂浆,用在勒脚、踢脚线、经常潮湿的地方。
(2) 水硬性的水泥石灰砂浆,用在一般干燥环境,标准较高;气硬性的石灰砂浆,用在一般干燥环境,标准较低。
(3) 聚合物水泥砂浆,用在有防水要求的内、外墙面。
(4) 纸筋石灰或麻刀石灰砂浆,用在干燥环境的顶棚面。
(5) 现时广东建筑行业规定,不允许在抹灰砂浆中掺入黏土;外墙用抹灰砂浆宜按设计要求的强度等级配制;内墙用抹灰砂浆可按体积配合比配制。

10.2.3 抹灰的分层施工

抹灰施工一定要分层来做,使抹灰层与基层之间、各抹灰层之间都能粘接牢固,不起鼓、不开裂,通过抹灰使被覆盖的表面光滑、平整。抹灰层的组成,如图 10-1 所示。

1—底层；2—中层；3—面层；4—基层。

图 10-1　抹灰层的组成

（1）底层的作用主要是与基层粘接并初步找平；底层用的砂浆应与基层相适应，厚5～7 mm。

（2）中层的作用是找平，根据不同的质量等级，做一层中层或多层中层；中层的厚度为5～12 mm。

（3）面层的作用是装饰。

10.2.4　抹灰的等级标准

抹灰的等级标准见表10-1。

表 10-1　抹灰的等级标准

抹灰的等级	普通抹灰	高级抹灰
抹灰层的组成	一底层、一中层、一面层	一底层、数中层、一面层
使用场合	用在一般建筑的普通房间，或高级建筑的附属房间	用在重要、高级或公共建筑的主要房间
质量标准	要求阳角找方，设标筋，分层赶平、修整，表面压光，光滑洁净，接槎平整，灰线清晰顺直	要求阴阳角找方，设标筋，分层赶平、修整，表面压光，光滑洁净，颜色均匀，无抹痕，灰线平直方正，清晰美观
基本要求	各抹灰层之间要粘接牢固，不得有爆灰、裂缝，不得有脱层、空鼓等缺陷	

注：过去的施工规范，抹灰分为3个等级，多设了一个中级抹灰。当前施工规范修订为两级，过去的普通抹灰没有中层，现在的普通抹灰就是过去的中级抹灰标准。

10.2.5　一般抹灰的工艺

1. 施工准备

根据不同的设计要求、基层的情况，做好施工材料的准备，施工机具的准备，施工人员的配备和技术交底。

2. 基层处理

抹灰前应对基层进行必要的处理，对于凹凸不平的部位，先用水泥砂浆填平孔洞、沟槽，并待水泥砂浆充分凝固；对表面太光滑的要剔毛，或用掺 108 建筑胶的水泥浆粗抹一层，使之易于挂灰；两种不同性质基底材料的交接处，是抹灰层最容易开裂的地方，应铺设钢丝网或尼龙网，每边覆盖宽度不少于 100 mm，作为防裂的加强带。

3. 墙柱面抹灰的施工方法

（1）基本原理：从点到线，从线到面，逐步发展，最后获得平整而垂直于地面的平面。控制抹灰层的总厚度：墙柱面 20～25 mm，顶棚面 15～20 mm。

（2）画线布点设置标筋，用抹灰砂浆在布点墙面上均匀布置直径约为 50 mm 的标筋点，点与点之间的间距，应控制在 1.2～1.5 m（在刮尺长度以内），通过吊锤和靠尺校正，使标筋点的上表面同在一个垂直于地面的平面上，待其结硬成为直径约 100 mm 的圆形灰饼；然后把竖向标筋点各连接成一条垂直线，待其结硬成为宽约 100 mm 的灰线，作为控制底层抹灰厚度的标筋。抹灰时灰饼、标筋的位置如图 10-2 所示。

图 10-2　抹灰时灰饼、标筋的位置

（3）对凸出墙面柱的阳角，用水泥砂浆做护角增强抹灰条，如图 10-3 所示。阴角的扯平找方如图 10-4 所示。

1—墙面抹灰；2—水泥砂浆护角增强抹灰条。

图 10-3　阳角护角

图 10-4　阴角的扯平找方

（4）在两标筋之间，做底层抹灰，用刮尺反复抹压，既要使抹灰层与基层能牢固结合，又要以标筋为标准，使抹灰面做到初步找平。打灰饼、标筋、刮杠的过程如图 10-5 所示。

（5）待底层抹灰充分干燥后，进行中层抹灰，逐层抹平压实，第一层充分干燥后才能做第二层，使抹灰层充分找平。

图 10-5　打灰饼、标筋、刮杠的过程

（6）面层抹灰宜在中层抹灰六七成干时做，要求抹平密实、光洁平整、没有抹痕。

10.2.6　装饰抹灰

装饰抹灰底层、中层的做法与一般抹灰一样，只是面层处理不一样，装饰效果也更多种多样。现在因为面层材料很多、质量和效果更好，过去有些装饰抹灰做法已被淘汰，如干粘石、水刷石、斩假石现在一般建筑不再使用，只有在风景园林小品上使用；拉毛、喷涂、滚涂作为局部的装饰手法现在还有少量应用。

【任务实施】

实训任务：考察某工程的普通内墙面抹灰施工。

【技能训练】

通过实地观察普通内墙面抹灰的准备工作、抹灰用砂浆的制作过程、正式抹灰的施工工艺、使用的工具、人员的配置和分工、质量检验等做法，对照《建筑装饰装修工程质量验收标准》（GB 50210—2018），对本次任务的内容加深理解，然后由学生写出专项参观考察报告。

工作任务 10.3　墙柱面饰面工程施工

10.3.1　墙柱面饰面工程概述

墙柱面饰面工程是指把块料面层镶贴在墙柱表面形成装饰面层。目前流行的面层材料有天然石板、大块瓷砖、小块陶瓷墙面砖、玻璃马赛克、微晶玻璃板、玻璃板、金属饰面板等，施工方法有粘贴法、先安装后灌浆的湿作业法和干挂法等。

传统的瓷质马赛克因生产工艺落后，与基层粘接不大牢固，现已淘汰。现在流行的外墙面贴小块陶瓷墙面砖的工艺，不利于外墙面防水，需注意做好基底防水层和块间的防水勾缝，未来很有可能被优质的外墙涂料取代；玻璃马赛克墙面不但颜色多样，日久常新，其粘贴工艺也有助于外墙防水，有较好的应用前景；饰面板干挂，工艺简单，施工效率高，适应能力强，现在已广泛应用。

10.3.2 墙柱面饰面板安装

饰面板是指各种天然石板、大块瓷砖、微晶玻璃板、金属饰面板等。

1. 传统的湿作业法

1）工艺流程

材料准备与验收→基体处理→板材钻孔→饰面板固定→灌浆→清理→嵌缝→打蜡。

2）材料进场检查验收

拆除包装，检查品种、规格、颜色是否符合设计要求，有无裂纹、缺边、掉角，颜色是否均匀一致；有纹理的要经过试拼使上下左右纹理通顺，编上代号备用；对符合要求的办理验收手续。

3）基体处理

检查墙面的垂直度和平整度，对不符合要求的要作剔凿或填平补齐，清理墙面，表面光滑的要凿毛，浇水湿润，抹水泥砂浆找平层；待其干燥后，分块画线。在处理好的基体表面固定钢筋网片（图 10-6、图 10-7）。

外墙釉面砖施工

内墙釉面砖施工

1—墙体；2—水泥砂浆；3—饰面板；4—铜丝；5—横向钢筋；6—铁环；7—立向钢筋；

图 10-6　湿作业法饰面板安装钢筋网片固定

图 10-7　横向钢筋固定方法

4）板块处理

对每一板块进行修边、钻孔、剔槽，将板块的背面、侧面清洗干净，晾至面干，往四角孔内穿入铜丝备用。

5）饰面板安装固定

从最下一行开始安装，先装两端板块，拉通线找平找直，再从中间或一边起，先绑扎下口铜丝，再绑扎上口铜丝，用木楔垫稳，校正后拧紧铜丝，板块之间用小木片垫出间距，整行块体就位、检查校正后往板背面灌入水泥砂浆或细石混凝土，浇水养护待其结硬，拔去木楔，做上一行；如此逐行安装、就位、完成并结硬后，清理墙面，灌板缝，完成安装。

6）优缺点和适用范围

湿作业法工序烦琐，饰面自重较大，收缩变形不好掌握，板块之间的灰缝日后容易翻浆露白。它适用于内外墙尺寸较大的天然石板、大块瓷砖、微晶玻璃板的张贴，张贴高度不高（1～2 层），基底为砖砌体或混凝土墙体。

2．新创的干挂法

干挂法施工要点如下。

（1）基体不必抹灰，直接安装用型钢焊制的骨架；在骨架上分块画线。

（2）在板块背面钻孔或开槽，用结构胶黏剂嵌入钢制连接件。

（3）板块就位后将连接件用锚栓紧固在钢骨架上，板缝之间留出 10～20 mm 宽。

（4）清理板块接缝，塞入塑料胶条封缝背，缝面间隙填满耐候密封胶，完成安装。

这种做法工艺简单，饰面自重轻，能抵御日后的冷热变形，接缝不会翻浆露白，施工效率高；适用于内外墙面，各种场合和高度，尺寸较大的天然石板、大块瓷砖、微晶玻璃板、金属幕墙板（一种金属饰面板）、玻璃幕墙板等。干挂法相关施工工艺如图 10-8～图 10-11 所示。

干挂法施工 1

干挂法施工 2

干挂法施工 3

干挂法施工 4

(a) 将锚栓放入孔中　　(b) 推进套管拧紧锚栓

图 10-8　板块锚栓固定

图 10-9　板块位置的调整

模型板块位置的调整

图 10-10　铝塑复合板饰面构造

图 10-11　干挂板材的嵌缝密封

10.3.3　小块陶瓷墙面砖的粘贴

1. 材料

材料为各种尺寸较小的陶瓷墙面砖。

2. 工艺

（1）材料处理，陶瓷墙面砖进场开包检验（同饰面板验收），砖浸泡 24 h、阴干，目的是与砂浆粘牢。

（2）基层处理，同饰面板湿作业法的基体处理。

（3）贴砖，宜用聚合物水泥砂浆满灰粘贴、压实，板块间留缝隙，做好养护。

（4）最后用聚合物水泥砂浆勾缝。

（5）注意做好滴水线、坡面防水、拐角等特殊部位的处理。

3. 适用性

此工艺适用于在室内墙面上粘贴各种尺寸较小的墙面砖；对于在外墙面上贴小块的陶瓷墙面砖，需按照外墙防水（工作任务 9.4）的要求，先在基体上做防水层；粘贴陶瓷墙面砖时要分区段留水平和竖向变形缝，陶瓷墙面砖间的缝要用聚合物水泥砂浆做勾缝，变形缝用密封胶封堵（图 10-12）。

图 10-12　瓷砖墙面砖的排砖示意图

10.3.4 玻璃马赛克墙面的粘贴

1. 材料

材料为各种尺寸较小的玻璃马赛克（陶瓷锦砖）。

2. 工艺

（1）基层处理，基层有不平的地方，需要及时填补好，处理好后满刷一道聚合物防水水泥砂浆做防水层，弹线。

（2）落实各种图案以及相应的材料。

（3）贴砖及养护，宜用白水泥膏满刮灰粘贴、拍平压实；板块间留出对应宽度的缝隙，做好养护。

（4）待白水泥膏结硬后，用水将护面纸表面淋透，撕开纸张。

（5）最后用白水泥膏勾缝。图 10-13 所示为玻璃马赛克的镶贴。

图 10-13　玻璃马赛克的镶贴

3. 适用性

此工艺适用于在室内外墙面上粘贴各种颜色和尺寸的玻璃马赛克。

【任务实施】

实训任务：实地考察墙面贴饰面板的施工过程，编写墙面贴饰面板的施工工艺要点。

【技能训练】

（1）考察墙面饰面板的品种、规格、尺寸、颜色。

（2）考察墙面材料和基层处理过程。

（3）考察墙面弹线定位的过程。

（4）考察墙面饰面板粘贴的过程。

（5）注意不同交接处的处理方式。

（6）将考察收集的资料整理成施工工艺要点。

工作任务 10.4　楼地面工程施工

10.4.1　楼地面工程概述

1. 楼地面的要求

楼地面是人们工作和生活中接触得最多的地方，除要求平整、耐磨、光洁之外，还要求有色彩、图案，要有一定的承载力，有些还要求隔声、有弹性、耐腐蚀、抗渗漏等。

2. 楼地面的组成

楼地面一般由面层、垫层、基层等组成。面层分为整体面层、块料面层、涂饰面层等几类。

3. 常用楼地面的面层

整体面层有水磨石地面、水泥砂浆地面等，常用的块料面层有陶瓷地面砖、天然石板等，涂饰面层有油漆地面等。

10.4.2　水泥砂浆地面

（1）水泥砂浆地面，是在混凝土基层上抹上水泥砂浆面层的地面。现在直接用水泥砂浆地面的情况较少，只用在地下室停车场、简易临时建筑、标准较低建筑，还可作为工业建筑油漆地面的基底层。

（2）水泥砂浆地面的面层厚度为 15～20 mm，用强度等级 32.5 MPa 的水泥与中砂配制，配合比常用 1∶2～1∶2.5（体积比），加水搅拌呈半干硬状（手捏成团稍出浆水）。

（3）将混凝土基层清理干净，洒水湿润后，满刷一道 108 建筑胶拌制的水泥浆，待水泥浆结硬后，铺上抹面用的水泥砂浆，用刮尺赶平，用铁抹子压实；待水泥砂浆初凝后终凝前，再用抹光机（图 10-14）或铁抹子反复压光至不见抹痕为止；终凝后即盖上草袋、锯末等浇水养护；大面积面层应按要求留（锯）出分格缝，防止产生不规则的表面裂缝。

1—操纵手柄；2—电气开关；3—电动机；
4—防护罩；5—保护圈；6—抹刀；7—转子；
8—配重；9—轴承架；10—V 形胶带。

图 10-14　抹光机

10.4.3　地面砖的铺贴

1. 材料

各种尺寸的地面砖，包括天然石板、人造微晶玻璃板、陶瓷耐磨地面砖。面积和空间较大的地面,可用 1000 mm×1000 mm 或更大的尺寸,一般住宅的客厅用 600 mm×600 mm 到 800 mm×800 mm,房间用 400mm×400 mm 到 600 mm×600 mm,卫生间等较小的房间用 300 mm×300 mm。注意,墙面砖的密度、强度、耐磨性都比地面砖差,吸水性比地面砖大,因此墙面砖不能用作铺地面。

2. 施工工艺

(1) 地面砖材料进场检查验收,与墙面砖要求相同。

(2) 基层处理,混凝土楼地面基层应先清扫干净,做水泥砂浆找平层。

(3) 对照设计图纸,落实每个房间地面砖铺贴的排列组成。

(4) 对贴 300 mm×300 mm 及以下的小块地面砖,宜用聚合物水泥砂浆满灰粘贴、压实,板块间留 1~1.5 mm 的缝隙,做好养护;最后用水泥浆勾缝。

(5) 对贴大块地面砖,先铺一层 1∶5~1∶6 半干硬性的低强度水泥砂浆,厚度为 30~40 mm,作为垫层(其作用是调整地面砖日常的伸缩变形),拉通线,拿一块砖试放后,在砖的背后满刮水泥浆,正式就位,用橡胶锤轻击对位;再铺下一块的垫层,试放,满刮水泥浆,正式铺设,如此反复;待水泥浆结硬后,勾缝密封。

3. 质量标准

(1) 板块的品种、规格、质量必须符合设计要求,使用的粘接材料质量必须符合设计要求。

(2) 板块与基层粘贴牢固,没有空鼓。

(3) 表面平整、清洁、板块完好,图案清晰、色泽一致,接缝均匀、顺直。

10.4.4 其他类型地面

1. 油漆地面

油漆地面是在水泥地面施工完成并结硬后,在表面刷上专用的地板漆而成的。油漆地面耐水、不起砂,可按生产线要求刷上不同的地板漆,常用于展馆展厅、大型娱乐场所、商场超市、候机楼、大堂、公园等公共场所和商业场所,也用于轻载工业厂房地坪。

2. 橡胶地板

橡胶地板是天然橡胶、合成橡胶和其他成分的高分子材料所制成的地板。橡胶地板卫生、吸声、有弹性,常用在医院病房、实验室、图书馆的阅览室等场所。

3. 地坪漆地面

地坪漆地面具有耐强酸碱、耐磨、耐压、耐冲击、防霉、耐水、防尘、防滑、抗静电、抗电磁波等特点。其颜色鲜艳多样,易于清洁,因些很受欢迎。

【工程案例】

南方某高职院校第二教学楼,平面大体呈工字形,总长 124 m,宽 59 m,高 28 m,楼高 7 层,建筑面积 33600 m²。其主要部分的装饰做法为:外墙面用 1∶2.5 防水水泥砂浆打底,5 mm 厚聚合物水泥砂浆贴褐色条形外墙面砖或白色方形面砖；室内房间、走廊的楼地面为丹东绿的水磨石地面玻璃条分隔；楼梯间地面贴防滑梯级面砖；卫生间地面贴防滑地面砖；教室内墙、内走廊墙面和室内顶棚面，水泥石灰砂浆打底，刷白色乳胶漆面；楼梯间墙面贴 1.50 m 高浅灰色墙面砖；卫生间墙面刷聚合物水泥基防水涂料后，贴白色墙面砖到顶。

【任务实施】

实训任务：制订 A 学院第 13 号住宅楼 1 单元室内地面砖铺设方案。

【技能训练】

（1）熟悉相关图纸和设计要求。
（2）按 1∶50 或 1∶100 的比例绘制楼层室内地面砖铺设设计图。
（3）编写楼层室内地面砖铺设施工方案。

工作任务 10.5　门窗和幕墙安装工程施工

10.5.1　木门窗安装

（1）木门窗现在多数在工厂制作，作为成品供应。进场应进行质量检查，核对品种、材料、规格、尺寸、开启方向、颜色、五金配件，办理验收手续，在仓库内竖直摆放。

（2）门窗框安装前，先核对门窗洞口位置、标高、尺寸，若不符合图纸要求，应及时改正。

（3）门窗框用后塞口法在现场安装。砌墙时预留洞口，以后再把门窗框塞进洞口内，按图纸要求的位置就位（内平，即平内墙面；外平，即平外墙面；或居墙中；注意门扇的开启方向），调整平面和垂直度，同层门窗上口还要用通线控制相互对齐，用木楔临时固定，再用钉子固定在预埋木砖上；门窗框安装完后还要做许多其他的装饰项目，要注意做好门窗框表面的保护，不要被后续工程损坏或污染。

（4）门窗扇应在室内墙、地面、顶棚装修基本完成后进行，逐个丈量门窗洞口尺寸，据周边留缝宽度，计算门窗扇外周尺寸，在门窗扇上画出应有的外周尺寸，将门窗扇周边尺寸修整到符合要求，试安装调整到合格，画合页线，剔凿出合页槽，上合页，装门窗扇。

（5）对门窗扇修整部位补刷油漆或贴面，安装五金配件，再试门窗扇的开启是否灵活，全部达到要求后完成。

10.5.2　钢门窗安装

（1）钢门窗也是作为成品供应，进场后核对品种、材料、规格、尺寸、开启方向、颜色、配件，办理验收手续，在仓库内竖直摆放。

（2）门窗框安装前，墙面装饰基本完成。先核对门窗洞口位置、标高、尺寸，若不符合图纸要求，应及时改正。

（3）钢门窗产品是框扇连体，需现场一起安装。钢门窗就位后用木楔临时固定，校正其位置、垂直度和水平度，将铁脚与预埋件焊接，或将铁脚埋入预留洞内并灌水泥砂浆，并将洞口的缝隙填密实，养护3天后拔出木楔，填充水泥砂浆，补充洞口附近的抹面，完成。

10.5.3　铝合金或塑钢门窗安装

（1）铝合金门窗、塑钢门窗与木门窗有些相似，门窗框和门窗扇分别安装，先装门窗框后装门窗扇。但木门窗是用实心材料制作，铝合金门窗、塑钢门窗都是用薄壁空心型材制作，因此除材料进场检验大体与木门窗相同外，安装工艺与木门窗有很大区别。

（2）墙体施工时需在门窗洞口上，按图纸要求埋设预埋件。

（3）门窗框就位，拉通线、校正，先用木楔临时固定，再用螺钉将预埋件连接固定。铝合金门窗框与墙体的连接方式如图10-15所示，塑钢门窗框安装连接件如图10-16所示。

1—窗框；2—连接件；3—燕尾铁脚；4—射钉；5—木砖；6—木螺钉；7—膨胀螺栓。

图 10-15　铝合金门窗框与墙体的连接方式

1—墙面抹灰；2—固定预埋件螺钉；3—连接件；4—预埋件；
5—窗框异型材；6—水泥砂浆填实；7—密封胶；8—连接螺钉。

图 10-16 塑钢门窗框安装连接件

（4）洞口和门窗框之间，先打发泡胶充盈全部间隙，再用聚合物水泥砂浆收口；完成洞口周边的外装饰面；注意保护好框的表面，不要被后续工程损坏或污染。

（5）安装门窗扇，用嵌入法将组装好的门窗扇镶嵌入门窗框的凹凸槽内，调整到位，推拉灵活，完成。

10.5.4 玻璃工程

1．玻璃的品种

（1）普通平板玻璃：用于一般要求的门窗。

（2）浮法平板玻璃：用于要求较高的高级建筑物的门窗。

（3）吸热玻璃：可减少太阳辐射的影响，用于高级建筑物的门窗。

（4）磨砂玻璃、压花玻璃：用于要求透光不透视的场合。

（5）镀膜玻璃：用于玻璃幕墙，有特殊效果。

（6）钢化玻璃：玻璃经过钢化处理后，强度提高，破坏过程不会伤人，用于高层建筑的门窗或幕墙。

（7）中空玻璃：强度和隔热性都较高，用于对热工性能要求较高的门窗。

2．配套材料

配套材料有密封胶、密封胶条、定位片、压胶条等。

3．玻璃的加工

（1）玻璃宜集中裁割，按先大后小、先宽后窄的顺序，边缘不得有缺口和斜曲。

（2）玻璃外围尺寸应比门窗框尺寸略小约 3 mm。

（3）厚玻璃裁割前要先涂煤油。

4．玻璃的安装

（1）玻璃的安装应在门窗框经过校正，五金安装完毕之后进行。

（2）玻璃安装前应对裁割口、清理门窗框槽。

（3）定位片和压胶条要安放正确；用密封胶条的不再用密封胶封缝。

（4）玻璃安装后应对玻璃和门窗框同时进行清洁，清洁时不得损坏镀膜面层。

5. 安装的质量标准

（1）玻璃的品种、规格、色彩、朝向应符合设计要求。

（2）安装好的玻璃应表面平整、牢固，不得有松动。

（3）密封胶条或密封胶与玻璃之间应紧密、平整、牢固。

（4）竣工时的玻璃工程，表面应洁净。

10.5.5　玻璃幕墙安装概述

幕墙是一种安装在建筑物主体结构外侧的新型构件，它像帷幕一样悬挂在结构的外侧，成为一种新型的墙体，同时也是一种漂亮的装饰面。幕墙按组成材料分类，有玻璃幕墙、铝塑复合板幕墙、不锈钢板幕墙、搪瓷钢板幕墙、天然石板幕墙和人造石板（陶瓷板）幕墙等。

玻璃幕墙初期使用规模小，后期由于镀膜玻璃、铝型材、结构密封胶、耐候密封胶、构造和安装技术的进步，才推动了它的发展，现在已经成为建筑外立面的一种新型处理手法。实践证明，与砖石、混凝土墙体相比，它是轻型墙体，优点很多，但有一定的适用性，不能适用于所有场合；另外，其造价昂贵，维护不方便，某些场合禁止使用。

1. 玻璃幕墙的类型

（1）明框（或称普通型）玻璃幕墙，其外立面和节点构造分别如图10-17、图10-18所示。

图10-17　明框玻璃幕墙外立面

1—立柱；2—塞件（伸入立柱 300 mm）；3—扣件；4—双层玻璃；5—丙烯酸胶；
6—玻璃；7—硅酮耐候密封胶；8—铁脚；9—上框；10—1.5 mm 孔隙。

图 10-18　明框玻璃幕墙节点构造

从外立面上可以看到，作为承力支撑体的纵横框架，像是竖立起来的主次梁结构，而玻璃像是交梁楼面的楼板，夹在竖向框槽中，构造相对较为简单。

（2）隐框玻璃幕墙，其立面和节点构造如图 10-19 所示。

1—结构密封胶；2—垫块；3—硅酮耐候密封胶；4—泡沫棒；5—幕墙构件的铝框；6—玻璃。

图 10-19　隐框玻璃幕墙的立面和节点构造

隐框玻璃幕墙从外立面上看不到框体露出，玻璃用结构密封胶固定在框体外侧，分为全隐框、半隐框两类，构造相对复杂些。

(3) 全玻璃幕墙，如图 10-20 所示。

(a) 面玻璃和肋玻璃都由上部　　(b) 面玻璃由上部结构悬挂，　　(c) 不采用悬挂设备，肋玻璃和面
　　结构悬挂，肋为玻璃　　　　　　金属立柱　　　　　　　　　　玻璃均在底部支承，肋为玻璃

1—肋玻璃；2—面玻璃。

图 10-20　全玻璃幕墙

全玻璃幕墙支撑的框架、墙体均为玻璃，对人的视野几乎没有什么阻挡，是完全透明的，一般用在低层大面积处，用钢化的白玻璃片，使大厅橱窗透明、光亮。

(4) 点支式幕墙，其支承结构体系如图 10-21 所示，爪件如图 10-22 所示。

(a) 柱式　　　(b) 空腹弓形　　(c) 双拉杆梭形　　(d) 鱼腹式　　(e) 网格式　　(f) 单拉杆弓形
钢架支承　　　钢架支承　　　　钢架支承　　　　　钢架支承　　　钢架支承　　　钢架支承

图 10-21　点支式幕墙的支承结构体系

图 10-22　点支式幕墙的爪件

此幕墙由专门的钢骨架撑起不锈钢支点，再由支点把玻璃撑起来，竖起来的四点支承的玻璃板，靠硅酮耐候密封胶密封。

2. 幕墙安装的工艺流程（图10-23）

图10-23 幕墙安装的工艺流程

以有框（明框和隐框）玻璃幕墙的安装为例，分为3个阶段：施工准备阶段、施工安装阶段、竣工验收阶段。

（1）施工准备阶段。

① 熟悉图纸，踏勘现场，制订施工方案。

② 搭设或检查脚手架。

③ 对主体、预埋件的位置进行检查、测量。

（2）施工安装阶段。

① 放线。

② 清理预埋件，安装连接件。

③ 明框玻璃幕墙的玻璃安装。

④ 隐框玻璃幕墙玻璃组件的制作。

⑤ 隐框玻璃幕墙玻璃组件的安装。

⑥ 注胶密封和清洁。

（3）竣工验收阶段，应在建筑物完工后进行幕墙验收。

① 检查相关文件及记录。

② 对重要材料和结构安装进行复检、试验并合格。

③ 所有隐蔽工程已按规定进行了验收并评为合格。

④ 硅酮耐候密封胶打注饱满，养护充分，饰面整洁完整，无渗漏。

⑤ 开启窗的配件齐全，安装牢固，开启灵活，关闭紧密。

⑥ 防火构造和防雷装置安装正确，经检测合格。

施工过程中对玻璃上胶，需要有一个干净环境，还要在一定温度、湿度的专门环境中养护；各连接点之间的构造也有一定的技巧。因此，要求由专业公司设计，专业队伍来施工，要经过严格的检验手续。

【工程案例】

广州中国市长大厦标准层幕墙立面和平面分别如图10-24和图10-25所示。

图 10-24　广州中国市长大厦标准层幕墙立面

图 10-25　广州中国市长大厦标准层幕墙平面

【任务实施】

实训任务：通过实地考察，编写普通木门或铝塑复合窗的现场安装工艺要点。

【技能训练】

(1) 考察普通木门或铝塑复合窗的品种、规格、尺寸和构造特点。
(2) 考察普通木门框或铝塑复合窗框的安装过程,注意怎样与墙体连接固定。
(3) 考察普通木门扇或铝塑复合窗扇的安装过程。
(4) 考察普通木门的油漆和五金的安装过程。
(5) 编写普通木门或铝塑复合窗的现场安装工艺要点。

工作任务 10.6　吊顶工程施工

10.6.1　吊顶工程概述

顶棚,或称天花板,是指楼板的下表面,是室内装饰中的重要部分。人们要求顶棚的表面要光洁、美观,以改善室内的亮度和环境,营造建筑空间的风格、效果;还附带保温、隔热、隔声、照明、通风、防火等作用。

吊顶工程根据施工类型分为两类:一类称为直接式顶棚,是直接在楼板下表面抹灰、刷各式涂料、粘贴墙纸、镶嵌装饰面板等;另一类称为悬吊式顶棚,是悬吊装饰面层。

10.6.2　直接式顶棚

(1) 直接抹灰施工,施工方法与墙面抹灰相似,抹灰层的总厚度比墙面抹灰要薄,因此抹灰砂浆的黏结性能要良好,施工难度比墙面要大,抹灰层的平整度可比墙面稍差,质量上要求粘得牢和表面光洁;面层可刮灰、刷涂料等,周边常加钉或抹制的线条。

(2) 直接喷涂施工,先做底层抹灰,校正板底的平整度,底灰干燥后,配制涂料,用喷枪均匀喷涂在顶棚表面,凝固后成活。

(3) 直接粘贴施工,先做底层抹灰,校正板底的平整度,底灰干燥后,直接将碳化石膏板、其他装饰面板用胶黏剂粘贴。

10.6.3　悬吊式顶棚

1. 悬吊式顶棚的组成

悬吊式顶棚由吊筋、龙骨和顶棚面板 3 部分组成。

2. 吊筋的安装

可先在混凝土楼面板内预埋 $\phi 6$ 钢筋作吊环,或用膨胀螺栓、射钉直接在板底面固定钢吊环,再挂上吊筋。图 10-26 所示为吊筋的固定方法。

(a) 射钉固定　　(b) 预埋钢板固定　　(c) 预埋钢筋固定　　(d) 膨胀螺栓固定

(e) 射钉连接钢丝　　(f) 射钉连接型钢　　(g) 预埋钢丝

1—射钉；2—焊板；3—φ10 钢筋吊环；4—预埋钢板；5—φ6 钢筋；6—角钢；
7—金属膨胀螺栓；8—8#~14#镀锌钢丝；9—8#镀锌钢丝。

图 10-26　吊筋的固定方法

模型木龙骨吊顶

模型 TL 铝龙骨吊顶

3. 安装龙骨

龙骨就是支承顶棚面板的骨架，有木龙骨、轻钢龙骨和铝合金龙骨。龙骨分为大龙骨和小龙骨，呈主次梁结构。

（1）木龙骨，由 20 mm×30 mm 的木条，预先按纵横 400 mm 左右的间距开好凹槽（称为凹凸枋），在现场拼装成骨架，整体提升到设计位置，与吊筋连接，调整高低和水平面后固定。木龙骨吊顶如图 10-27 所示。

（2）轻钢龙骨和铝合金龙骨，用专用配件先在地面上，根据顶棚面板的尺寸，把纵横骨条拼装成骨架，整体提升到设计位置，与吊筋连接，调整高低和水平面后固定。TL 铝合金龙骨吊顶如图 10-28 所示。

1—大龙骨；2—小龙骨；3—横撑；4—吊筋；
5—顶棚面板；6—木砖；7—砖墙；8—吊木。

图 10-27　木龙骨吊顶

1—大龙骨；2—主龙骨；3—次龙骨；
4—角条；5—大吊挂件。

图 10-28　TL 铝合金龙骨吊顶

4. 顶棚面板安装

顶棚面板又称为顶棚装饰面板，常简称为饰面板，是有统一规格尺寸的产品，有碳化石膏板、各色薄铝板、塑料板等。应事先对照设计图纸，挑选合适的尺寸、质地和花纹图案，并做好安装规划。顶棚面板有以下多种安装方法。

（1）搁置法：直接将顶棚面板摆放在T形龙骨的格槽内，用卡子固定。

（2）嵌入法：将顶棚面板预先加工出企口暗槽，安装时将T形龙骨的两肢插入企口暗槽内。

（3）粘贴法：将顶棚面板直接用胶黏剂粘贴在龙骨上。

（4）钉固法：将顶棚面板直接用钉子、螺钉等固定在龙骨上。

（5）压条法：用木、铝或塑料等压条，压住顶棚面板缝，然后用钉子固定在龙骨上。

（6）压花固定法：在顶棚面板的四大角，用特制的小花卡子和螺钉将其固定在龙骨上。

5. 安装注意事项

（1）龙骨和顶棚面板都是轻质材料，运输、存放和施工安装中需特别小心操作，轻拿轻放，避免损坏表面和边角。

（2）龙骨网的尺寸要与顶棚面板的尺寸相互协调，还要顾及面板的花式、图案等布置位置。

（3）若有通风口、电灯槽等，应先预留出位置，设备管线安装后，先装上周边顶棚面板，最后镶嵌通风口、电灯槽等。

6. 施工质量要求

吊顶工程所用材料的品种、规格、颜色、构造、固定位置、固定方法等需符合设计要求，顶棚面板与龙骨连接紧密，表面平整，没有污染、折裂、缺棱掉角等缺陷，接缝均匀一致，图案完整，美观大方。

【任务实施】

实训任务：编写某住宅厨房轻钢龙骨铝塑板吊顶的施工工艺要点。

【技能训练】

（1）考察轻钢龙骨和铝塑板的材料品种、规格、尺寸和配件。

（2）考察某住宅厨房的平面尺寸和吊顶骨架的放样。

（3）考察吊顶骨架的施工安装。

（4）考察铝塑板的施工安装。

（5）考察灯具的施工安装。

（6）编写某住宅厨房轻钢龙骨铝塑板吊顶的施工工艺要点。

【本项目总结】

项目10	工作任务	能力目标	基本要求	主要支撑知识	任务成果
建筑装饰装修工程施工	编写内墙面抹灰的施工工艺要点	能组织内墙面抹灰施工	初步掌握	内墙面抹灰的工艺原理	（1）编制某单元室内地面砖铺设方案，此项为必做项目； （2）其余任务可根据教学和资源情况选做1～2项
	编写墙柱面饰面工程施工工艺要点	能组织墙柱面饰面工程施工	初步掌握	墙柱面饰面工程的工艺原理	
	编制某单元室内地面砖铺设方案	能组织室内地面砖铺设施工	熟练掌握	室内地面砖铺设的工艺原理	
	编写木门或铝合金窗的安装工艺要点	能组织木门或铝合金窗安装	初步掌握	木门或铝合金窗的安装原理	
	编写轻钢龙骨铝塑复合板吊顶工艺要点	能组织轻钢龙骨铝塑复合板吊顶施工	初步掌握	悬吊式顶棚的工艺原理	

复习与思考

1. 建筑装饰装修工程在建筑中起什么作用？
2. 建筑装饰装修工程施工有什么特点？
3. 建筑装饰装修工程施工有哪些基本要求？
4. 建筑装饰装修工程施工的顺序有哪些要求？
5. 什么是一般抹灰、装饰抹灰？
6. 一般抹灰分哪两个等级？各等级的抹灰层怎样组成？质量标准有哪些差别？各用在什么地方？
7. 抹灰砂浆有哪几种？各适用于什么地方？
8. 抹灰施工为什么要分层进行？每层有什么作用？
9. 试述墙柱面抹灰的施工工艺和要求。
10. 请简述墙面装饰抹灰的种类和工艺特点。
11. 请简述大块墙面饰面板湿作业法的施工过程和质量标准。
12. 请简述大块墙面饰面板干挂法的施工过程和质量标准。
13. 请简述小块陶瓷墙面砖铺贴的施工过程和质量标准。
14. 请简述玻璃马赛克墙面的施工过程和质量标准。
15. 请简述水泥砂浆地面的施工过程和质量标准。
16. 请简述地面砖的铺贴过程和施工质量标准。
17. 请简述木门窗、钢门窗、铝合金门窗和塑钢门窗的安装要点。
18. 什么叫幕墙？玻璃幕墙有哪几种？
19. 什么叫吊顶工程？分哪两类？

20. 试简述直接式顶棚的施工过程。
21. 悬吊式顶棚由哪三部分组成？
22. 试简述吊筋的种类和安装方法。
23. 试简述龙骨的种类和安装方法。
24. 试简述顶棚面板的种类和安装方法。
25. 试简述吊顶工程的质量注意事项。

项目10在线答题

项目 11　措施项目施工

本项目学习提示

措施项目指为了完成工程施工,发生于该工程施工前和施工过程中的非工程实体项目,主要包括技术、生活、安全等方面。例如模板、脚手架、工地临时房屋三大临时设施;施工用的各种机械设备;安全生产、文明施工所必需的设施;季节性施工措施;等等。这些项目的费用都应列入工程直接成本当中。

措施项目施工时,需要注意施工工艺,保证质量,这对整个工程顺利开展,实现安全生产、文明施工、确保质量有重大意义。

能力目标

- 能根据拟建建筑物实际情况,制订脚手架的搭拆方案。
- 能根据工程项目实际选择施工机械,确定其布置位置。
- 能根据工程项目实际拟定季节性施工措施。
- 能根据工程项目实际拟定安全、文明施工措施。

知识目标

- 掌握双排扣件式钢管脚手架的组成原理和受力特点。
- 了解主要垂直运输机械的工作性能和使用布置原则。
- 了解广东的气候特点和对现场施工的影响。
- 了解建筑施工安全文明基础知识。

思维导图

工作任务 11.1　脚手架工程概述

11.1.1　脚手架的含义和作用

1. 脚手架的含义

脚手架属于施工用的临时结构架，包括各种外墙脚手架和楼层内的脚手架两类。外墙脚手架较复杂，楼层内多采用小型、工具式的活动支架。

2. 脚手架的作用

（1）对一般的多层和高层建筑施工而言，脚手架在主体结构施工阶段，主要起安全防护的作用；在后期内外装饰施工阶段，脚手架是高处作业的工作平台和作业通道，同时也是高处作业人员的安全防护设施。

（2）脚手架还可作为模板体系的承重、支撑的结构架。

11.1.2　脚手架的基本要求

（1）适用，其位置、宽度、步高、总高、承载力应满足施工的需要。
（2）可靠，能保证在搭设、拆除和整个使用过程中的安全。
（3）简便，搭设、拆除工艺简单，迁移方便。
（4）灵活，能够适应不同施工过程的要求，可以只搭一部分或者只拆一部分。
（5）经济，材料、配件损耗少，能多次重复使用。

11.1.3　脚手架的分类

（1）按用途分为：防护用、作业用、承重支撑用。
（2）按组成方式分为：杆件组合式、构架组合式、台架式。
（3）按其搭设立杆的排数分为：单排、双排、多排、满堂。
（4）按其支承方式分为：落地式、悬挑式、悬挂式、升降式、移动式。
（5）按杆件的连接方式分为：扣件式、承插式、螺栓式。

11.1.4　我国建筑用脚手架的发展概况

脚手架的发展进步与建筑技术的发展进步密切相关。过去，我国建筑物大多不高，各地都有不同的自然条件和施工习惯，南方多采用竹脚手架，它质量轻，材料韧性大，可适应各种形状的需要；北方部分地区采用木脚手架，其架体的稳定性较高；无论南方北方，都是据经验搭设。随着改革开放的不断深入，经济飞速发展，房屋越盖越高，过去的习惯做法已经很不适应实际需求，如竹子材质变化大不易掌握，容易失火；木材架子笨重，搭不高。经过研究探索，我国出现了双排扣件式钢管脚手架，通过多年实践，它在技术上比较成熟，较适合我国目前的国情，成为全国应用得较多的一种做法；后又学习、引进和开发了承插盘扣式钢管脚手架，出现了落地式、悬挑式、悬挂式、升降式等多种形式的脚手架；总结、编制和颁布了相应的安全技术规范；目前的发展趋势是多种形式并存，以适应不同地区习惯、不同建筑类型施工的需要。但我国脚手架总体水平还不高，安全事故还时有发生，与国外先进水平相比还有不少差距。

11.1.5 脚手架的安全规定

（1）脚手架是一种供高处作业使用的临时性结构架，危险性较大，必须注意搭拆和使用中的安全。

（2）脚手架搭拆人员必须受过专门培训，经国家统一考试合格，取得架子工岗位资格证书，身体健康、能够从事高处作业；作业人员应遵守劳动纪律，使用过程中应保证不得超载。

（3）材料、构配件必须先经检查合格。

（4）搭拆方案应经严格设计、计算，安全防护措施应列入施工组织设计，方案和措施必须经批准，按方案实施；搭设完工要经过专门的检查验收；使用中要定期检查；所有检查要留有资料和相关人员的确认签字。

（5）混凝土输送管道、吊装或提升用的拔杆都必须单独安装，不得附着在脚手架上。

（6）架体下端须与防雷接地系统有可靠连接；六级及以上大风、大雾、大雨、大雪天气应停止上架作业；暴风雨后应先检查各项安全完好，才能准许使用。

工作任务 11.2　双排扣件式钢管脚手架施工

11.2.1 基础知识

双排扣件式钢管脚手架是目前建筑施工中最常用的脚手架之一。

1. 技术交底
脚手架搭设前，应按专项施工方案向施工人员进行技术交底。

2. 场地准备
脚手架搭设前，应清除搭设场地杂物，平整搭设场地，并使排水畅通。

3. 人员准备
选择技术素质高、有上岗资格证的架子班组，按生产进度计划组织劳动力进场，进行安全、消防、文明施工等各方面教育。

4．材料和配件

（1）钢管：Q235 级钢制 ϕ48.3×3.6 普通高频焊接钢管（质量 3.97 kg/m）；用于立杆、大横杆和斜杆的钢管长度为 4 m 和 6 m（每段质量在 25.8 kg 以内），用于其他杆件的钢管长度可按需要裁截。

（2）连接扣件：用作钢管交叉接、搭接、对接的 3 种铸钢连接扣件，它们分别是直角扣件、旋转扣件和对接扣件（图 11-1），每个质量为 1.3～1.8 kg，靠拧紧附属的螺栓固定，扭力矩应达到 40～60 N·m；直角扣件用于直角交叉杆件的连接，旋转扣件用于斜交杆件和搭接接长的杆件连接，对接扣件则用于水平和竖向杆件对接接长时的杆件连接。

图 11-1　连接扣件

（3）钢底座（图 11-2）：钢制，上面支承竖向钢管，有固定式和可调高低式两种底座。

（4）脚手板：多用薄壁钢板冲压制成（图 11-3）；单块脚手板的质量不宜大于 30 kg。

图 11-2　钢底座　　　　图 11-3　冷弯钢脚手板

5．特点和适用性

双排扣件式钢管脚手架承载力高，安全可靠，操作简单，装拆灵活，一次投资，可重复使用，比较经济；但使用材料多，搭拆消耗劳动力大，施工效率低，连接扣件易损易丢，搭设质量与人的因素关系较大；适用于多层或一般高层建筑施工用的双排落地或不落地式的脚手架，模板的支撑架等。

11.2.2 脚手架搭设

1．脚手架的构成原理

（1）脚手架搭设时，按施工生产的需要，遵循几何不变体系的构成原理，组成的结构传力简单明确。

（2）双排扣件式钢管脚手架由内外两个矩形平面构架、各主节点上的水平连杆（大、小横杆），围绕建筑物外缘搭设成结构支架，外平面构架的表面加设剪刀撑，横向一定位置加设斜撑杆，各层水平连杆上满铺脚手板，立面上分布均匀的连墙件伸至建筑主体结构并与其连接，综合起来与主体结构一起成为空间几何不变的承重结构体系。双排扣件式钢管脚手架的组成如图11-4所示。

图11-4 双排扣件式钢管脚手架的组成

（3）竖直立杆是构架的承重支柱，水平大横杆是每一操作层的主横梁，连接内外构架的水平小横杆是各层的小梁，其上铺设的脚手板就是操作层的楼板；剪刀撑、斜撑杆和连墙件传递各向的水平推力，保持构架的整体稳定。

2．脚手架的搭设要求

（1）广东省的施工单位习惯外墙脚手架只作装修施工和安全防护用，一般只考虑竖向两个施工层同时作用有施工活荷载，特殊情况需按实际考虑；其中均布活荷载标准值为 $2\ kN/m^2$，集中荷载标准值为 $1\ kN$。

(2) 构架的宽度（内外层立杆之间的中距，即立杆横距）根据施工作业和人员走动的需要常设置为 0.8～1.5 m；小横杆靠墙一端距建筑装饰墙面的距离不应大于 100 mm；立杆的纵距（一个面上相邻两立杆之间的中距）为 1.0～2.0 m，由架体落地承重的总高度经计算确定，落地承重总高度大的纵距小；构架的大小横杆从距离地面 0.20 m 处做起，第一道称为扫地杆，然后往上的步距（相邻两施工层大横杆之间的中距）常为 1.8 m（适合一个工人操作的高度）；为了安全防护，从外排第二个施工层起，每个施工层的中间设一至两道大横杆作防护栏；构架的高度随主体结构逐渐升高而分阶段搭设，各阶段搭设高度应比各楼层施工面高出 1.2 m 以上。

(3) 立杆、大横杆应长短搭配，将接头错开，错开间距不小于 500 mm，且不得在同步或同跨内出现两个接头（图 11-5）；立杆在最外侧，大小横杆紧贴立杆的内侧；在主节点处固定杆件用的直角扣件、旋转扣件中心点相互间的距离不应大于 150 mm；对接扣件的开口应朝上或朝内；各杆件端头伸出连接扣件盖板边缘的长度不应小于 100 mm。

(a) 接头不在同步内（立面）   (b) 接头不在同跨内（平面）
1—立杆；2—大横杆；3—小横杆。

图 11-5 立杆、大横杆对接接头布置

(4) 双排扣件式钢管脚手架应设置剪刀撑，剪刀撑与地面的倾角在 45°～60°。每道剪刀撑跨越的宽度不应小于 4 跨，$\alpha=45°$ 时最多跨越立杆 7 根，$\alpha=50°$ 时最多跨越立杆 6 根，$\alpha=60°$ 时最多跨越立杆 5 根。高度在 24 m 及以上的双排扣件式钢管脚手架，应在外侧全立面连续设置剪刀撑；高度在 24 m 以下的双排扣件式钢管脚手架，必须在外侧的两端、转角及中间间隔不超过 15 m 的立面上，各设一道剪刀撑，并应由底至顶连续设置（图 11-6）。脚手架的剪刀撑应随立杆、大横杆和小横杆等同步搭设，不得滞后安装。

(5) 高度在 24 m 以下的封闭型双排扣件式钢管脚手架可不设斜撑杆；高度在 24 m 及以上的封闭型双排扣件式钢管脚手架，除拐角应设置斜撑杆外，中间应每隔 6 跨（立杆跨距）设置一道；开口型双排扣件式钢管脚手架的两端均必须设置斜撑杆。脚手架的斜撑杆应随立杆、大横杆、小横杆等同步搭设，不得滞后安装（图 11-7）。

图 11-6　高度在 24 m 以下剪刀撑的布置　　　图 11-7　斜撑杆的立面布置

（6）连墙件的安装应随脚手架搭设同步进行，不得滞后安装。连墙件设置的位置、数量应按专项施工方案确定。对于高度在 50 m 以内的双排扣件式钢管脚手架，连墙件设置的最大间距为：竖向不应大于 3 步，水平向不应大于 3 跨（立杆跨距），每根连墙件覆盖面积不应大于 40 m²。连墙件必须采用同时可承受拉力和压力的构造。对高度在 24 m 以上的双排扣件式钢管脚手架，应采用刚性连墙件与建筑物连接。当架高超过 40 m 且有风涡流作用时，还应采取能抵抗上升翻流作用的连墙措施。开口型双排扣件式钢管脚手架的两端必须设置连墙件，连墙件的垂直间距不应大于建筑物的层高，且不应大于 4 m。连墙件的立面布置如图 11-8 所示，连墙件与主体结构刚性连接如图 11-9 所示。

图 11-8　连墙件的立面布置

图 11-9　连墙件与主体结构刚性连接

（7）脚手架立杆的最下端通过底座和木垫板（50 mm×200 mm）与基底相连，基底面层土质应经夯实、整平，其上浇筑厚度不小于 100 mm 的素混凝土垫层，做好地面排水（图 11-10）；脚手架立杆的基础不在同一高度上时，将高处的纵向扫地杆向低处延长两跨与立杆固定，高低差不应大于 1 m（图 11-11）。靠边坡上方的立杆轴线到边坡的距离不应小于 500 mm。

图 11-10 脚手架的基底要求

1—横向扫地杆；2—纵向扫地杆。

图 11-11 当地面不平时扫地杆的处理方法

（8）防护栏和挡脚板均应设在外立杆的内侧（图 11-12）。

（9）脚手板应满铺、铺稳、实铺，离墙面的距离不应大于 150 mm；拐角和斜道上的脚手板，应固定在小横杆上，防止滑动；脚手架的外层内侧应满挂密网孔的安全网。两种脚手板的布置方式如图 11-13 所示。脚手板的对接与搭接如图 11-14 所示。

（10）每一幢建筑物的外脚手架内应设 1～2 处步梯。

（11）层数≤8 层（或高度≤24 m）的架体，立杆直接落地，由经过加固后的地基支承；层数＞8 层（或高度＞24 m）的架体或立杆不落地的架体，每 3～5 层高的架体为一段，用钢丝绳将这段架体与主体结构拉吊连接，将每段的荷载卸给主体结构。

图 11-12 防护栏与挡脚板　　图 11-13 两种脚手板的布置方式

（a）脚手板对接　　　　　　　（b）脚手板搭接

图 11-14　脚手板的对接与搭接

11.2.3　脚手架计算

双排扣件式钢管脚手架属于特殊的钢结构，需要遵守结构体系的共同规律：经过整体设计、结构计算并注意构造要求。脚手架计算的目的不是选择截面，而是复核立杆的间距。

1. 受力分析

架体的受力影响因素多，工作状况变化大，准确计算很困难，需作简化。经过实践总结和试验证实，只要将主节点上的大小横杆都用连接扣件直接与立杆相连，所有交叉节点就都可以看成铰节点。

小横杆的计算简图如图 11-15 所示，纵向构架的机动分析如图 11-16 所示。

1—小横杆（横向水平杆）；2—大横杆（纵向水平杆）；3—立杆。

图 11-15　小横杆的计算简图　　　　　图 11-16　纵向构架的机动分析

2. 主节点设计规定

脚手架搭设和使用过程中，大小横杆与立杆相连的主节点，必须连接牢固，任何时候都不能松开。其设计与施工相关规定详见《建筑施工扣件式钢管脚手架安全技术规范》（JGJ 130—2011）。

11.2.4　脚手架拆除

（1）脚手架的拆除应按专项方案施工，拆除前应全面检查架体是否完整、有没有缺陷，清理架上杂物和地面的障碍物。拆除作业应设专人指挥，分工明确、统一行动，各人应具有足够的工作面。

（2）拆除作业必须由上而下逐层进行，严禁上下同时作业；连墙件必须随脚手架逐层拆除，严禁先将连墙件整层或数层拆除后再拆脚手架；分段拆除的高差大于两步时，应增设连墙件加固。

（3）当拆至下部最后一根长立杆的高度时，应先用临时抛撑加固，再拆连墙件。当分段、分立面拆除时，对不拆的脚手架两端，要先行加固连墙件和斜撑杆。

（4）卸料时各构配件严禁抛掷至地面。运至地面的构配件应及时检查、整修与保养，并应按品种、规格分别存放。

【任务实施】

实训任务：参观实际工程的脚手架工程。

【技能训练】

通过参观实训，熟悉脚手架的种类、组成、各种构件以及脚手架的搭设和拆除过程，书写参观实习报告。

工作任务 11.3　承插型盘扣式钢管脚手架施工

11.3.1　基础知识

1. 概述

承插型盘扣式钢管脚手架又称为承插式脚手架、盘扣式脚手架，主要由立杆、横杆（又叫水平杆）、斜杆构成，如图 11-17 所示。立杆上的连接盘有 8 个孔，4 个小孔为横杆专用，4 个大孔为斜杆专用，横杆、斜杆的连接方式均为插销式，可以确保杆件与立杆牢固连接。

承插型盘扣式钢管脚手架分为支撑脚手架和作业脚手架两类。支撑脚手架是指支承于地面或结构上可承受各种荷载，具有安全防护功能，为建筑施工提供支撑和作业平台的承插型盘扣式钢管脚手架，包括混凝土施工用模板支撑脚手架和结构安装支撑脚手架，简称支撑架；作业脚手架是指支承于地面、建筑物上或附着于工程结构上，为建筑施工提供作业平台与安全防护的承插型盘扣式钢管脚手架，简称作业架。

2. 特点

承插型盘扣式钢管脚手架的主要特点为：技术先进、原材料升级、热镀锌工艺、可靠的品质、承载力大。主要的核心优势为：安全稳固；搭拆效率高，节省工期；形象美观，提升工程形象；无零配件丢失，杆件不易损坏；可搭设多功能脚手架。

图 11-17　承插型盘扣式钢管脚手架

11.3.2 脚手架搭设

1. 主要构件

脚手架上的盘扣节点由焊接在立杆上的连接盘、横杆杆端扣接头与斜杆杆端扣接头所组成，如图 11-18 所示。

立杆是焊接有连接盘和连接套管的承插型盘扣式钢管脚手架的竖向杆件。横杆是两端焊接有扣接头，可与立杆上的连接盘扣接的水平杆件。连接盘是焊接于立杆上可扣接 8 个方向扣接头的八边形或圆环形八孔板。插销是装配在扣接头内，用于固定扣接头与连接盘的专用楔形零件。

图 11-18　盘扣节点

2. 双排外作业架搭设要求

（1）作业架的高宽比宜控制在 3 以内；当作业架高宽比大于 3 时，应设置抛撑或缆风绳等抗倾覆措施。

（2）当搭设双排外作业架时或搭设高度 2 m 及以上时，应根据使用要求选择架体几何尺寸，相邻水平杆步距不宜大于 2 m。

（3）双排外作业架首层立杆宜采用不同长度的立杆交错布置，立杆底部宜配置可调底座或垫板。

（4）当设置双排外作业架人行通道时，应在通道上部架设支撑横梁，横梁截面大小应按跨度以及承受的荷载计算确定，通道两侧作业架应加设斜杆；洞口顶部应铺设封闭的防护板，两侧应设置安全网；通行机动车的洞口，应设置安全警示和防撞设施。

3. 双排外作业架连墙件的设置规定

（1）连墙件应采用可承受拉、压荷载的刚性杆件，并应与建筑主体结构和架体连接牢固。

（2）连墙件应靠近水平杆的盘扣节点设置。

（3）同一层连墙件宜在同一水平面，水平间距不应大于 3 跨；连墙件之上架体的悬臂高度不得超过 2 步。

（4）在架体的转角处或开口型双排外作业架的端部应按楼层设置，且竖向间距不应大于 4 m。

（5）连墙件宜从底层第一道水平杆处开始设置。

（6）连墙件宜采用菱形布置，也可采用矩形布置。

（7）连墙件应均匀分布。

（8）当作业架下部不能搭设连墙件时，宜外扩搭设多排作业架并设置斜杆，形成外侧斜面状附加梯形架。

4．模板支撑脚手架（以下简称为支撑架）搭设

（1）施工工艺流程。

放线定位→放置可调底座→放置标准基座→安装扫地杆→安装起步立杆→安装第二层横杆→安装第一层斜杆→安装对接立杆→安装第三层横杆→安装第二层斜杆→安装可调托撑→检查验收。

（2）施工要点。

① 放线定位。支撑架立杆搭设位置应按专项施工方案放线确定。

② 放置可调底座。支撑架搭设应根据立杆放置可调底座，应按先立杆后横杆再斜杆的顺序搭设，形成基本的架体单元，应以此扩展搭设成整体脚手架体系。可调底座如图 11-19 所示。支撑架可调底座丝杆插入立杆长度不得小于 150 mm，丝杆外露长度不宜大于 300 mm。可调底座应水平放置在定位线上，并应保持水平。若需铺设垫板，垫板应平整、无翘曲，不得采用已开裂木垫板。

③ 放置标准基座。将标准基座的立杆套筒部位朝上套入可调底座上方，标准基座下缘需完全置入扳手受力平面的凹槽内。标准基座如图 11-20 所示。

图 11-19　可调底座　　　图 11-20　标准基座

④ 安装扫地杆。将扫地杆杆端套入连接盘小孔位置，使扫地杆前端抵住立杆圆管，再以楔形插销贯穿小孔敲紧固定，如图 11-21 所示。插销连接应保证锤击自锁后不拔脱，抗拔力不得小于 3 kN。扫地杆离地高度不应大于 550 mm。

⑤ 安装起步立杆。未加装连接棒的立杆统称为起步立杆，如图 11-22 所示。将起步立杆长端插入标准基座的套筒中，检查孔的位置，看起步立杆是否插入套筒底部。起步立杆仅用于第一层的搭接，第二层往上均使用对接立杆。

图 11-21　安装扫地杆

图 11-22　安装起步立杆

⑥ 安装第二层横杆。依据步骤④安装第二层横杆，每层横杆间距高度保持在 150 cm，如图 11-23 所示。

⑦ 安装第一层斜杆。将斜杆全部依顺时针或全部依逆时针方向组搭，将斜杆套入连接盘大孔位置，使斜杆杆端抵住主架圆管，再以楔形插销贯穿大孔敲紧固定，如图 11-24 所示。

图 11-23　安装第二层横杆

图 11-24　安装第一层斜杆

⑧ 安装对接立杆。对接立杆以连接棒连接，如图 11-25 所示，将连接棒插入下层管中即可。若需使用对接立杆插销，则务必检查连接盘对齐孔是否在同一方向。

⑨ 安装第三层横杆。依据步骤④安装第三层横杆，如图 11-26 所示。

图 11-25　安装对接立杆

图 11-26　安装第三层横杆

⑩ 安装第二层斜杆。依据步骤⑦安装第二层斜杆，如图 11-27 所示。若第一层为逆时针方向组装，则第二层以上的斜杆同样需以逆时针方向组装。

⑪ 安装可调托撑。将可调托撑插入主架圆管中，调整调节螺母至所需高度，如图 11-28 所示。可调托撑安装要求：支撑架可调托撑伸出顶层横杆或双槽托梁中心线的悬臂长度不应超过 650 mm，且丝杆外露长度不应超过 400 mm，可调托撑插入立杆或双槽托梁长度不得小于 150 mm，如图 11-29 所示。

图 11-27 安装第二层斜杆

图 11-28 安装可调托撑

1—可调托撑；2—螺杆；3—调节螺母；4—立杆；5—横杆。

图 11-29 可调托撑安装要求

⑫ 检查验收。支撑架搭设完成后应对架体进行验收，并应确认符合专项施工方案要求后再进行下道工序施工。支撑架和作业架验收后应形成记录，记录表应符合《建筑施工承插型盘扣式钢管脚手架安全技术标准》（JGJ/T 231—2021）附录 D 的要求。

（3）施工注意事项。

① 在多层楼板上连续设置支撑架时，上下层支撑立杆宜在同一轴线上。

② 支撑架的高宽比宜控制在 3 以内，高宽比大于 3 的支撑架应采取与既有结构进行刚

性连接等抗倾覆措施。

③ 可调底座和可调托撑安装完成后，立杆外表面应与调节螺母吻合，立杆外径与螺母台阶内径差不应大于 2 mm。

④ 对标准步距为 1.5 m 的支撑架，应根据支撑架搭设高度、支撑架型号及立杆轴向力设计值进行斜杆布置，斜杆布置形式选用应符合表 11-1、表 11-2 的要求。

表 11-1　标准型（B 型）支撑架斜杆布置形式

立杆轴力设计值 N/kN	搭设高度 H/m			
	H≤8	8<H≤16	16<H≤24	H>24
N≤25	间隔 3 跨	间隔 3 跨	间隔 2 跨	间隔 1 跨
25<N≤40	间隔 2 跨	间隔 1 跨	间隔 1 跨	间隔 1 跨
N>40	间隔 1 跨	间隔 1 跨	间隔 1 跨	每跨

表 11-2　重型（Z 型）支撑架斜杆布置形式

立杆轴力设计值 N/kN	搭设高度 H/m			
	H≤8	8<H≤16	16<H≤24	H>24
N≤40	间隔 3 跨	间隔 3 跨	间隔 2 跨	间隔 1 跨
40<N≤65	间隔 2 跨	间隔 1 跨	间隔 1 跨	间隔 1 跨
N>65	间隔 1 跨	间隔 1 跨	间隔 1 跨	每跨

⑤ 横杆及斜杆插销安装完成后，应采用锤击方法抽查插销，连续下沉量不应大于 3 mm。

⑥ 当支撑架搭设高度大于 16 m 时，顶层步距内应每跨都布置竖向斜杆。

⑦ 当架体吊装时，立杆间连接应增设立杆连接件。

⑧ 当支撑架搭设高度超过 8 m、周围有既有建筑结构时，应沿高度每间隔 4~6 个步距与周围已建成的结构进行可靠拉结。

⑨ 架体搭设与拆除过程中，可调底座、可调托撑、标准基座等小型构件宜采用人工传递。吊装作业应由专人指挥发号，不得碰撞架体。

⑩ 支撑架应沿高度每间隔 4~6 个标准步距设置钢管水平剪刀撑，并应符合现行行业标准《建筑施工扣件式钢管脚手架安全技术规范》（JGJ 130—2011）中钢管水平剪刀撑的相关规定。

⑪ 脚手架搭设完成后，立杆的垂直偏差不应大于支撑架总高度的 1/500，且不得大于 50 mm。

⑫ 当以独立塔架形式搭设支撑架时，应沿高度每间隔 2~4 个步距与相邻的独立塔架水平拉结。

⑬ 当支撑架架体内设置与单支横杆同宽的人行通道时，可间隔抽除第一层横杆和斜杆形成施工人员进出通道，与通道正交的两侧立杆间应设置斜杆；当支撑架架体内设置与单支横杆不同宽人行通道时，应在通道上部架设支撑横梁（图 11-30），横梁的型号及间距应依据荷载确定。通道相邻跨支撑横梁的立杆间距应根据计算设置，通道周围的支撑架应连成整体。洞口顶部应铺设封闭的防护板，相邻跨应设置安全网。通行机动车的洞口，应设

置安全警示和防撞设施。

1—立杆；2—支撑横梁；3—防撞设施。

图 11-30　支撑架人行通道设置图

11.3.3　架体拆除

1. 准备工作

（1）脚手架应经单位工程负责人确认并签署拆除许可令后，方可拆除。

（2）拆除前应进行安全技术交底。

（3）拆除前应清理脚手架上的器具、多余的材料和杂物。

2. 拆除要求

（1）脚手架拆除应按"先装后拆、后装先拆"的原则进行，不应上下同时作业。双排外作业架连墙件应随作业架逐层拆除，分段拆除的高度差不应大于 2 步。当作业条件限制，出现高度差大于 2 步时，应增设连墙件加固。

（2）脚手架拆除时，为使架体保持稳定，拆除的最小留置区段的高宽比不应大于 3∶1，拆除的每根杆件都用安全绳和安全钩放置地面上，决不能抛掷。在每个步距内要先拆除斜杆，其次是横杆，最后是立杆，以此类推。

（3）拆除至地面的脚手架及构配件应及时检查、维修及保养，并应按品种、规格分类存放。

（4）当脚手架拆除时，应划出安全区，设置警戒标志，并应派专人看管。

（5）当分段或分立面拆除时，应确定分界处的技术处理方案。

【任务实施】

实训任务：参观实际工程的脚手架工程。

【技能训练】

通过参观实训，熟悉承插型盘扣式钢管脚手架的组成和构件，书写参观实习报告。

工作任务 11.4　其他形式的脚手架施工

11.4.1　碗扣式钢管脚手架

碗扣式钢管脚手架的基本构件和搭设方法与双排扣件式钢管脚手架相似，节点连接依靠碗扣和限位销，操作简单，装拆灵活，结构可靠，通用性强，承载力大。碗扣式钢管脚手架的基本构配件如图 11-31 所示。

图 11-31　碗扣式钢管脚手架的基本构配件

11.4.2　外挑式钢管脚手架

外挑式钢管脚手架是一种下部不落地的脚手架，利用建筑结构外边缘向外伸出的悬臂结构，将脚手架下端固定在悬臂结构上，上部所有荷载通过专门的拉吊构造传给主体结构。

高层建筑施工经常会用到这种做法。外挑式钢管脚手架如图 11-32 所示，悬挑钢梁构造如图 11-33 所示。

1—木楔侧向顶紧；2—两根1.5 m长、直径18 mm的HRB400钢筋。

图 11-32　外挑式钢管脚手架　　　　图 11-33　悬挑钢梁构造

11.4.3　电动吊篮

电动吊篮属于悬吊式可升降的高空操作机具，悬挂点要固定在建筑物的顶部，用伸臂和钢丝绳挂住吊篮，在建筑物外墙面外，靠电动控制上下升降。现在高层和超高层建筑的外墙装修广泛使用这种工具。电动吊篮的构造如图 11-34 所示。

1—屋面支承系统；2—安全锁；3—提升机构；4—吊篮架体。

图 11-34　电动吊篮的构造

11.4.4　附着升降式脚手架

附着升降式脚手架是一种适合高层建筑施工的活动脚手架，只搭设 5～6 层高的架体，分单元附在高层建筑主体结构的外侧，各单元都带有独立的升降设备，根据施工需要可以分单元升降或整体升降，主体结构施工时逐渐上升，外墙装饰施工时又逐渐下降，最后降至地面，拆除。附着升降式脚手架立面及提升原理分别如图 11-35 和图 11-36 所示。

1—安全顶棚；2—剪刀撑；3—斜撑杆；4—安全立网；5—楔紧式碗扣；
6—防倾双重单轨；7—脚手板；8—导轨；9—承重架；10—提升机；
11—防坠装置；12—装拆导轨用的吊篮；13—木桁架；14—楼梯。

图 11-35 附着升降式脚手架立面

图 11-36 附着升降式脚手架提升原理

11.4.5 室内活动式脚手架

室内活动式脚手架常用的有下列 3 种：门型组合钢管脚手架，角钢折叠式活动支架（图 11-37），钢管折叠式活动支架（图 11-38）。

图 11-37 角钢折叠式活动支架　　　　图 11-38 钢管折叠式活动支架

【工程案例：广东国际大厦主楼的脚手架方案】

广东国际大厦主楼（63 层）为正方形的混凝土筒体结构，地面以上总高 200.18 m，22 层以上为标准层，以下逐渐加宽。考虑安装幕墙的需要，经多方案论证，选用悬挂拉吊式扣件钢管脚手架。用 $\phi 51 \times 3.5$ 的钢管，立杆内外中距（即脚手架宽），6～21 层为 1 m，22 层以上为 0.8 m；内立杆距幕墙面净距为 0.3 m；立杆水平间距为 2 m，大横杆间距（步距）为 3 m，与结构层同高；每隔 5 层拉吊一次；因下大上小到 22 层以上才等截面，故每排立柱不可能通到底，由外至内共设置了 6 排。按搭设顺序，下一排的内管是上一排的外管。图 11-39 所示为脚手架平面布置，图 11-40 所示为脚手架立面图，图 11-41 所示为脚手架的拉吊。

图 11-39 脚手架平面布置

图 11-40 脚手架立面图（单位：m）

1—ϕ 11 吊环；2—ϕ 12 钢筋吊杆；3—ϕ 12.5 钢丝绳；4—M20 花篮螺栓；5—连墙件；6—大横杆；7—立杆；8—小横杆；9—脚手板；10—拉杆。

图 11-41 脚手架的拉吊

【任务实施】

实训任务：编制 A 学院第 13 号住宅楼承插型盘扣式钢管脚手架搭拆方案。

【技能训练】

（1）熟悉相关施工图纸和施工规范，收集相关数据。
（2）按承插型盘扣式钢管脚手架的要求，经过小组讨论拟定搭拆方案。
（3）绘制相应的施工图纸。
（4）形成完整的方案文件。

工作任务 11.5　工地的垂直运输配置

11.5.1　垂直运输的重要性

（1）建筑层数的增加，使建筑施工中的垂直运输量很大，建造用材料每平方米的用量：混凝土为 0.36～0.60 m³，钢筋为 30～100 kg；垂直运输的模板及支撑架一般按 3 层数量准备；还有墙体材料、装饰材料、建筑垃圾、施工用的各种设备、施工人员每天的上下等垂直运输需求。

（2）一个建筑工地选择哪些垂直运输设备，如何配置，直接影响到工程进度，以及施工工期、效率和成本。

11.5.2 垂直运输设备配置的基本要求

(1) 运输能力应满足施工生产和计划工期的需要。
(2) 力求能充分发挥所有配备设备的作用。
(3) 要本企业、本项目可行,经济上比较节省。
(4) 配置方案应在进行技术经济比较后确定。

11.5.3 常用的配置方案

1. 高层建筑施工

高层建筑施工应配有塔式起重机、布料杆、人货两用电梯、混凝土泵、在脚手架内搭设的步梯。

2. 多层建筑施工

多层建筑施工应配有钢井架、带布料杆的混凝土泵车、在脚手架内搭设的步梯。

11.5.4 几种常用建筑机械的特点

1. 固定附着自升塔式起重机（详见装配式结构工程施工中的内容）

(1) 特点:附着在施工的建筑外侧,随建筑升高而塔身自己也能升高,可做物料的水平和垂直运输。
(2) 主要参数:最大和最小吊臂长度、对应的最小和最大起重量、起重力矩、最大起吊高度。
(3) 应通过作平面图和计算来选择安装位置和吊臂的长度;通过作剖面图和计算来确定起重机的起吊高度。

2. 固定内爬升塔式起重机（详见装配式结构工程施工中的内容）

(1) 特点:安装在施工的建筑内部,随建筑升高而塔身自己也能爬高,可做物料的水平和垂直运输。
(2) 主要参数:最大和最小吊臂长度、对应的最小和最大起重量、起重力矩、最大起吊高度。
(3) 应通过作平面图和计算来选择安装位置和吊臂的长度;通过作剖面图和计算来确定起重机的起吊高度。

3. 混凝土输送泵（详见钢筋混凝土——混凝土工程施工中的内容）

(1) 作用:混凝土运输车、输送泵和布料杆组合在一起,构成了混凝土垂直和水平运输的设备;多层建筑常用带布料杆的混凝土泵车。
(2) 原理:混凝土是一种混合型的流体,在一定压力作用下,混合体在管内产生流动,容重较小的水泥浆流向管壁,形成润滑层,容重大的砂石仍在管中流动,泵为双缸,轮流推进,使混凝土不间断地送出。
(3) 主要参数如下。
① 最大输送效率（m^3/h）。

② 最大输送压力（MPa）。
③ 最大输送高度（m）。
④ 最大输送距离（m）。

（4）其他相关内容详见《混凝土泵送施工技术规程》（JGJ/T 10—2011）。

4. 人货两用施工电梯

（1）作用：人货两用施工电梯用于人员、砖、箍筋、模板配件、小型机具等的垂直运输，起重量为 1～2 t，运行速度为 0.5～0.75 m/s。

（2）构造：人货两用施工电梯可连接高的钢支柱，两边有垂直齿条，各与一个箱笼连接，每个箱笼上都有驱动用的电动机，钢支柱在每个楼层处都要与主体结构拉连固定，箱笼每端都有供人货进出的笼门，主体结构上有对应的层门。人或货物进箱笼后，要先关好笼门，才能启动上下升降，司机就在箱笼内控制，到达目标层后可自动平层，停稳后才能打开笼门和层门，进出人或货物（图11-42）。

（3）注意事项：散体物料要用斗车装好再推进箱笼内，关好门才能升降，停稳了才能开门进出，不能超载。

5. 货运提升钢井架或龙门架

（1）作用：货运提升钢井架或龙门架用于砖、箍筋、小块模板、支撑配件、小型机具等的垂直运输，起重量为 1 t 以内；运行速度为 0.5 m/s。

（2）井架构造：如图11-43所示，货运提升钢井架由螺栓固定的角钢组合成四柱或六柱的钢架，需一次安装就位，初期全靠缆风绳固定，随着主体结构完成，才能在楼层处与主体结构相连；配卷扬机，成为简易的提升机具，一般应配有多种安全装置（自动平层、过载显示、防冲顶、防下坠、对讲联络、层门防护、周边防护网等）。

1—混凝土基础；2—底笼；3—箱笼；4—小吊杆；
5—架设安装杆；6—平衡杆安装；7—导航架。

图 11-42　人货两用施工电梯

1—垫木；2—地轮；3—吊盘；4—钢丝绳；
5—斜撑杆；6—平撑；7—主柱；8—缆风绳；
9—天轮；10—吊臂；11—吊绳；12—导轮。

图 11-43　货运提升钢井架

(3) 注意事项如下。

① 货运提升钢井架和龙门架安全度较低，规定只能运货，不得载人。

② 货运提升钢井架和龙门架不得用于 25 m 及以上的建设工程。

【任务实施】

实训任务：拟定 A 学院第 13 号住宅楼垂直运输设备配置方案。

【技能训练】

通过实地调研和讨论，由学生拟定 A 学院第 13 号住宅楼垂直运输设备配置方案。

工作任务 11.6 季节性施工措施

11.6.1 广东的气候特点

1. 总气候特点

按照我国气候分区，广东跨越两个气候分区：大体上从韶关市曲江区南缘画一条水平线，这条线以南的广大地区，属于"冬暖夏热地区"，这条线以北属于"冬冷夏热地区"。

总气候特点是：夏长冬短，冰冻少见，偶有奇寒；台风影响大，暴雨雷电频繁。主要气象灾害是台风、暴雨、寒潮、雷暴、高温。

2. 季节和温度

冬季（平均气温≤10℃）时间：从 12 月下旬开始到次年 2 月中旬结束；大体上，平远—龙川—新丰—英德—阳山以南全年平均气温≥10℃，没有真正意义上的冬季；此线以北，尤其在北部偏北和西北的山区冬季时间较长；南北差异较大。

极端最低气温：0℃大致在澄海—普宁—海丰—东莞—广州—恩平—信宜一线，此线以北最低气温在 0℃以下；大埔—龙川—紫金—龙门—佛冈—怀集一线，最低气温在 −4℃ 左右；东北部的梅县区和兴宁盆地最低 −7.3℃，西北部的连州最低 −6.9℃。

夏季（平均气温≥22℃）时间：北部偏北和西北的山区 5 月初至 10 月中旬，中部地区 4 月中旬至 10 月下旬，南部湛江、茂名 4 月上旬至 11 月中旬。

极端最高气温：一般北部高于南部，韶关是全省的高温中心，最高为 42℃；中部广州最高为 38.7℃；南部和沿海一般最高为 38℃。

3. 降雨

全省年降雨量多在 1500~2000 mm，与海陆、地形有关。沿海年降雨量大，北部山区年降雨量少得多。有几个多雨中心：恩平为 2548 mm，阳江为 2280 mm，海丰为 2405 mm，普宁为 2100 mm，清远为 2202 mm，佛冈为 2198 mm。夏半年（4—9 月）高温、湿润、多雨，占全年雨量的 70%~85%；主峰在 6 月主要为锋面低槽降水，次峰在 9 月为台风降水。

4. 风

风向受季风主宰，以大埔—丰顺—惠阳—中山—台山—阳江—廉江一线为界，此线以北以偏北风为主，中、西部地区以北偏东风居多，东部地区则多北偏西风，此线以南地区以偏东风为主；年 8 级及以上大风的日数：南澳 91 天，上川岛 34 天，其余地区一般 2～4 天，其中西北、东北部的山区 2 天以下。台风出现在每年的 5—10 月，台风袭来时常出现狂风、暴雨和大海潮，破坏力极大。

台风带来的降水可占年降水量的 40%～50%，最大日降水量为 760 mm，最大过程降水量为 1078 mm，主要对广东沿海和中部内陆有严重影响。

5. 雷暴

广东是全国雷暴多发区之一，年平均雷暴日：东部和南部沿海地区 50～75 天；北部地区 75～80 天；中部广大地区 80～100 天，其中广州 81 天；西南部地区 100 天左右，而雷州半岛有 110 天。

11.6.2 广东季节性施工的原则

（1）在了解和掌握当地气候特点的基础上，要充分利用好每年 11 月到来年 4 月天气较凉、干燥、灾害性天气较少的时段，完成土方、基坑、结构吊装、混凝土浇筑和室外装修等作业。

（2）真正意义上的冬季（日平均气温低于 5℃的时间）较短，气温过低会影响施工质量，如影响浇筑和养护混凝土、砌砖、抹灰等分项工程的质量。首先要尽量安排到温度较高的时段施工，若不行就要采用局部加温的措施，加温期从施工准备开始到施工完成后养护期结束止。秋冬季节是干燥、较寒冷的季节，还要注意做好防火、防寒、防毒、防滑等工作，尤其对焊接等现场作业要有挡风设施，对装饰材料要做好防护措施，防止干燥开裂或变形。

（3）广东的雨期持续时间较长，常伴有雷电、强风和暴雨，重点采取防暑、降温、防雷暴、防暴雨、防台风的措施。从人力、物资、设备、场地等方面做好防灾应急准备；做好各种机械设备、设施和人员活动场所的防雷，注意整个场地的防洪、截水、排水，防滑坡、防塌方、防止地表水流入地下工作面；做好各种材料、施工机械设备的防雨、防潮、防漏电措施。

（4）季节性施工的方案要有针对性和可操作性，要经济合理、具体适用，满足施工工期的要求。将不宜在雨期施工的工程提前或延后安排，对必须在雨期施工的工程制定有效的措施，注意短期的天气预报，组织突击施工，晴天抓紧室外工作，雨天安排室内工作。

11.6.3 雨期施工措施要点

1. 土方和基础工程

工程量大的土方和基础工程，一般应安排在雨季来临之前完成，如必须在雨季施工，则要求工作面不宜过大，逐级、逐段分批来做，采取措施使施工作业区内不得积水；注意基坑边坡稳定，防止出现塌方，必要时放缓边坡或进行坡面保护；基坑不得被雨水浸泡；土方完成后须及时验收做垫层和基础，基础完工及时回填土方；地下室部分应先经过抗浮验算没有问题后，才能停止人工降低地下水位，否则应待上部结构建设到一定高度，达到抗浮要求后才能停止。

2. 砌筑工程

雨季做砌筑工程施工，砖或砌块应集中堆放，不宜浇水；被雨水湿透的砖或砌块不能用来砌筑；每天砌筑高度不宜超过 1.2 m；如遇大雨必须停工，雨后先检查再复工；已砌筑的墙体要用防雨布遮盖；稳定性较差的窗间墙，应加临时支撑或压顶过梁（圈梁）。

3. 钢筋混凝土工程

钢筋混凝土工程特别要注意模板、支撑体系的牢固稳定，支撑下面的回填土必须夯实，回填土上面浇筑素混凝土垫层，垫层上还须设木枋（板）支承；浇筑混凝土前才能刷隔离剂，要防止隔离剂被雨水冲刷掉；已拌好的混凝土在运输过程中要防止雨水渗入；雨期浇筑混凝土，应根据结构的情况和可能设施工缝，遇到大雨就停止浇筑，已浇筑的要及时覆盖保护；大雨后对已浇部分做全面检查，若混凝土流失较多或模板有较大变形，就要拆除清理，经过修整重新浇筑混凝土。

4. 装配式结构工程

装配式结构的构件堆放地点应平整坚实，四周要做好排水，严禁堆放区地面积水、浸泡，要防止泥土粘到构件和预埋件上；起重机行走路线上应预先填出比周边高出 150 mm 以上的路基；雨天吊装前，先做试吊，将构件慢慢吊离地面约 1 m 高时暂停，反复多次证明能稳定起吊，然后进行正式吊装。

5. 屋面工程

雨天严禁屋面施工；保温材料、防水材料都不得淋雨；若必须在雨季施工，应先在屋面上做挡雨棚，用人工方法将屋面基层干燥，然后才能做屋面防水层，做好防水层后要及时覆盖。

6. 装饰工程

雨天不得做室外装饰工程施工，对已做的抹灰、贴砖等装饰面层要覆盖防护；应注意防止雨水经未密封的门窗洞口进入室内影响室内装饰工程的施工质量；雨天不宜做罩面油漆；顶层室内抹灰应在屋面防水层完成后才能进行。

11.6.4 防雷电的措施

雷电和雨季大多同时出现，但有时没有雨也有雷电，雷电常带有突然性，会对工地上的人员、机械和临时建筑带来危害，是广东省内施工的另一大影响因素。

（1）对施工现场要统一规划，合理布置避雷针、避雷网，尽量利用永久工程的防雷装置。

（2）现场的金属屋面，高大的机械设备（如塔式起重机、人货两用施工电梯）、钢脚手架等，下部应与防雷接地相连，上部应设避雷针。

（3）施工现场必须使用三相五线制供配电，所有的电气设备都应有重复接地、防漏电保护的可靠措施。

11.6.5　防风暴的措施

（1）按当地的标准风压和地形、地貌特征，在施工组织设计中充分考虑防风暴的措施，尤其是对沿海地区要考虑防台风侵袭。

（2）高大的脚手架要按照当地风压来设计计算，做好拉吊固定。

（3）6 级以上大风到来之前要停止一切高空作业，固定好高大塔式起重机的塔身，注意要放开吊臂，使其能自由转动。

（4）台风和暴雨过后，先要全面检查各项设施、设备是否正常、可靠，需要维修加固的先处理好再复工。

11.6.6　高温下施工的措施

（1）尽可能在高温期间安排室内作业。

（2）确实要进行露天作业的，应避开每天中午的高温时段。

（3）地下工程要注意做好通风降温。

（4）施工人员要做好工作和生活上的防暑、防晒、通风、降温。

【任务实施】

实训任务：编制 A 学院第 13 号住宅楼的季节性施工措施。

【技能训练】

通过实地调查了解广州市从化区的气候特点，经讨论由学生拟定 A 学院第 13 号住宅楼季节性施工措施。

工作任务 11.7　建筑施工安全文明基础知识

11.7.1　建筑施工安全的含义

（1）在整个施工过程中，必须确保全体施工人员的生命安全、身体健康。

（2）建筑生产顺利进行，不发生安全事故，工程质量达到合格。

（3）工地内的材料、设备保护良好，使用正常。

（4）工地周边环境质量不因施工而受到损害。

11.7.2　建筑施工安全的重要意义

（1）人身安全关系到每个员工的切身利益，因此进入工地的每一个人都必须严格遵守工地的各项安全纪律。

（2）"安全第一、质量至上"是现代企业生产经营的根本方针，是企业经济保持不断增长的基础，是所有施工企业的头等大事。

（3）建筑产品质量的好坏，施工生产过程工地内的人和物对工地周边的环境有没有影响，这是直接关系到社会的安定繁荣和人民安居乐业的大事。

（4）建筑施工安全无论是对个人还是对企业和社会都是重于泰山的大事。

11.7.3　安全生产对建筑施工行业特别重要

（1）建筑施工是一个特殊的工业生产行业。

（2）建筑产品形式多样，产品位置固定，结构复杂，耗资巨大。

（3）施工周期长，多为露天作业，多工种交叉作业，机械化程度低。

（4）在整个施工过程中，危险因素多，稍有不慎，随时都有可能发生伤亡事故或质量事故。

（5）目前建筑施工的事故发生率仅次于采矿业，高居全国各行业的第二位。

11.7.4　施工现场常见的安全事故和预防

（1）因作业面高，洞、坑、沟、边多，若周围防护不严，容易发生高处坠落事故；应注意做好"四口""五临边"的防护。

（2）因作业面上堆放了各种物资器材，生产过程中若乱抛乱放，易发生物体打击事故；工作人员应按规定位置堆放各种物资器材，不得乱丢乱放。

（3）因临电设备多、移动频繁，易引起触电事故；现场需用三相五线制供配电，各用电点设置"一机、一闸、一漏电保护开关"防护（即一台施工机械应设置一个闸刀开关和一个漏电保护开关），并做好防雷接地保护；操作人员穿戴好防护用品。

（4）因电动机械多，若维护操作不当，易引起机械伤害；应专人操作，持证上岗。

（5）在拆除作业、土方开挖、沟槽或基坑支护过程中，容易出现坍塌事故；必须按照相应的安全操作规程来做。

（6）在木模板拆除施工中，拆除物若不能及时清理，有可能被残留的生锈铁钉刺伤；必须按照相应的安全操作规程来做。

（7）若公共食堂管理不严格或员工个人卫生差，容易引起食物中毒；应严格管理公共食堂，保障员工饮食安全。

（8）建筑业常见的职业病有中暑（长期高温作业）、腰痛（长期不断弯腰作业）、青光眼（经常受强烈光线照射的焊接等工种）、矽肺（常接触粉尘的岗位）等；应注意劳逸结合，定期检查身体健康，及时治理职业病害。

11.7.5 建筑施工安全的主要规定

1. 法律法规

法律法规有《中华人民共和国劳动法》《中华人民共和国安全生产法》《中华人民共和国建筑法》《建设工程安全生产管理条例》等。建筑施工现场的安全统一由施工企业负责，进入工地现场的所有人员都应遵守工地的安全纪律，服从统一管理，个人违章违纪造成事故要承担相应的责任。

2. 建筑安全生产的基本方针

（1）安全第一（必须保证在安全条件下进行生产）。

（2）预防为主（立足于事前做好防范工作，尽量避免事故发生）。

（3）群防群治（国家监察，行业管理，企业负责，群众监督，劳动者遵章守纪，共同保障安全生产的实现）。

3. 施工现场的安全文明设施要求摘要

（1）应对整个施工现场进行封闭式管理，建有围墙，设置出入口和门卫，场内道路畅通、场地排水顺畅，地面进行硬化处理。

（2）大门应设有本企业标志，进门处悬挂工程概况、管理人员名单及监督电话、安全生产、文明施工、消防保卫5块标牌和施工现场总平面图。

（3）现场材料应分类堆放整齐；对易燃、易爆和有毒有害物品应分别专门存放，挂有明显标识，专人管理。

（4）现场消防器材配置合理，符合消防要求。

（5）现场办公区、生活区与作业区分开设置，保持安全距离；食堂、宿舍、厕所、浴室要符合安全、整洁、卫生的要求等。

（6）在现场主要地段挂有安全标志；临边、洞口、交叉、高处作业区设有专门的防护设施；脚手架外满挂安全网，进出口和临街的上方设安全挡板。

（7）现场应设置密闭式垃圾站，施工垃圾、生活垃圾应分类存放；施工垃圾必须采用相应容器或管道运输。

（8）对用电、用火、防雷、防机械伤害的各种安全防护设施应齐备。

4. 施工现场的安全管理规定

（1）施工企业必须建立和健全各级安全生产责任制。

（2）施工企业必须对全体人员开展安全教育，落实安全禁令，劳动者先接受安全教育，掌握安全生产必备的知识后才能上岗操作。

（3）施工企业必须给劳动者正确配备安全防护用品，劳动者应合理使用。

（4）施工企业的管理者应加强安全监督检查，发现问题及时处理。

（5）保证环境安全，才能进行施工生产。

（6）特种作业人员必须身体健康、持证上岗等。

（7）施工企业应为从事危险作业人员购买工伤保险。

5. 施工安全相关标准

国家标准《建筑施工安全技术统一规范》(GB 50870—2013)、国家行业标准《建筑施工安全检查标准》(JGJ 59—2011)、《建筑机械使用安全技术规程》(JGJ 33—2012)。

【任务实施】

实训任务：编制A学院第13号住宅楼的安全生产施工措施。

【技能训练】

通过实地调查了解和讨论，由学生拟定A学院第13号住宅楼安全生产施工措施。

【本项目总结】

项目11	工作任务	能力目标	基本要求	主要支撑知识	任务成果
措施项目施工	脚手架工程施工	能根据拟建建筑物实际，制订脚手架的搭拆方案	初步掌握，能编制施工方案	脚手架的组成原理、质量标准和安全要求	(1)某工程脚手架搭拆方案；(2)某工程垂直运输设备配置方案；(3)某工程季节性施工措施；(4)某工程安全生产措施
	垂直运输设备的选择和配置	能根据拟建建筑物实际，选择和配备垂直运输设备	初步掌握，能编制配置方案	垂直运输设备的重要性、设备选择配置的原则和方法	
	季节性施工措施	能根据拟建建筑物实际，拟定季节性施工措施	熟练掌握，能编制施工方案中的季节性施工措施	本地区的气候特点，拟定季节性施工措施的原则	
	建筑施工安全文明基础知识	能根据拟建建筑物实际，制订建筑安全生产施工措施	初步掌握，能编制施工方案中的安全生产施工措施	建筑安全生产的理论和相关规定	

复习与思考

1. 什么是脚手架？脚手架有什么作用？脚手架有哪些基本要求？
2. 脚手架怎样分类？用得最多的是哪一种脚手架？
3. 双排扣件式钢管脚手架用什么材料和配件来搭设？
4. 什么是立杆纵距、立杆横距和步距？什么是扫地杆、连墙件、剪刀撑、抛撑和斜撑杆？规范对它们分别有哪些强制性规定？
5. 什么是主节点？规范对脚手架的主节点有什么强制性规定？
6. 请简述承插型盘扣式钢管脚手架的搭设过程和要求。
7. 请简述承插型盘扣式钢管脚手架的构成原理。
8. 请简述承插型盘扣式钢管脚手架的拆除过程和要求。
9. 请简述承插型盘扣式钢管脚手架的特点和适用性。
10. 请简述碗扣式钢管脚手架、外挑式钢管脚手架、附着升降式脚手架和电动吊篮的主要构造和使用特点。

11. 为什么说垂直运输设备配置对建筑施工非常重要？
12. 垂直运输设备配置有哪些基本要求？
13. 常用的垂直运输设备有哪些？各有什么作用？
14. 一般多层和高层混凝土结构建筑施工的垂直运输设备怎样配置？
15. 请简述广东的气候特点。有哪些灾害性天气对建筑施工有较大影响？
16. 做好季节性施工的计划有哪些原则？
17. 雨期施工要做好哪些准备工作？
18. 土方和基础工程的雨期施工要注意哪些问题？
19. 如何保证砌筑工程雨期施工的质量和安全？
20. 钢筋混凝土工程雨期施工要注意哪些问题？
21. 装饰工程雨期施工要注意哪些问题？
22. 什么是冬期施工？广东的冬期施工常采取哪些做法？
23. 建筑安全的含义是什么？
24. 建筑施工安全为什么特别重要？
25. 建筑工地常见有哪些安全事故？
26. 国家对建筑施工安全有哪些主要的法律法规？
27. 施工现场应做好哪些安全设施？
28. 施工现场安全管理方面有哪些基本规定？

项目 11 在线答题

项目 12　智能建造与绿色施工技术

本项目学习提示

智能建造符合建筑行业升级的需求，是建筑行业发展的趋势，将智慧工地、BIM 技术、GIS 技术、物联网技术、智能机器人技术与大数据技术、3D 打印技术等融合在一起，提高建筑施工与管理的效率和精度。绿色施工是在国家建设"资源节约型、环境友好型"社会，倡导"循环经济、低碳经济"的大背景下提出并实施的，在保证质量、安全等基本要求的前提下，通过科学管理和技术进步，最大限度地节约资源并减少对环境负面影响的施工活动，实现节能、节地、节水、节材和环境保护（四节一环保）。

本项目主要讲述智能建造与绿色施工技术概念、信息技术在智能建造过程中的应用推广现状、绿色施工的原则和技术要点。

能力目标

- 能根据工程项目实际，编制智能化施工技术方案。
- 能根据工程项目要求，进行智能化施工。
- 能根据工程项目实际，编制一般工程的绿色施工的技术方案。
- 能根据工程项目要求，组织绿色施工。

知识目标

- 掌握智能建造与绿色施工技术的相关概念。
- 了解智能建造与信息技术工地的实践应用。
- 了解绿色施工的实质和绿色施工的原则。
- 熟悉绿色施工的技术要点。

思维导图

工作任务 12.1　智 能 建 造

12.1.1　智能建造概述

智能建造是以 BIM、物联网、人工智能、云计算、大数据等技术为基础，可以实时自适应于变化需求的高度集成与协同的建造系统。智能建造是信息化、智能化与工程建造过程高度融合的创新建造方式，智能建造技术包括智慧工地、BIM 技术、GIS 技术、物联网技术、智能机器人技术、大数据技术、3D 打印技术等。智能建造技术的产生使各相关技术之间急速融合发展，应用在建筑行业中使设计、生产、施工、管理等环节更加信息化、智能化，智能建造正引领新一轮的建造业革命。智能建造的发展主要体现在设计过程的建模与仿真智能化；施工过程中利用基于人工智能技术的机器人代替传统施工方式；管理过程中通过物联网技术日趋智能化；运维过程中结合云计算和大数据技术的服务模式日渐形成。

1）智慧工地

智慧工地充分利用新一代信息技术，改变了施工项目现场参建各方的交互方式、工作方式和管理模式。新形势下的智慧工地应具有全模型、碎片化应用、大数据、大协同等特点。智慧工地是人工智能技术在建筑业生产作业过程中的具体体现。从技术层而言，智慧工地能够充分集成 BIM、虚拟现实、传感器网络、可穿戴设备等，是一种实现信息技术与建造技术充分融合的手段。从管理层而言，智慧工地能够对建设项目各干系人进行有效协调，从建设项目大数据中提取出有价值的知识，从而支持管理决策，是一种全新的数据导向型建设项目管理模式。图 12-1 所示为智慧工地管理系统。

图 12-1　智慧工地管理系统

2）BIM 技术

BIM（Building Information Modeling）技术作为强有力的技术支撑手段，贯穿于建筑全生命周期，引领智慧建造。借助 BIM 技术，保证工程项目各参与方流通信息来源的单一性和准确性，实现项目各参与方之间的信息共享，促进建筑全生命周期智慧化管理，实现建筑各阶段的质量、进度、安全和成本的集成化管理，进而对建设项目全生命周期的成本、投资、能源消耗等情况进行分析预测和控制。图 12-2 所示为 BIM 技术与全生命周期过程。

图 12-2　BIM 技术与全生命周期过程

3）GIS 技术

GIS（Geographic Information System，地理信息系统）技术是多种学科交叉的产物，它以地理空间为基础，采用地理模型分析方法，实时提供多种空间和动态的地理信息，是为地理研究和地理决策服务的计算机技术系统。图 12-3 所示为 GIS 技术与相关学科、技术。

图 12-3　GIS 技术与相关学科、技术

4）物联网技术

物联网（Internet of Things，IoT）技术起源于传媒领域，是信息科技产业的第三次革命。物联网技术通过信息传感设备，按约定的协议，将任何物体与网络相连接，物体通过信息

传播媒介进行信息交换和通信，以实现智能化 识别、定位、跟踪、监管等功能。图12-4所示为物联网技术的应用。

图12-4　物联网技术的应用

现阶段，物联网技术在建造领域的应用频率越来越高，物联网市场规模也在不断扩大。物联网已然成为智能建造和信息化整体方案的主导性技术思维，在推动传统作业方式变革、智慧城市的智慧建造等环节发挥了巨大作用。自2012年以后，物联网技术在建筑行业的应用范围不断拓展，为实现建筑物与人、物和部品构件之间的信息交互提供了技术保障；传感器产业、射频识别（Radio Frequency Identification，RFID）产业的发展更推动了物联网信息处理和应用服务水平的提升，使基于物联网的建筑管理工作质效不断提升。

物联网的基本特征有三个，分别为全面感知、可靠传输、智能处理。全面感知是利用射频识别（RFID）、传感器、定位器和二维码等手段随时随地对物体进行信息采集和获取。可靠传输是指通过各种电信网络和因特网（最大的互联网）融合，对接收到的感知信息进行实时远程传送，实现信息的交互和共享，并进行各种有效的处理。在这一过程中，通常需要用到现有的电信运行网络，包括无线和有线网络。在现代的社会环境中，互联网本身就具有较强的融合性，这也使得信息的共享性良好，而如果将信息的共享性与物联网中的物进行有机的结合，就能够使物也能在一定程度上得到共享。智能处理是指利用云计算、模糊识别等智能计算技术，对随时接收到的跨地域、跨行业、跨部门的海量数据和信息进行分析处理，提升对物理世界、经济社会各种活动和变化的洞察力，实现智能化的决策和控制。

5）智能机器人技术

智能机器人技术涉及工业机器人应用开发、自动化设备编程、嵌入式软件设计等多项机器人技术。

智能机器人技术主要分为机械、电路、程序三大部分。机械负责保证智能机器人的结构稳定性能；电路负责给智能机器人各模块提供稳定的供电系统；程序负责联动智能机器人的各部分，配合安装在智能机器人上的各种传感器，将智能机器人真正驱动起来。

图 12-5 所示为内墙打磨机器人，图 12-6 所示为楼层清洁机器人。

图 12-5　内墙打磨机器人　　　　图 12-6　楼层清洁机器人

6）大数据技术

在新一轮工业革命的驱动下和智能建造的不断演进过程中，我国智能建造已由自动化和集成技术纵深发展转向新一代智能建造——数字化、网络化、智能化建造，这是我国智能建造的全新布局。发展智能建造是推动建造业进步的内在要求，可运用其中的原理引导我国建造业从传统建造向智能建造转型升级，最终形成大数据智能建造。图 12-7 所示为大数据智能建造服务平台。

图 12-7　大数据智能建造服务平台

7）3D 打印技术

3D 打印又称为增材制造，其中，增材是指通过将原材料沉积或黏合成材料层以构成三维实体的一种打印方法；制造则是指 3D 打印机依据可测量、可重复及系统性的过程制造材料层。3D 打印技术是以数字模型文件为基础，以粉末状塑料或金属等可黏合材料为原料，通过逐层打印方式，生产各种形状产品的技术，它将材料、生物、信息和控制等一系列技术相互融合渗透，推动了智能建造的发展。图 12-8 所示为 3D 打印产品。

图 12-8　3D 打印产品

12.1.2　智能建造的应用

1. 基于 BIM 技术的智能建造

随着国家的快速发展，数字经济也在快速发展。但目前我国建筑行业数字技术应用尚且落后，整个行业生产效率低下。随着 BIM 技术的不断成熟，基于 BIM 技术的工程智能建造技术近年来受到了业内的高度认可与关注。本节主要阐述基于 BIM 技术的智能建造技术在工程施工中的应用价值。

1）BIM 技术在施工阶段的价值体现

基于 BIM 项目信息化管理应用平台，结合 BIM 技术的可视化、协调性、可出图性、参数化的特点，BIM 技术可以提升施工效率、建筑产品质量、现场安全保障，降低工期、成本。BIM 技术的具体应用包括三维平面策划、BIM 审图、方案模拟、提取工程量、多算对比、碰撞检查、可视化交底。BIM 技术在施工中的价值体现如下。

（1）投标阶段全专业建模提取工程量，指导成本预算，可视化模拟方案，直观展现施工部署和关键方案。

（2）前期策划阶段全专业建模，碰撞检测出专业间的图纸问题，建模发现图纸本专业的问题，同时规避施工不合理的设计问题。

（3）全专业的模型可以指导项目前期策划，结合场地的条件，优化场地布置、机械设备配置等方案，深化安全文明施工，从而规避方案中的不合理。

（4）模型结合时间参数，动态演示施工部署，暴露施工过程中的问题，充分考虑资源合理调配。

（5）施工过程中项目管理人员可从模型中提取工程量，指导现场施工。

（6）基于模型进行二次结构深化，充分考虑一、二次结构的交接关系，最大限度地避免二次浇筑，便于下道工序施工，砌体、门窗的深化设计等。

（7）借助 BIM 技术，依据工程质量标准，制作工艺工法动画，实现可视化交底。

（8）简化管理。管理人员基于 BIM 项目信息化管理应用平台，便捷、高效、精细地管理项目。

（9）降低成本。工程量、材料计划等资料自动生成，降低人工管理成本；管理提升，降低返工成本。

2）BIM 技术在施工阶段的具体应用

（1）三维图形平台。

三维图形平台是支撑 BIM 建模以及基于 BIM 的相关产品的底层支撑平台。

（2）虚拟施工与方案论证。

借助 BIM 技术，可以直观地进行项目场景漫游，在虚拟环境中身临其境般地开展方案体验和论证。基于 BIM 技术对施工组织设计方案进行论证，对施工中的重要环节进行可视化的模拟分析。基于 BIM 技术和进度计划对施工方案进行模拟和优化，对重要的施工节点、关键部位、施工现场平面布置等进行模拟和分析，以提高方案的可行性。基于 BIM 技术，可以直观地了解整个施工的时间节点和工序，清晰地把握施工过程中的难点和要点，从而优化方案、提高施工效率，确保施工方案的安全性。

（3）碰撞检查与减少返工。

在传统的建筑施工中，因建筑工程专业、结构专业、设备及水暖电专业等各自独立设计，导致图纸中平、立、剖面图之间，建筑图与结构图之间，安装与土建之间及安装与安装之间冲突的问题很多，而用 BIM 技术进行检查，可以快速、全面、准确地检查出设计图纸中的错误、遗漏以及各专业之间的碰撞等问题，减少由此产生的设计变更和施工中的返工，提高了施工现场的生产效率，有利于保证质量、节约成本、缩短工期和降低风险。图 12-9 所示为 BIM 优化设计。

图 12-9　BIM 优化设计

(4) 形象进度与 4D 虚拟。

建筑施工是一个高度动态且复杂的过程，常用以反映施工进度计划的网络计划，难以形象地表达工程施工的动态变化过程。通过 BIM 技术与施工进度计划的链接，将空间信息与施工信息整合在一个可视的 4D（3D+Time）模型中，能直观、精确地反映出整个建筑的施工过程和虚拟形象进度。借助 4D 施工模拟技术，可以合理地编制施工组织设计并准确地掌握施工进度，优化使用施工资源，科学地进行场地布置，实现对整个工程的施工进度、资源和质量的管控。图 12-10 所示为 BIM 4D 协同施工。

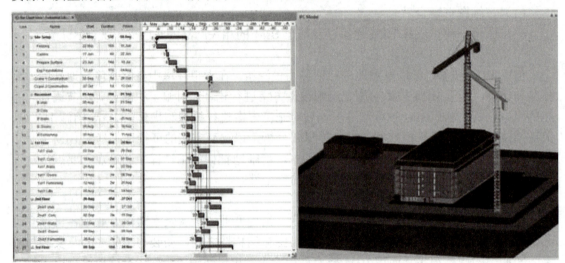

图 12-10　BIM 4D 协同施工

(5) 精确算量与成本控制。

工程量统计结合 4D 施工模拟技术，就是 BIM 在施工中的 5D 应用。施工中的预算超支现象十分普遍，缺乏可靠的基础数据支撑是造成超支的重要原因。BIM 是一个富含工程信息的数据库，可以真实地提供造价管理所需的工程量信息，借助这些信息，计算机可以快速地对各种构件进行统计分析，进行工程量计算，保证工程量数据与设计图纸的一致性。工程量计算的准确性直接影响到工程预算、工程结算及成本控制的准确性，BIM 技术恰恰解决了这一问题。

(6) 现场整合与协同工作。

BIM 服务器平台集成了建筑物的完整信息，给项目参建各方提供了一个三维可视的、便于交流的、便于协同工作的平台。参建各方将 BIM 模型统一通过 BIM 服务器平台进行数据存储和数据交换，可通过平台获取和浏览 BIM 模型，施工现场人员可通过平台了解三维模型、施工方案模拟、施工工艺工法、节点大样图、钢筋下料表、进度、成本等信息，从而帮助现场人员进行施工。

(7) 数字化加工与工厂化生产。

BIM 技术结合数字化加工，能够提高建筑企业的生产效率。采用工厂精密机械技术对门窗、预制混凝土结构和钢结构等构件进行数字化加工预制，不仅能减小预制构件的误差，而且大幅度提高了预制构件的生产效率。对于没有建模条件的建筑部位，可以借助先进的三维激光扫描技术快速获取原始建筑物或构件的模型信息。

2. 基于 GIS 技术的智能建造

（1）三维空间数据模型。

三维空间数据模型在智慧建筑的建设中有着重要的作用，三维空间数据模型的专业性和方向性都比较强，需要专业的技术人员来实施，这样才能保证三维空间数据模型的准确性。在进行空间数据建模时，一定要注意空间位置与数据的相对性，通过数据的处理和坐标的建立，能够对三维对象进行确定和模拟，从而使三维模型得以建立。图 12-11 所示为三维空间数据模型。

图 12-11　三维空间数据模型

（2）三维可视化技术。

三维可视化技术能够使画面更加有质感、更清晰，从而在进行模型的查看以及一些数据的显示时就会更加方便和清楚。在进行智慧建筑的模型绘制时，一定要根据实际的情况进行绘制，然后通过三维可视化技术完善绘制模型，这样使智慧建筑的构建更加完整且层次分明。图 12-12 所示为三维可视化技术。

图 12-12　三维可视化技术

3. 基于物联网技术的智能建造

目前物联网架构通常分为感知层、网络层和应用层三个层次。感知层是物联网的核心，是信息采集的关键部分。网络层犹如人的中枢神经，解决的是感知层所获得的数据在一定范围内，通常是长距离的运输问题。应用层解决的是信息处理和人机界面的问题，主要是利用经过分析处理的感知数据，为用户提供丰富的特定服务。图 12-13 所示为物联网的层次构造。

图 12-13　物联网的层次构造

智能建造为第四次工业革命的重要组成部分，而建筑业是一个国家不可或缺的重要产业。2020 年初，由于新型冠状病毒感染的大规模爆发，全国为快速积极应对此次疫情新建或改扩建了大量应急医院，其中"火神山""雷神山"医院的建造理念和建造过程就是智能建造与建筑工业化协同管理的最好技术体现。智能建造与建筑工业化协同管理因其标准化设计、工厂化生产、模块化配置、装配化施工、一体化装修、信息化管理、智能化应用等优势，具有建设周期短、现场安装快速方便、数据信息化协同管理等特点，在此次抗击疫情中得到广泛应用，也将成为今后新老城市更替和城镇化新建、改建和扩建的首选。

基于物联网技术的智能建造的特点如下。

（1）安全性。

物联网技术在智能建造上的应用，可以极大地提升建筑的安全系数，这是传统的建筑安全系统无法比拟的。比如说，在监控系统中，引入图像传感技术和网络节点的定位技术，能够大大提高物联网系统的监控效率，扩大监控范围，节约监控成本，一旦发生如火灾、电梯故障等突发事件，消防人员或施救人员可以通过监控系统，精准地定位事故发生地和人员的受困情况，迅速赶赴事发现场进行施救，大大提高施救效率；又比如说，在报警系统中，引入电子巡检和视频网络实时监控，大大提高报警效率，其能够精准地对空气中的热气、烟火等进行探测，一旦发现异样，会立刻进行报警处理；再比如说，现在非常流行的人脸识别系统，也被应用到了智能建筑的物联网监控中，通过人脸识别系统，可以更加快速精准地对建筑内成员进行身份鉴别，防止陌生人进入，有效地保障业主的生命和财产安全。

（2）节省能源。

物联网技术可以有效地实现建筑内能源的优化利用。通过植入网络传感系统，实现对建筑内部的光照、空气质量、湿度和温度进行精准的实时监测，上传数据信息，分析判断，对处于物联网中的各种电气设备下达指令，将各电气设备调节至人们体感最舒适、最低能耗的状态，从而避免资源的浪费，起到节能减排的效果，降低成本，提升经济效益。

（3）实现智能家电一体化控制。

如今如何使用智能手机更好地实现对建筑内智能家电的控制，也是物联网的重要研究领域。智能手机作为移动终端，人们时刻随身携带，因此完全可以将其作为操作平台，利用物联网技术将智能手机接入智能建筑的终端，让业主对家电进行一体化操作。炎炎夏日，到家前就可以使用手机开启家中的空调；家中突然来了访客，可以使用手机给客人开门。例如，小米智能手机就能和小米品牌家电进行相互联动，从而实现了智能化操作。这种技术越发成熟，并且已被很多年轻群体所接受，逐渐成为一种新的非常时尚的生活方式。可以说，未来智能家电一体化一定会成为智能建筑的标配，为智能建筑增添更多亮点。

4. 智能建造与智能设备的融合应用

1）智能配电系统的应用

智能配电系统是电量集中采集与用电管理、控制相结合的高度智能化的用电管理系统。智能配电系统具有用电最大负荷限制、使用违禁负载自动限制、按作息时间分时段停送电、短路/过流双重保护、用电功率大小实时监控等功能，满足现场实际管理需求，为生活区宿舍用电管理提供了一整套安全、高效、先进的管理手段。智能配电系统可以管控电源，避免不必要的浪费和保障工地中工人的用电安全。

（1）用电最大负荷限制。使用单位可根据自身的管理要求，设定和更改每间房间的用电最大负荷值，从而达到限制负荷的目的。

（2）使用违禁负载自动限制。当用电单元使用大功率负载时，系统自动识别是电热负载（如电炉、电热棒等）还是正常负载（如电脑、电视等），使用超过设定功率的电热负载将自动断电，经过设定时间的延时后自动送电，当电热负载解除后保持送电，若仍有电热负载，将再次断电，达到设定的停电次数后，将不再自动送电，须由管理员给断电单元送电。该过程自动产生可供查询的时间记录，这就需要用到智能配电箱（图12-14）。

图12-14 智能配电箱

（3）按作息时间分时段停送电。智能配电系统可以根据单位自身的管理要求，对职工用电时间进行控制，系统可以对所有用电单元进行统一开关，也可以对任意单元进行单独开关，可以解决夜间加班工人在白天限电情况下无法正常用电的问题。

（4）短路/过流双重保护。如果房间出现短路或电器过载的情况，控电单元会立即自动切断电源，避免用电事故的发生。

（5）用电功率大小实时监控。智能配电系统可对每个用电单元的用电功率大小进行实时监控。该系统的管理原理为每个用电单元的用电情况由智能配电箱传送给智能终端之后，由管理主机来进行进一步的管理，如图 12-15 所示。

图 12-15　智能配电系统管理原理

在每个用电单元内安装一个智能配电箱，总的控制终端安装在门卫室，配置一台计算机通过专用网络将每一个配电箱连接到终端的计算机上，使计算机上的专用管理系统能够对每个用电单元的用电进行管理控制。

2）智能传感器的应用

智能传感器的类别有许多，施工现场的智能传感器主要用于采集施工构件的温度、变形、受力及设备的运行等反映施工生产要素状态的数据。智能传感器是实现自动检测和自动控制的首要环节，目前施工现场常见的智能传感器包括重量传感器、幅度传感器、高度传感器、回转传感器、运动传感器、旁压式传感器、环境监测传感器（PM2.5、PM10、噪声、风速等）、烟雾感应传感器、红外传感器、温度传感器、位移传感器等。重量传感器、幅度传感器、高度传感器、风速传感器（一种环境监测传感器）和回转传感器可用于塔式起重机、升降机等垂直运输机械的运行状态监控，对塔式起重机、升降机发生超载和碰撞事故进行预警和报警，图 12-16 所示为塔式起重机上智能传感器的应用；运动传感器既可以用于施工机械的运行状态监控，记录机械运行轨迹和效率，也可以进行劳动人员运动和职业健康状态监测；旁压式传感器主要用于卸料平台的安全监控；环境监测传感器用于施工现场各区域的劳动环境监测；烟雾感应传感器主要用于现场防火区域的消防监测；红外传感器主要用于周界入侵的监测；温度传感器对混凝土的养护、裂缝，以及冬期施工的环境温度进行控制；位移传感器主要用于检测桥梁、房屋等结构构件的变化，如房屋的倾斜、沉降，地质预警，等等。

图 12-16 塔式起重机上智能传感器的应用

3）智能安全帽的应用

智能安全帽是一款佩戴在头部的智能移动作业终端，运用了移动互联网、物联网、智能传感器、高清防抖摄像头、人工智能等技术，具备语音操控、实时视频、拍照、录像、录音、实时对讲、定位、电子围栏、安全防护预警、人脸识别、视频行为分析等功能，支持 UWB 定位、近电感应、有害气体检测等，支持数据在线实时上传与离线存储。通过与现场作业智能管控平台交互，智能安全帽可实现远程调度、专家指导，并融合人工智能技术，进行现场视频的行为分析、物体检测、人脸识别等，实现现场作业指导、安全管控、缺陷分析、风险预警等，让现场作业更智能、更高效、更便捷。

（1）保证工人安全。

施工工人在施工过程中由于其施工环境的不确定性，其人身安全往往得不到有效的保障，再加上部分施工工人并不注重安全帽的使用，致使施工工地上事故频发。而智能安全帽的出现可实现工人上班时的自动打卡，还能通过北斗定位模块精准定位工人位置，并有效地减轻监管人员的工作复杂度，保障工人的施工安全。

（2）智能通信功能。

利用可视化后台管理系统，能对单一人员进行点对点的实时现场辅助和通信，也能建立不同的群组进行组内的实时通信，并且不会对其余的智能安全帽产生干扰，完全达到群组间隔工作的目的。

（3）远程指导。

在项目重要的部位施工，可以请求后方专家的远程指导，通过智能安全帽的实时画面，专家可以在后方看到前方现场情况，根据现场的情况对前方人员提供相关的支持与指导。

（4）事故通话指挥。

工地的安全事故频发，工地平常的安防演练必不可少。在平常安防演练时，项目部的领导或者上级指挥部、企业管理部门的领导，能够通过智能安全帽实时传回的图像，第一时间看到现场演练情况，进行通话指挥。智能安全帽可以作为现场安防处置的音视频指挥终端设备，用于突发紧急情况时的应急指挥。

（5）信息采集与传输。

智能安全帽作为一种智能物联网硬件终端，负责信息的采集与传输，后端有管理平台支持。通过管理平台跟前端设备的协同，可实现管理平台与前端设备或者设备和设备间的集体语音与视频通话。

（6）项目验收。

对于一些需要进行影像拍摄的施工部位，不需要再借助其他设备，智能安全帽可以解放双手，灵活地进行现场同步影像记录，事后可以方便地传输影像文件，安全又高效；质量、安全巡检的实时同步影像记录，使现场的情况可复盘、追溯，影像文件作为档案留存；根据质量、安全巡检的实时同步影像记录，后方也可以实时看到前方情况，实现前后方信息准确传递和分享。

有些验收场合，相关的专家或者管理人员不方便到达施工现场，可通过智能安全帽传回的需要验收部位的清晰视频，进行远程提问和交流，实现远程验收。验收影像文件可以用于档案保存和复盘。

图 12-17 所示为智能安全帽。

图 12-17 智能安全帽

4）智能机器人的应用

（1）生产类机器人。

生产类机器人有混凝土切割机器人、拆布模机器人、钢筋弯箍机等，这类机器人主要用于施工前的构件生产工作，可以接替许多的体力劳动者，比起传统的操作节约了大量的人力与时间，也可以使构件更加精密，减少制造所带来的误差。

① 混凝土切割机器人（图 12-18）。

混凝土切割机器人主要用于拆除废旧的楼房，它可以迅速地切割混凝土与钢筋，并且比人工拆除节约时间，节省劳动力，工作时产生的尘土较小，对施工人员的身体危害小。

② 拆布模机器人（图12-19）。

拆布模机器人通过计算机的控制可以一键拆模、一键布模，极大提高效率，同时，依靠计算机的精密性也提高了产品的品质。

图12-18 混凝土切割机器人

图12-19 拆布模机器人

③ 钢筋弯箍机（图12-20）。

钢筋是建筑非常重要的组成部分，对建筑结构的稳定有着至关重要的作用。混凝土中所配置的钢筋样式五花八门，有着各种形状，但直接生产出的钢筋大多数是直筋，这就需要工人将钢筋改变成各种形状，这不仅耗费了巨大的劳动力，而且工人将钢筋改变成的形状与规范的形状相比，还有一定的偏差，在这种现状下钢筋弯箍机就有着很大的作用，它既可以节省劳动力，又能避免钢筋形状的偏差。

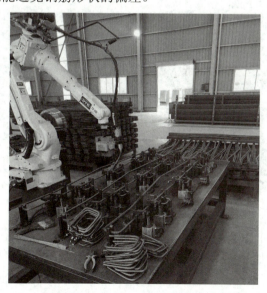

图12-20 钢筋弯箍机

（2）施工类机器人。

施工类机器人，顾名思义就是帮助工人施工，例如铺贴机器人、组装机器人、砌砖机器人等，这类机器人的使用大幅度地加快了施工速度，计算机的使用也使施工工作更加精密，节约劳动力，使施工过程更加安全。

① 铺贴机器人（图 12-21）。

铺贴机器人常用于厂房地面瓷砖铺贴。厂房整体占地面积较大，且以规则的四边形为主，厂区主要用立柱进行区域划分，墙体较少，所以适合用铺贴机器人施工。

图 12-21 铺贴机器人

② 组装机器人（图 12-22）。

组装机器人可以将装配式建筑的构件送到需要的地方，依照所需要的安装方式自动进行安装，而人只需要对其进行监督与检查即可，大大地节约了劳动力成本，也确保了施工的安全性。组装机器人能够节省 40%～50% 的劳动力，并节约 10% 的时间。

图 12-22 组装机器人

③ 砌砖机器人（图 12-23）。

砌砖机器人有一个长的支臂与主体相连，支臂的尽头是一只机器"手"，能够一气呵成地握住砖、拿起来、放到位。砌砖机器人是借助一个 3D 计算机辅助设计系统规划好房子的形状和结构，然后由砌砖机器人计算出每块砖的放置位置，黏合砖块的砂浆也会依靠压力系统传送到砌砖机器人"手"中，并抹到砖上，因此施工过程无需任何人力；砌砖机器人砌筑时，能为布线和敷设管道留下空间，还能够在需要改变砖块形状时进行扫描和切割。

实验证明，砌砖机器人每小时能够砌砖 1000 块，如果全年不间断工作，一年能盖 150 栋砖房，平均每两天盖一栋，缩短了工期。

图 12-23　砌砖机器人

（3）验收类机器人（图 12-24）。

验收类机器人可帮助工作人员进行验收，能使验收的过程更加高效精确。验收类机器人可通过机器上装配的摄像头时刻检查施工过程，通过前方摄像头的画面自动计算出施工过程是否正确，若不正确，这类机器人也可以及时纠正。它也可用于整栋建筑物的成果验收，辅助相关人员的工作，使过程精准，效率提高。

图 12-24　验收类机器人

工作任务 12.2　绿色施工技术

12.2.1　绿色施工概述

1. 绿色施工的概念

绿色施工是指工程建设中，在保证质量、安全等基本要求的前提下，通过科学管理和技术进步，最大限度地节约资源，减少对环境的负面影响，实现"四节一环保"（节能、节地、节水、节材和环境保护）的施工活动。

当今人类已经认识到臭氧层被破坏、居高的碳排放量和环境污染给人类生存的地球造成了严重威胁。传统的建筑业无论是施工过程，还是大量建成的建筑物，都是高污染、高碳排放的大户。保护地球，建筑业责无旁贷。

2. 绿色施工的总体框架

绿色施工总体上由施工管理、环境保护、节材与材料资源利用、节水与水资源利用、节能与能源利用、节地与施工用地保护6个方面组成。图12-25所示为绿色施工总体框架。

图 12-25 绿色施工总体框架

3. 绿色施工的方向

（1）鼓励发展绿色施工的新技术、新设备、新材料与新工艺（简称"四新"）；发展适合绿色施工的资源利用与环境保护技术，限制或淘汰落后的施工方案，鼓励绿色施工技术的发展，推动绿色施工技术的创新。

（2）绿色施工倡导大力发展现场监测技术、低噪声的施工技术、现场环境参数检测技术、自密实混凝土施工技术、清水混凝土施工技术、建筑固体废弃物再生产品在墙体材料中的应用技术、新型模板及脚手架技术的研究与应用。

（3）绿色施工应当是将"绿色方式"作为一个整体运用到施工中去。

12.2.2　绿色施工的原则

（1）绿色施工是建筑全生命期中的一个重要阶段。实施绿色施工，应进行总体方案优化。在规划、设计阶段，应充分考虑绿色施工的总体要求，为绿色施工提供基础条件。

（2）实施绿色施工应坚持以人为本、环保优先、资源高效利用和精细施工的基本原则。

（3）实施绿色施工，应对施工策划、材料采购、现场施工、工程验收及后期运营等各阶段进行控制和优化，加强对整个施工过程的管理和监督。

（4）实施绿色施工，应结合行业高新技术发展方向，积极发展应用互联网信息技术、BIM技术，推行产业化生产模式，通过技术创新实现绿色施工的不断进步。

（5）工程项目应对建筑垃圾实行分类回收利用，鼓励施工企业和社会力量对建筑垃圾分类回收利用实行公司化运营，通过规模化实现社会效益和经济效益共赢。

12.2.3 绿色施工的技术要点

1. 施工管理方面

施工管理主要包括组织管理、规划管理、实施管理、评价管理和人员安全与健康管理五个方面。

1) 组织管理

(1) 建立绿色施工管理体系,并制定相应的管理制度与目标。

(2) 项目经理为绿色施工第一责任人,负责绿色施工的组织实施及目标实现,并指定绿色施工管理人员和监督人员。

2) 规划管理

(1) 编制绿色施工专项方案。该方案应在施工组织设计中独立成章,并按有关规定进行审批。

(2) 绿色施工专项方案应包括以下内容。

① 绿色施工具体目标和指标。
② 绿色施工针对"四节一环保"的具体措施。
③ 绿色施工拟采用的"四新"技术措施。
④ 绿色施工评价管理措施。
⑤ 绿色施工设施购置(建造)计划清单。
⑥ 绿色施工具体人员组织安排。
⑦ 绿色施工社会经济效益分析。

3) 实施管理

(1) 绿色施工应对整个施工过程实施动态管理,加强对施工策划、施工准备、材料采购、现场施工、工程验收等各阶段的管理和监督。

(2) 应结合工程的特点,有针对性地对绿色施工作相应的宣传,通过宣传营造绿色施工的氛围。

(3) 定期对职工进行绿色施工知识培训,增强职工绿色施工意识。

4) 评价管理

(1) 对照《广东省住房和城乡建设厅绿色施工导则》的指标体系,结合工程特点,对绿色施工的效果及采用的"四新"技术进行评价。

(2) 成立专家评估小组,对绿色施工方案、实施过程至项目竣工,进行综合评估。

5) 人员安全与健康管理

(1) 制定施工防尘、防毒、防辐射等职业危害的防护措施,保障施工人员的长期职业健康。

(2) 合理布置施工场地,保护生活及办公区不受施工活动的有害影响。施工现场应建立卫生急救、保健防疫制度,在安全事故和疾病疫情出现时提供及时救助。

(3) 提供卫生、健康的工作与生活环境,加强对施工人员的住宿、膳食、饮用水等生活与环境卫生的管理,明显改善施工人员的生活条件。

2. 环境保护方面

1) 控制扬尘

（1）运送土方、垃圾、设备及建筑材料等不污损场外道路。运输容易散落、飞扬、流漏物料的车辆，必须采取措施封闭严密，保证车辆清洁。施工现场出口应设置洗车槽。

（2）土方作业阶段，应采取洒水、覆盖等措施，达到作业区目测扬尘高度小于 1.5 m，不扩散到场区外。

（3）结构施工、安装、装饰装修阶段，作业区目测扬尘高度小于 0.5 m。对易产生扬尘的堆放材料应采取覆盖措施；对粉末状材料应封闭存放；场区内可能引起扬尘的材料及建筑垃圾搬运应有降尘措施，如覆盖、洒水等；浇筑混凝土前，清理灰尘和垃圾时应尽量使用吸尘器，避免使用吹风机等易产生扬尘的设备；机械剔凿作业时可用局部遮挡、掩盖、水淋等防护措施；清理高层或多层建筑垃圾，应搭设封闭性临时专用道或采用容器吊运。

（4）施工现场非作业区达到目测无扬尘的要求。对现场易飞扬物质采取有效措施，如洒水、地面硬化、围挡、密网覆盖、封闭等，防止扬尘产生。

（5）建（构）筑物机械拆除前，做好扬尘控制计划。可采取清理积尘、洒水、设置隔挡等措施。

（6）建（构）筑物爆破拆除前，做好扬尘控制计划。可采用清理积尘、淋湿地面、预湿墙体、屋面敷水袋、楼面蓄水、建（构）筑物外设高压喷雾状水系统、搭设防尘排栅和直升机投水弹等综合降尘措施。选择风力小的天气进行爆破作业。

（7）在场界四周隔挡高度位置测得的总悬浮微粒（TSP）月平均浓度与城市背景值的差值不大于 0.08 mg/m^3。

图 12-26 所示为施工现场控制扬尘措施。

图 12-26　施工现场控制扬尘措施

2) 控制噪声与振动

（1）现场噪声排放不得超过《建筑施工场界环境噪声排放标准》（GB 12523—2011）的规定。

（2）使用低噪声、低振动的机器，采用隔声与隔振措施，避免或减少施工噪声和振动。

3）控制光污染

(1) 尽量避免或者减少施工过程中的光污染，夜间室外照明灯加设灯罩，透光方向集中在施工范围。

(2) 电焊作业采取遮挡措施，避免电焊弧光外泄。

4）控制水污染

(1) 在施工现场污水排放应该达到国家标准《污水综合排放标准》（GB 8978—1996）的要求。

(2) 在施工现场应针对不同的污水，设置相应的处理设施，如沉淀池、隔油池、化粪池等。

(3) 污水排放应委托有资质的单位进行废水水质检测，提供相应的污水检测报告。

(4) 保护地下水环境，采用隔水性能好的边坡支护技术，在缺水地区或地下水位持续下降的地区进行基坑降水时，尽可能少地抽取地下水。当基坑开挖抽水量大于 5×10^5 m³ 时，应进行地下水回灌，并避免地下水被污染。

(5) 对于化学溶剂等有毒材料、油料的储存地，地面应有严格的隔水层设计，做好渗漏液收集和处理工作。

5）保护土壤

(1) 保护地表环境，防止土壤侵蚀、流失。因施工造成的裸土，及时覆盖砂石或者种植速生草种，以减少土壤侵蚀。因施工造成容易发生地表径流土壤流失的情况，应采取设置地表排水系统、稳定斜坡、植被覆盖等措施，减少土壤流失。

(2) 沉淀池、隔油池、化粪池等不应发生堵塞、渗漏、溢出等现象。及时清掏各类池内沉淀物，并委托有资质的单位清运。

(3) 对于有毒有害废弃物，如电池、墨盒、油漆、涂料等应回收后交给有资质的单位处理，不能作为建筑垃圾运出或掩埋，避免污染土壤和地下水。

(4) 施工后应恢复施工活动破坏的植被（一般指临时占地内）。与当地园林、环保部门或当地的植被研究机构进行合作，在先前开发地区种植当地或者其他合适的植物，以恢复剩余空地地貌或者科学绿化，补救施工活动中人为破坏植被和地貌造成的土壤侵蚀。

6）控制建筑垃圾

(1) 制订建筑垃圾减量计划，如住宅建筑，每万平方米的建筑垃圾不宜超过 400 t。

(2) 加强建筑垃圾的回收再利用，力争建筑垃圾再利用和回收率达到 30%，建筑拆除产生的废弃物的再利用和回收率大于 40%，对于碎石类、土石方类建筑垃圾，可采用地基填埋、铺路等方式提高再利用率，力争再利用率大于 50%。

(3) 施工现场生活区设置封闭式垃圾容器，施工场地生活垃圾实行袋装化，及时清运。对建筑垃圾进行分类，并收集到现场封闭式垃圾站，集中运出。

7）保护地下和周边设施、文物和资源

(1) 施工前应调查清楚地下和周边各种设施，做好保护计划，保证施工场地地下及周边的各类管道、管线、建筑物、构筑物安全运行。

(2) 施工过程中一旦发现文物，立即停止施工，保护现场并通报文物部门，并协助做好相关工作。

（3）避让、保护施工场区及周边的古树名木。

3. 节材与材料资源利用方面

1）材料节约控制

（1）图纸会审时，应审核节材与材料资源利用的相关内容，达到材料损耗率比定额损耗率降低30%。

（2）根据施工进度、库存情况等，合理安排材料的采购、进场时间和批次，减少库存。

（3）现场材料堆放有序；储存环境适宜，措施得当；保管制度健全，责任落实。

（4）材料运输工具适宜，装卸方法得当，防止损坏和遗撒。根据现场平面布置情况就近卸载，避免和减少二次搬运。

（5）采取技术和管理措施，提高模板、脚手架等的周转次数。

（6）优化安装工程的预留、预埋、管线路径等方案。

（7）应就地取材，施工现场 500 km 以内生产的建筑材料用量占建筑材料总量的 70% 以上。

2）结构材料的节约与利用

（1）推广使用预拌混凝土和商品砂浆；准确计算采购数量、供应频率、施工速度等，在施工过程中实行动态控制；大型结构工程使用散装水泥。

（2）在施工结构材料中，推广使用高强钢筋和高性能混凝土；现场临时设施，应采用可重复使用的工具式结构，减少建筑废弃物的产生，减少资源消耗。

（3）推广钢筋专业化加工和配送。

（4）优化钢筋配料和钢构件下料方案，钢筋及钢结构制作前应对下料单及样品进行复核，无误后方可批量下料。

（5）优化钢结构制作和安装方法。大型钢结构宜采用工厂制作，现场拼装；宜采用分段吊装、整体提升、滑移、顶升等安装方法，减少方案的措施用材量。

（6）采取数字化技术，对大体积混凝土、大跨度结构等专项施工方案进行优化。

3）围护材料的节约与利用

（1）门窗、屋面、外墙等围护结构选用耐候性及耐久性良好的材料，施工中确保密封性、防水性和保温隔热性。

（2）门窗采用密封性、保温隔热性能、隔声性能良好的型材和玻璃等材料。

（3）屋面材料、外墙材料应具有良好的防水性能和保温隔热性能。

（4）当屋面或墙体等部分采用基层加设保温隔热系统的方式施工时，应选择高效节能、耐久性好的保温隔热材料，以减小保温隔热层的厚度及材料用量。

（5）屋面或墙体等部分的保温隔热系统，应采用专门的配套材料，以加强各层次之间的黏结或连接强度，确保系统的安全性和耐久性。

（6）根据建筑物的实际特点，优化屋面或墙体的保温隔热系统和施工方法，例如保温板粘贴、保温板干挂、聚氨酯硬泡喷涂、保温浆料涂抹等，以保证保温隔热效果，并减少材料浪费。

（7）加强保温隔热系统与围护结构的节点处理，尽量降低热桥效应。针对建筑物不同部位保温隔热的特点，选用不同的保温隔热材料及系统，以做到经济适用。

4）装饰装修材料的节约与利用

（1）贴面类材料在施工前，应进行总体排版策划，减少非整块材的数量。

（2）采用非木质的新材料或人造板材代替木质板材。

（3）防水卷材、壁纸、油漆及各类涂料基层必须符合要求，避免起皮、脱落。各类油漆及胶黏剂应随用随开启，不用时及时封闭。

（4）幕墙及各类预留预埋应与结构施工同步。

（5）木制品及木装饰用料、玻璃等各类板材等宜在工厂采购或定制。

（6）采用自粘类片材，减少现场液态胶黏剂的使用量。

5）周转材料的节约与利用

（1）应选用耐用、维护与拆卸方便的周转材料和机具。

（2）优先选用制作、安装、拆除一体化的专业队伍进行模板工程施工。

（3）模板应以节约自然资源为原则，推广使用定型铝合金模板、钢模板、钢框竹模板、竹胶合板模板。

（4）施工前应对模板工程的方案进行优化。多层、高层建筑使用可重复利用的模板体系，模板支撑宜采用工具式支撑。

（5）优化高层建筑的外脚手架方案，采用整体提升、分段悬挑等方案。

（6）推广采用外墙保温板代替混凝土施工模板的技术。

（7）现场办公和生活用房采用周转式活动房。现场围挡应最大限度地利用已有围墙，或采用装配式可重复使用围挡封闭。力争工地临房、临时围挡材料的可重复使用率达到70%。

4．节水与水资源利用方面

1）提高用水效率

（1）施工中采用先进的节水施工工艺。

（2）施工现场喷洒路面、绿化浇灌不宜使用市政自来水。现场搅拌用水、养护用水应采取有效的节水措施，严禁无措施浇水养护混凝土。

（3）施工现场供水管网应根据用水量设计布置，管径合理、管路简捷，采取有效措施减少管网和用水器具的漏损。

（4）现场机具、设备、车辆冲洗用水必须设立循环用水装置。施工现场办公区、生活区的生活用水采用节水系统和节水器具，提高节水器具配置比率。工地临时用水应使用节水型产品，安装计量装置，采取针对性的节水措施。

（5）施工现场建立可再利用水的收集处理系统，使水资源得到梯级循环利用。

（6）施工现场分别对生活用水与工程用水确定用水定额指标，并分别计量管理。

（7）大型工程的不同单项工程、不同标段、不同分包生活区，凡具备条件的应分别计量用水量。在签订不同标段分包或劳务合同时，将节水定额指标纳入合同条款，进行计量考核。

（8）对混凝土搅拌站点等用水集中的区域和工艺点进行专项计量考核。施工现场建立雨水、中水或可再利用水的收集利用系统。

2）非传统水源利用

（1）优先采用中水搅拌、中水养护，有条件的地区和工程应收集雨水养护。

（2）处于基坑降水阶段的工地，宜优先采用地下水作为混凝土搅拌用水、养护用水、冲洗用水和部分生活用水。

（3）现场机具、设备、车辆冲洗、喷洒路面、绿化浇灌等用水，优先采用非传统水源，尽量不使用市政自来水。

（4）大型施工现场，尤其是雨量充沛地区的大型施工现场建立雨水收集利用系统，充分收集自然降水用于施工和生活中适宜的部位。

（5）力争施工中非传统水源和循环水的再利用率大于30%。

3）用水安全

在非传统水源和现场循环再利用水的使用过程中，应制定有效的水质检测与卫生保障措施，避免对人体健康、工程质量及周围环境产生不良影响。

5. 节能与能源利用方面

1）节能措施

（1）制定合理施工能耗指标，提高施工能源利用率。

（2）优先使用国家、行业推荐的节能、高效、环保的施工设备和机具，如选用变频技术的节能施工设备等。

（3）施工现场分别设定生产、生活、办公和施工设备的用电控制指标，定期进行计量、核算、对比分析，并有预防与纠正措施。

（4）在施工组织设计中，合理安排施工顺序、工作面，以减少作业区域的机具数量，相邻作业区充分利用共有的机具资源。安排施工工艺时，应优先考虑耗用电能，或其他能耗较少的施工工艺。避免设备额定功率远超使用功率或超负荷使用设备的现象。

（5）根据当地气候和自然资源条件，充分利用太阳能、地热等可再生能源。

2）机械设备与机具的节能与能源利用

（1）建立施工机械设备管理制度，开展用电、用油计量，完善设备档案，及时做好维修保养工作，使机械设备保持低能耗、高效率的状态。

（2）选择功率与负载相匹配的施工机械设备，避免大功率施工机械设备低负载长时间运行。机电安装可采用节电型机械设备，如逆变式电焊机和能耗低、效率高的手持电动工具等，以利节电。机械设备宜使用节能型油料添加剂，在可能的情况下，考虑回收利用，节约油量。

（3）合理安排工序，提高各种机械的使用率和满载率，降低各种设备的单位耗能。

3）生产、生活及办公临时设施的节能与能源利用

（1）利用场地自然条件，合理设计生产、生活及办公临时设施的体形、朝向、间距和窗墙面积比，使其获得良好的日照、通风和采光。南方地区可根据需要在其外墙窗设置遮阳设施。

（2）临时设施宜采用节能材料，墙体、屋面使用隔热性能好的材料，减少夏天空调、冬天取暖设备的使用时间及耗能量。

（3）合理配置采暖、空调、风扇数量，规定使用时间，实行分段分时使用，节约用电。

4）施工用电及照明的节能与能源利用

（1）临时用电优先选用节能电线和节能灯具，临时用电线路合理设计、布置，临时用电设备宜采用自动控制装置；采用声控灯、光控灯等节能照明灯具。

（2）照明设计以满足最低照度为原则，照度不应超过最低照度的20%。

6. 节地与施工用地保护方面

1）控制临时用地指标

（1）根据施工规模及现场条件等因素合理确定临时设施，如临时加工厂、现场作业棚及材料堆场、办公生活设施等的占地指标。临时设施的占地面积应按用地指标所需的最低面积设计。

（2）要求平面布置合理、紧凑，在满足环境、职业健康与安全及文明施工要求的前提下尽可能减少废弃地和死角，临时设施占地面积有效利用率大于90%。

2）临时用地保护措施

（1）应对深基坑方案进行优化，减少土方开挖和回填量，最大限度地减少对土地的扰动，保护周边生态环境。

（2）红线外临时占地应尽量使用荒地、废地，少占用农田和耕地。工程完工后，及时对红线外占地恢复原地形、地貌，使施工活动对周边环境的影响降至最低。

（3）利用和保护施工用地范围内原有绿色植被。对于施工周期较长的现场，可按建筑永久绿化的要求，安排场地新建绿化。

3）施工总平面布置优化

（1）施工总平面布置应做到科学、合理，充分利用原有建筑物、构筑物、道路、管线为施工服务。

（2）施工现场搅拌站、仓库、加工厂、作业棚、材料堆场等布置应尽量靠近已有交通线路或即将修建的正式或临时交通线路，缩短运输距离。

（3）临时办公和生活用房应采用经济、美观、占地面积小、对周边地貌环境影响较小，且适合于施工平面布置动态调整的多层轻钢活动板房、钢骨架水泥活动板房等标准化装配式结构。生活区与生产区应分开布置，并设置标准的分隔设施。

（4）施工现场围墙可采用连续封闭的轻钢结构预制装配式活动围挡，减少建筑垃圾，保护土地。

（5）施工现场道路按照永久道路和临时道路相结合的原则布置。施工现场内形成环形通路，减少道路占用土地。

（6）临时设施布置应注意远近结合（本期工程与下期工程），努力减少和避免大量临时建筑拆迁和场地搬迁。

【任务实施】

实训任务：编制A学院第13号住宅楼绿色施工的技术方案。

【技能训练】

通过实地调查了解广州市从化区的环境特点，然后进行讨论，由学生拟定A学院第13号住宅楼绿色施工的技术方案。

【本项目总结】

项目 12	工作任务	能力目标	基本要求	主要支撑知识	任务成果
智能建造与绿色施工技术	智能建造	能根据工程项目实际，编制智能化施工技术方案并组织施工	初步掌握智能建造的相关概念；了解智能建造的应用	智能建造的定义、智能建造的应用现状	（1）某工程智能化施工技术方案；（2）某工程绿色施工技术方案
	绿色施工技术	能根据工程项目实际，编制一般工程的绿色施工的技术方案并组织施工	初步掌握绿色施工的相关概念，了解绿色施工的原则，熟悉绿色施工的技术要点	绿色施工的原则和技术要点	

复习与思考

1. 智能建造的主要技术是什么？
2. 智能建造的特点是什么？
3. 智慧工地实施过程会应用到哪些技术？
4. 简述智慧工地的概念。
5. 简述 BIM 技术与物联网技术应用原理。
6. 智能建造的"智能"体现在哪里？
7. 简述智能传感器在建筑工程中的应用范围。
8. 智能安全帽的主要功能有哪些？
9. 简述智能机器人在建筑业中的应用分类。
10. 绿色施工的定义是什么？
11. 绿色施工的原则是什么？
12. 绿色施工的实施有哪些内容？
13. 绿色施工的影响因素有哪些？
14. 简述绿色施工推进过程中存在的问题。

项目 12 在线答题

附录　A 学院第 13 号住宅楼主要施工图

本工程为单元式住宅楼，6 层，首层架空，2~6 层每层 4 个单元，均为一室一厅布局，带厨房和卫生间。总建筑面积约为 1000 m^2，每层建筑面积约为 160 m^2；内外地面高差为 0.45 m，层高为 3.0 m，出屋面楼梯间高为 2.60 m；内墙面一般装修，客厅和卧室地面贴 500 mm×500 mm 耐磨地面瓷砖，厨房、卫生间、阳台地面贴防滑砖，厨房、卫生间内墙面贴墙面砖，楼梯地面贴专用地面砖，外墙面贴玻璃马赛克，屋面板上刷防水涂料，上铺聚苯乙烯泡沫板隔热层再加细石混凝土保护层；铝合金门窗和钢制安全分户门。抗震设防烈度 6 度，抗震等级四级；ϕ400-95-A 高强预应力混凝土管桩静压施工，桩长 8~24 m，单桩竖向承载力设计值为 1000 kN；梁、柱、板采用 C25 混凝土，HPB235/HRB335 级钢筋（因设计规范已经换代，本工程练习时可将混凝土强度等级改为 C30，钢筋改为 HPB300/ HRB400 级）。配齐水电、消防、防雷、电视和网络线路、设备。本工程相关施工图见附图 1~附图 6。

附图 1　标准层建筑平面图

附图 2　屋面层建筑平面图

附图 3　建筑北立面图

附图 4 管桩基础平面图

附图 5 楼面梁结构图

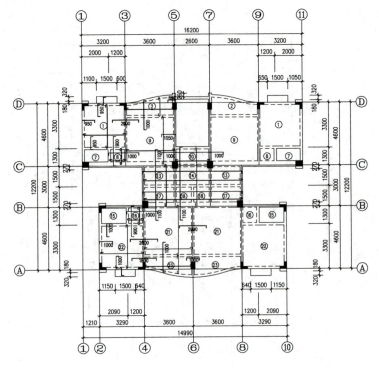

附图 6　楼面板配筋图

参 考 文 献

广东地下工程编审委员会，2004．广东地下工程[M]．北京：中国建筑工业出版社．
吴俊臣，2017．高层建筑施工[M]．北京：北京大学出版社．
徐至钧，李智宇，张亦农，2009．预应力混凝土管桩设计施工及应用实例[M]．北京：中国建筑工业出版社．
姚谨英，姚晓霞，2022．建筑施工技术[M]．7版．北京：中国建筑工业出版社．
张长友，白锋，2014．建筑施工技术[M]．3版．北京：中国电力出版社．